国家级优质高等职业院校项目建设成果

高职高专食品类系列教材

畜产品加工技术

主　编　张首玉　胡二坤

副主编　李亚欣　王　恺

科学出版社

北　京

内 容 简 介

本书遵循高职高专教育教学规律，以项目为导向、任务为载体编排全书内容，分为九个项目，三十三个任务、十个实训，主要内容包括畜禽的屠宰与肉的分割保鲜、肉及肉制品加工基础知识、肉的处理、肉制品加工、再制蛋及蛋制品的加工、乳的成分及性质、原料乳的验收和预处理技术以及乳与乳制品的加工；每个项目均附有学习目标、关键术语，部分知识点和技能点附有微课辅助学习。

本书既可作为高职高专食品加工技术、食品营养与检测及食品质量安全等专业相关课程的教学用书，也可作为各级、各类食品行业从业者及食品爱好者的自学用书。

图书在版编目（CIP）数据

畜产品加工技术/张首玉，胡二坤主编. —北京：科学出版社，2022.6
（国家级优质高等职业院校项目建设成果·高职高专食品类系列教材）
ISBN 978-7-03-067667-2

Ⅰ.①畜⋯　Ⅱ.①张⋯　②胡⋯　Ⅲ.① 畜产品-食品加工-高等职业教育-教材　Ⅳ.①TS251

中国版本图书馆 CIP 数据核字（2020）第 269785 号

责任编辑：任锋娟　袁星星 / 责任校对：王万红
责任印制：吕春珉 / 封面设计：艺和天下

科 学 出 版 社 出版
北京东黄城根北街 16 号
邮政编码：100717
http://www.sciencep.com

北京中科印刷有限公司 印刷
科学出版社发行　　各地新华书店经销

*

2022 年 6 月第 一 版　　开本：787×1092　1/16
2022 年 6 月第一次印刷　　印张：17
字数：403 000
定价：49.00 元

（如有印装质量问题，我社负责调换〈中科〉）
销售部电话 010-62136230　编辑部电话 010-62135397-2015

国家级优质高等职业院校项目建设成果
系列教材编委会

序

  经过三年多的努力，我院工学结合的立体化系列教材即将付梓。这是我院国家级优质高等职业院校项目建设的成果之一，也是我院专业建设和课程建设的重要组成部分。我院入选河南省国家级优质高等职业院校建设项目立项院校以来，坚持"质量立校、全面提升、追求卓越、跨越发展"的总体工作思路，以内涵建设为中心，强化专业建设和产教融合，深入推进"教育教学质量提升工程、学生人文素养培育工程和创新创业教育引领工程"三项工程，全面提升人才培养质量。在专业建设和课程改革的基础上，与行业企业、校内外专家共同组建专业团队，编写了涵盖我院智能制造、电子信息工程技术、汽车制造与服务、食品加工技术、计算机网络技术、音乐表演和物流管理等特色专业群的 25 门专业课程的立体化系列教材。

  本批立体化系列教材适应我国高等职业技术教育教学的需要，立足区域经济社会的发展，突出高职教育实践技能训练和动手操作能力培养的特色，反映课程建设与相关专业发展的最新成果。系列教材以专业知识为基础，配套案例分析、习题库、教案、课件、教学软件等多层次、立体化教学形式，内容紧密结合生产实际，突出信息化教学手段，注重科学性、适用性、先进性和技能性，能够为教师提供教学参考，为学生提供学习指导。

  本批立体化系列教材编写者大部分是多年从事职业教育的专业教师和生产管理一线的技术骨干，具有丰富的教学和实践经验。其中既有享受国务院政府特殊津贴的专家、国家级教学名师、河南省教学名师、河南省学术技术带头人、河南省骨干教师、河南省教育厅学术技术带头人，又有行业企业专家及国家技能大赛的优胜者等。这些教师在理论方面有深厚的功底，熟悉教学方法和手段，能够把握教材的广度和深度，从而使教材能够更好地适应高等职业院校教学的需要。相信这批教材的出版，将为高职院校课程体系与教学内容的改革、教育教学质量的提升，以及我国优质高等职业院校的建设做出贡献。

李桂贞

河南职业技术学院院长

2018 年 5 月

前　言

  本书是河南职业技术学院立体化教材项目建设成果，在编写过程中紧紧围绕"教师教学"和"学生学习"两个中心。在内容设计上，突出实用为主，对教师需求、学生需求进行详细的设计与分析，以提高教师教学、学生学习质量，促进教学改革为最终目的；在形式上，采用多种电子资源表现形式，对于难理解的知识点借助二维动画、三维动画等形式进行解析，重要的知识点实现微课全覆盖，可随时供学生进行课前预习、课中提高及课后巩固。

  全书涵盖肉制品加工技术、乳制品加工技术、蛋制品加工技术三大部分内容，共九个项目，三十三个任务、十个实训。在阐述畜产品加工基本原理的同时，以突出实践、实训内容为重点，将国家职业标准基本要求融入教材，重点讲述常见畜产品加工的工艺、贮藏技术及质量控制；并根据行业产业发展的特点，强化关于牛乳加工前处理技术及蛋制品加工新技术，较好地体现了产教融合的理念。为便于实践教学，部分任务设置有相应的实训内容，以利于读者巩固所学知识。本书图文并茂，实例丰富实用。

  本书在编写过程中，注重校校联合和校企联合，邀请兄弟院校和行业企业人员参与部分内容的编写。本书由张首玉、胡二坤任主编，由李亚欣、王恺任副主编，具体编写分工如下：项目一和项目八的任务三、任务四、任务七由河南职业技术学院李亚欣编写；项目二、项目三、项目五由河南职业技术学院胡二坤编写；项目四由河南省商业科学研究所有限责任公司（河南省食品质量安全控制工程技术研究中心）尹红娜编写；项目六、项目七、项目八的任务五和任务六由黄河水利职业技术学院王恺编写；项目八的任务一和任务二由河南职业技术学院张首玉编写；实训一～实训五由胡二坤编写；实训六～实训十由王恺编写。

  感谢在本书编写过程中给予关心、帮助和支持的各界同人，特别感谢科学出版社给予的鼎力支持。

  由于时间仓促，加之水平有限，在编写过程中难免有错误，恳请广大读者批评指正！

目　　录

项目一　畜禽的屠宰与肉的分割保鲜 ······························1

　　任务一　畜禽的屠宰及加工 ·································1

　　任务二　肉的分割和保鲜 ·································12

项目二　肉及肉制品加工基础知识 ·····························19

　　任务一　肉的组成和性质 ·································19

　　任务二　肉的品质评定 ···································26

　　任务三　肉制品加工辅料 ·································34

项目三　肉的处理 ···44

　　任务一　肉的腌制和斩拌 ·································44

　　任务二　肉的滚揉 ·······································51

项目四　肉制品加工 ···53

　　任务一　酱卤肉制品加工 ·································53

　　任务二　腌腊肉制品加工 ·································62

　　任务三　灌肠类制品加工 ·································67

　　任务四　干肉制品加工 ···································73

　　任务五　油炸肉制品加工 ·································82

　　任务六　熏烤肉制品加工 ·································88

　　任务七　肉类罐头制品加工 ·······························95

项目五　再制蛋及蛋制品的加工 ·······························99

　　任务一　禽蛋加工基础知识 ·······························99

　　任务二　松花蛋的加工 ··································109

　　任务三　咸蛋的加工 ····································115

　　任务四　糟蛋的加工 ····································120

　　任务五　蛋黄酱的加工 ··································124

　　任务六　液蛋制品的加工 ································128

　　任务七　干燥蛋制品的加工 ······························132

项目六　乳的成分及性质 ····································136

　　任务一　乳的组成和分类 ································136

　　任务二　乳的性质 ···142
　　任务三　乳中的微生物 ···150

项目七　原料乳的验收和预处理技术 ···157
　　任务一　原料乳的验收技术 ···157
　　任务二　原料乳的预处理技术 ···163

项目八　乳与乳制品的加工 ··172
　　任务一　液态乳的加工 ···172
　　任务二　酸乳的加工 ··180
　　任务三　乳粉的加工 ··189
　　任务四　干酪的加工 ··208
　　任务五　冰激凌和雪糕的加工 ···217
　　任务六　奶油的加工 ··229
　　任务七　炼乳的加工 ··238

项目九　实训 ··245
　　实训一　松花蛋的加工 ···245
　　实训二　咸蛋的加工 ··246
　　实训三　酱牛肉的加工 ···247
　　实训四　猪肉松的加工 ···249
　　实训五　腊肠的加工 ··250
　　实训六　鲜乳的掺伪检验 ··251
　　实训七　原料乳的质量检验 ···254
　　实训八　凝固型酸乳的加工 ···257
　　实训九　搅拌型果粒酸乳的加工 ··259
　　实训十　软质冰激凌的加工 ···260

参考文献 ···262

项目一 畜禽的屠宰与肉的分割保鲜

学习目标

知识目标

1. 熟悉畜禽的宰前检验和宰前管理。
2. 掌握家畜的屠宰工艺、分割和保鲜技术。
3. 掌握家禽的包装技术。

技能目标

1. 能运用畜禽屠宰加工管理知识，对畜禽进行宰前检验、宰前管理。
2. 能对畜禽进行致昏、刺杀放血、开膛解体、屠体整修等。
3. 能按分割标准把畜禽肉分割成不同规格的肉块，并能对分割肉进行包装。

素质目标

1. 提升独立思考的能力。
2. 提升分析问题、解决问题的能力。
3. 提升与人沟通、团结合作的能力。

关键术语

宰前检验 宰前管理 屠宰工艺 胴体 分割技术 包装

任务一 畜禽的屠宰及加工

一、家畜的屠宰

根据《中华人民共和国动物防疫法》的相关规定，需要进行屠宰的家畜必须经检疫人员检疫后出具检疫证明，保证健康无病，才能作为屠宰对象。家畜在屠宰前，需要进行宰前检验和宰前管理。

（一）宰前检验

宰前检验是保证肉制品质量的必要环节，可起到防止肉品交叉污染，防止家畜疫病传播的重要作用。宰前检验可以查出家畜是否患有破伤风、胃肠炎等疾病，初步确定其健康状况，为后续的生产加工做准备。

1. 宰前检验的流程

1）入场检验

家畜运输到屠宰场未卸车之前，需要由兽医检验人员向押运员索取家畜的产地检验证明、车辆消毒证明和非疫区证明，核对家畜头数，从而了解家畜产地有无疫病，运输途中有无病亡情况。经检验核对无误后，将家畜赶入预检圈休息。如数目不符或发现有病死家畜时，应认真查明原因。如果发现有疫情或疫情可疑时，不得卸车，应隔离观察，并根据疫病性质加以处理。

2）送宰前检验

经过预检的家畜在预检圈休息 24h 后，再进行外貌检查，体温正常的家畜即可送往屠宰间。圈内的家畜如出现皮肤和被毛异常、眼鼻有分泌物、呼吸困难、行走不正常等症状之一时，应挑出圈外检查。

2. 宰前检验的方法

宰前检验的方法可根据兽医的临床诊断，结合屠宰场的实际情况灵活运用，具体可归纳为动、静、食、体温四个方面。首先，从畜群中挑出患病或不正常的家畜，然后逐头检查。

3. 宰前检验后的处理

经宰前检验合格的家畜按正常程序屠宰。经检验发现的病畜则应根据病情及隔离条件等做以下处理。

1）禁宰

经检查确诊为炭疽、牛瘟和鼻疽等恶性传染病的家畜，采取不放血法扑杀。肉尸只能工业用或销毁，不得食用。同群其他家畜应立即进行体温检查。体温正常的在指定地点急宰，并认真检验；不正常的应隔离观察，确诊为非恶性传染病的方可屠宰。

2）急宰

确认患有无碍肉食卫生的一般疾病及患一般传染病而有死亡危险的病畜，要立即屠宰。患结核病、布氏杆菌病、肠道传染病和其他传染病的病畜，须在指定地点或急宰间屠宰。

3）缓宰

经检验确认为一般性传染病且有治愈希望的家畜，或患有疑似传染病而未确诊的家畜，应予以缓宰，但应考虑隔离条件和消毒设施是否完备、病畜短期内有无治愈希望、经济费用是否有利成本核算等问题。

（二）宰前管理

科学的宰前管理可以保障家畜健康，降低病死率，是保证肉品质量不可缺少的环节。宰前管理包括进场消毒、休息、断食、饮水和屠宰场消毒等。

1. 进场消毒

屠宰厂区门口安装有喷淋消毒设施和专用的消毒池。家畜运输车辆经过厂区门口时，用 50～100mol/L 的次氯酸钠溶液对车体和家畜进行喷淋消毒；用 300～400mol/L 的次氯酸钠溶液对车辆车轮进行消毒。消毒完毕后，将家畜进行编号、卸车、检验、称重、入圈。

2. 宰前休息

运到屠宰场的家畜不宜马上进行宰杀,必须在指定的圈舍中休息。宰前休息的目的是缓解家畜运输途中的疲劳,消除应激反应,恢复其正常生理状态,有利于放血;增强抵抗力,抑制微生物的繁殖。宰前休息时间一般为24~48h。

3. 宰前断食

家畜的断食时间应适当,一般为宰前12~24h。断食的意义有以下几方面。

(1)临宰前给予充足饲料时,则其消化和代谢机能旺盛,肌肉组织的毛细血管中充满血液,屠宰时放血不完全,肉易腐败。

(2)停食可以减少消化道中的内容物,防止剖腹时胃肠内容物污染胴体,便于内脏的加工处理。

(3)保持屠宰时安静,便于放血。

需要注意的是,断食时间不能过长,以免引起家畜骚动。

4. 充分饮水

家畜断食后应供给充分的水,满足畜体正常的生理机能活动,调节体温,促使粪便排泄,放血完全,以获得高质量的肉品。如果饮水不足会引起肌肉干燥,家畜体重下降,直接影响产品质量;饮水不足还会造成血液变浓,不易放血,影响肉的贮藏性。但是,为避免屠畜倒挂放血时胃内容物从食道流出污染胴体,屠宰前2~4h应禁水。

5. 屠宰场消毒

屠宰场的圈舍应清洁卫生。用100~200mol/L的次氯酸钠溶液喷洒消毒30min以上,必要时用2%~5%的烧碱溶液喷洒消毒2~5min。屠宰场每循环使用一次要消毒一次。

(三)生猪屠宰工艺

根据《畜禽屠宰操作规程 生猪》(GB/T 17236—2019)规定,致昏后应立即进行刺杀放血。从致昏到刺杀放血,不应超过30s。从放血到摘取内脏,不应超过30min。从放血到预冷不应超过45min。

1. 淋浴

为洗去猪体上的污物,减少体表病菌,提高肉品质量,生猪宰杀前必须进行水洗或淋浴。生猪淋浴后,体表带有一定的水分,增加了导电性,有利于电麻操作,提高致昏效果。但淋浴或水洗对生猪是一种刺激,会引起应激反应,表现为心跳加快、呼吸增强、肌肉紧张等状态。如果在此时电麻放血,会造成肉尸放血不全、内脏淤血等现象。因此,淋浴后要让生猪休息5~10min,最长不应超过15min,然后再进行电麻刺杀。

淋浴一般在候宰圈或者赶猪道进行。水温夏季以20℃为宜,冬季以25℃为宜。水流不应过急,压力不宜过大,以免生猪过度紧张。应从不同角度、不同方向设置喷头,以保证体表冲洗效果。淋浴时间以 3～5min 为宜。

2. 致昏

应用物理的或化学的方法，使家畜在宰杀前短时间内处于昏迷状态，称为致昏，也称击晕。致昏的目的是使屠畜暂时失去知觉，减少痛苦和挣扎。致昏的方式主要有电致昏和 CO_2 致昏。

（1）电致昏。目前，国内普遍采用的是电致昏法，即俗称的"电麻"。原理是微电流通过生猪脑部时，造成实验性癫痫状态，使猪暂时失去知觉 3～5min，心跳加剧，全身肌肉高度痉挛，故能得到良好的放血效果。电麻效果与电流强度、电压大小、频率高低及作用时间有关。电麻致昏的强度以使待宰生猪失去知觉，消除挣扎，保证放血效果为宜，严禁将生猪电击死亡。电麻设备有手持式电麻器和光电电麻机两种。为保证导电良好，有的电麻器使用前需要蘸取盐水。猪用人工电麻器的电压一般为 70～90V，电流为 0.5～1.0A，电麻时间为 1～3s。自动电麻器电压不超过 90V，电流应小于 1.5A，电麻时间为 1～2s。

（2）CO_2 致昏。本法将生猪通过含有 65%～75% 的 CO_2 的密闭室或隧道，使猪 15s 左右意识完全消失，可维持 2～3min 的麻醉效果。然后将生猪通过传送带吊起刺杀放血。本法的优点是操作安全，生产效率高；生猪在安静状态下进入昏迷状态，肌糖原消耗少，宰后肉的 pH 值较电致昏法低，利于肉的贮存，肌肉、器官出血少。

3. 刺杀放血

生猪击晕后 30s 内应吊起后蹄至自动轨道生产线进行刺杀放血操作。沥血时间不得少于 5min。刺杀放血的方法有以下几种方法。

（1）立式刺杀放血。国内生猪屠宰企业广泛采用切断颈部血管法。进刀的部位是颈部第一肋骨咽喉正中偏右 0.5～1cm 处向心脏方向刺入。根据猪的品种、肥瘦情况，刀刺深度一般为 15cm 左右。这种刺杀方法刀口较小，可减少烫毛池的污染，不伤及心脏，有利于充分放血，操作简单安全。

（2）卧式刺杀放血。在操作方便、安全的卧式放血平台进行刺杀放血。这种方法易于刺杀，便于收集血液，可以减少对后腿的拉伤。

（3）空心刀刺杀放血。所用工具是一种具有抽气装置的特制"空心刀"。刺杀时，空心刀直接刺入颈部，经过第一对肋骨中间向心脏插入，血液即通过刀刃孔隙、刀柄腔道沿橡皮管路吸入缓冲罐。该设备性能先进，操作方便，放血安全，适合中小型屠宰加工企业的连续生产。

4. 浸烫脱毛

浸烫脱毛是带皮猪屠宰加工中的重要工序，脱毛效果与白条肉的质量密切相关。

（1）浸烫。沥血后的猪体由悬空轨道卸入烫毛池内浸烫，使毛孔扩张便于脱毛。浸烫水温应依据猪的品种、年龄和季节不同做适当调整。通常控制水温在 58～63℃，浸烫时间为 3～6min。浸烫水至少每班更换一次。

（2）脱毛。脱毛有人工脱毛和机械脱毛两种方法。

① 人工脱毛。少数小型屠宰场无脱毛设备时，可采用人工脱毛。先用刮铁刮去耳和尾部毛，再刮头和四肢毛，接着刮背部和腹部毛。各地刮法不尽一致，以方便、刮净为宜。

② 机械脱毛。机械脱毛设备分为烫猪机和刮毛机两部分。烫毛装置有烫池烫毛和竖式隧道烫毛两种方式。无论采用哪种烫毛方式，都要把握好温度和时间，防止烫生、烫老和烫熟。机器刮毛是利用刮毛机中的软硬刮片与猪体相互摩擦，将毛刮去，同时向猪体喷淋温水，刮毛时间 30～60s 即可。

5. 剥皮

生产不带皮猪肉时，要先将头、蹄和尾去掉。剥皮有机械剥皮和人工剥皮两种方式。

（1）机械剥皮。该法生产效率高，大大降低了劳动程度。目前，国内普遍使用的剥皮机是立式滚筒剥皮机。其工作原理是依靠剥皮机上辊筒的运转，带动猪屠体进行翻转，通过调整刀片间隙剥下猪皮。由于机械性能的制约，猪屠体的有些部位需要先用手工预剥一面或两面，并确定预剥面积，以解决设备无法剥到的部位。因此，机械剥皮前需要先进行人工预剥。

（2）人工剥皮。人工剥皮是为了解决剥皮机不能剥到皮肤的问题。剥皮时，两名操作人员站在猪体的左右两侧，使猪仰卧，按程序首先沿胸腹中线挑开胸腹部皮层，然后分别挑开四肢内侧皮层。

6. 剖腹取内脏

剖腹取内脏主要包括编号、割肥腮、雕圈、开膛、拉直肠、割膀胱、取内脏等内容。

（1）编号。自动线输送的屠体需要按顺序在耳部和前腿外侧用屠宰变色笔编号，便于统计当日屠宰的头数。编号字迹应清晰、不重号、不错号、不漏号。

（2）割肥腮。操作人员右手持刀，左手抓住左边放血肥腮处，离颌腺 3～5cm 处入刀，顺着下颌骨平割至耳根后再在寰枕关节处入刀，顺下颌骨割至放血口离颌下 3～5cm 处收刀。要割深、割透，两侧腮肉要割得平整，一般以小平头为标准。

（3）雕圈。雕圈是沿猪的肛门外围，将刀刺入雕成圆形。掏开肛门，将大肠头拉出垂直放入骨盆内。要求大肠头脱离括约肌，不应割破直肠。

（4）开膛。开膛是指用刀具剖开生猪的胸腔和腹腔，取出内脏的过程。具体做法是：自放血口沿胸部正中挑开胸骨，沿腹部正中线自上而下剖腹，将生殖器从脂肪中拉出，连同输尿管全部割除，不应刺伤内脏。放血口、挑胸口、剖腹口宜连成一线，不得出现三角肉。开膛有仰卧开膛和吊挂开膛两种方法。仰卧开膛适用于小型屠宰场。吊挂开膛在大规模生产中应用广泛。

（5）拉直肠割膀胱。操作人员一手拉出直肠，另一手持刀割开肠系膜与腹壁的结合部分，再割除膀胱和输尿管，不应刺破直肠壁和膀胱。

（6）取胃、肠、脾、胰。操作人员左手抓住直肠，右手持刀割开肠系膜与腹壁的固着部分直至肾脏处，然后左手食指和拇指再抓住胃的幽门部食管 1.5cm 处切断，注意防止胃、肠破裂。

（7）取肝、心、肺。操作人员一手抓住肝，另一手持刀割开肝筋，取下肝脏。然后，右手持刀将连接胸腔和颈部的韧带割断，并割断食管和气管，取出心、肺，不应使其破损。

7. 去头蹄、劈半

（1）去头蹄。从寰枕关节处卸下猪头；从腕关节处去掉前蹄；从跗关节处去掉后蹄。操作时注意切口整齐，避免出现骨屑。

（2）劈半。将整个屠体沿椎骨分成两半，俗称开片。生产中分为手工劈半和电锯劈半两种方式。由于猪皮下的脂肪较厚，手工劈半或手工电锯劈半时应先"描脊"，即先沿脊柱切开皮肤及皮下软组织，再用刀或锯将脊柱对称地劈为两半。采用桥式电锯劈半要注意不得锯偏。劈半后的片猪肉还应立即摘除肾脏，撕去板油。

8. 胴体整修

整修是根据加工规格要求进行必要的修割和整理。主要目的是清除胴体表面的毛和血污，修割胴体上的病变组织，对胴体不平整的切面进行修削整形，使胴体具有完好的商品形象。整修分湿修和干修。

（1）湿修。湿修是用一定压力的净水冲刷胴体，将附着在胴体表面的血、浮毛、粪便等污物冲洗干净。

（2）干修。干修时将附于胴体表面的残毛和余水除去，割去横膈膜、乳头，割除槽头、护心油和病变组织。

整修好的胴体应无毛、无血、无粪、无污物。割除的肉块和废弃物应分别收集于容器中，严禁随意丢弃。整修后的片猪肉应进行复验，合格后加盖检验印章，计量分级。

9. 副产品整理

（1）分离心、肝、肺。切除肝膈韧带和肺门结缔组织。摘除胆囊时，不应使其破损和残留；猪心宜修净护心油和横膈膜；猪肺上宜保留 2~3cm 肺管。

（2）分离脾、胃。将胃底端的脂肪割除，切断与十二指肠的连接处和肝、胃韧带。剥开网油，从网膜上割除脾脏，少带油脂。翻胃清洗时，一手抓住胃尖冲洗胃部污物，用刀在胃大弯处戳开 5~8cm 小口，再用洗胃设备或长流水将胃翻转冲洗干净。

（3）扯小肠。将小肠从割离胃的断面拉出，一手抓住花油，另一手将小肠末梢挂于操作台边，自上而下排除粪污，操作时不应扯断、扯乱。扯出的小肠应及时采用机械或人工方法清除肠内污物。

（4）扯大肠。摆正大肠，从结肠末端将花油（冠油）撕至离盲肠与小肠连接处 2cm处，割断，打结。不应使盲肠破损、残留油脂过多。翻洗大肠，一手抓住肠的一端，另一手自上而下挤出粪污，并将肠子翻出一小部分，用一手二指撑开肠口，向大肠内灌水，使肠水下坠，自动翻转，可采用专用设备进行翻洗。经清洗、整理的大肠不应带有粪便。

（5）摘胰脏。从胰头摘起，用刀将膜与脂肪剥离，再将胰脏摘出，不应用水冲洗胰脏，以免水解。

10. 皮张、鬃毛整理

（1）皮张整理。刮去血污、皮肌和脂肪后，及时送往皮张加工车间（场）做进一步加工处理，不得堆放或日晒，以免变质或老化。

（2）鬃毛的整理。猪鬃是猪的颈部和脊背部的刚毛。猪鬃刚韧而富有弹性，具有天然的鲜片状纤维，能吸附油漆，是工业和军需用刷的主要原料。做好猪鬃的整理，做到无肉皮、无灰渣，初步捆把，以利于进一步分类加工。

（四）牛屠宰工艺

1. 致昏

目前，广泛使用电击法致昏牛畜。使用带电击昏枪接触牛的双角与双眼对角线的交叉点，将其击昏。此法操作方便，安全可靠。

2. 刺杀放血

牛被击昏后，应立即进行宰杀放血。用钢绳系牢处于昏迷状态牛的右后脚，用提升机提起并转挂到轨道滑轮钩上，滑轮沿轨道前进，将牛运到放血池，进行刺杀放血。从击昏到放血不应超过 1.5min。刺杀部位是距离胸骨前 15～20cm 的颈部，以大约 15°角斜刺 20～30cm 深，切断颈部大血管，将刀口扩大，立即将刀抽出，使血尽快流出。入刀力求准确、迅速。

3. 剥皮、剖腹、去内脏

（1）去牛头、剥头皮。将牛头从颈椎第一关节前割下。有些地方先剥头皮，后割牛头。剥头皮时，从牛角根到牛嘴角为一直线，用刀挑开，把皮割下。再割下牛耳，取出牛舌，保留唇、鼻。然后，由卫生检验人员对其进行检验。

（2）去前蹄。从腕关节下刀，割断关节处的结缔组织、韧带及皮肉，割下前蹄。

（3）剥后腿皮。从跗关节下刀，沿后腿内侧中线向上挑开牛皮，沿后腿内侧线向左右两侧剥离，从跗关节上方至尾根部牛皮，割除生殖器，割掉尾尖。

（4）去后蹄。从跗关节下刀，割断关节处的结缔组织、韧带及皮肉，割下后蹄。

（5）剥腹、胸、肩部皮。腹、胸、肩各部由两名操作人员分左右操作，先沿腹部中线把皮挑开，顺序把皮剥离。至此，已完成除腰背部以外的剥皮工作。

（6）机器拉皮。牛的四肢、臀部、胸、腹、前颈等部位的皮剥完后，将吊挂的牛体推到拉皮机前。牛背向机器，将两只前肘交叉叠好，用钢丝绳套紧，绳的另一端扣在柱脚的铁齿上。再将剥好的两只前腿皮用链条一端拴牢，另一端挂在拉皮机的挂钩上，开动机器，牛皮受力被慢慢拉下。拉皮时，操作人员应用刀辅助，力求皮张完整，无破裂，皮上不带膘肉。

（7）摘取内脏。摘取内脏指剥离食道、气管，锯胸骨，剖腹等工序。沿颈部中线用刀划开，将食管和气管剥离，用电锯从胸骨正中锯开。剖腹时将腹部纵向剖开，取出肚胃、肠、脾、食管、膀胱和直肠等，再划开横膈肌，取出心、肝、胆、肺和气管。注意下刀应轻巧，不能划破肠、肛、膀胱和胆，以免污染肉体。

（8）取肾脏、截牛尾。肾脏被脂肪包裹在牛的腹腔内，划开脏器膜即可取下。截牛尾时，由于牛尾已在拉皮时一起拉下，只需在尾部关节处用刀截下即可。

4. 劈半

劈半是指用电锯沿后部盆骨正中开始，把牛体从盆骨、腰椎、胸椎和颈椎正中锯成左右两片，再分别从腰部第 12～13 肋骨之间横向截断，使牛体被分成四大部分，即四分体。

5. 修割整理

修割整理是为了把肉体上的毛、血、皮块、粪便等污物和肉上的伤痕、斑点、放血刀口周围的血污修割干净。然后，对整个牛体进行全面刷洗。

6. 牛下水整理

牛下水又称牛杂碎，有些地方称为"下货"或牛杂。下水除头、蹄外，还包括心、肝、肺、胃、肾、肠等。有人把头肉、心、肝、肾归为一类，称为"硬货"；肺、胃、肠、脾为一类，称为"软货"。

（1）牛头。牛头有鲜剔和熟拆两种整理方法。

① 鲜剔。把宰后的牛头，剔去骨骼，取出头部肌肉。其中，包括里外嘴巴肉、耳根肉、脑后肉、舌下肌肉等。同时，修割取下腮腺和颌下腺体。

② 熟拆。先把剥完皮的牛头颅骨（即脑盖骨，包括双角）砍开，取出牛脑，再顺面部中线劈成两半，然后把上颌骨用斧头砸碎，便于摘取眼睛。刷洗后至锅中煮到五成熟，即可拆骨取肉。熟拆头肉，不带牛舌，可带牛眼及上颌的口腔肌肉（即上堂肌肉，也叫翘舌），同时把有关腺体割去。由于肉已煮成半熟，熟拆肉在吃法上有一定的局限。

（2）牛尾。牛尾由 9～12 个骨节组成，根部肉多而肥，梢部肉少而瘦，根部两侧肉内外都附有脂肪层，肌肉丰满。在整理牛尾时，要把根部底面的疏松组织修割干净。

（3）肺。牛肺位于胸腔，分左右两叶，膨大而轻。整理时应把气管剖开洗净，摘除和心脏连接处污染的杂物。

（4）心、肝、脾、肾等。整理时只需修割病变部位和去净血污即可。

（5）牛胃。牛胃由瘤胃、网胃、瓣胃和皱胃四部分组成。通常，瘤胃和网胃合称为肚。整理牛肚时，必须把肚毛刮净。方法是：将牛肚在 60～65℃热水中浸烫至能用手抹下肚毛，取出铺在案板上，用钝刀将肚毛刮掉，用水洗净，最后把肚面的脂肪用刀割取或用手撕下。

（6）牛百叶。牛百叶是牛的瓣胃，呈扁圆形，内壁由层层排列的大小叶瓣组成。在整理百叶时，要将每个叶瓣用水冲洗干净，再撕下表面的脂肪。

（7）牛三袋葫芦。牛三袋葫芦即牛的皱胃，由大、中、小三个袋状物组成。整理时要把三袋用力划开，刮去胃黏膜，冲洗干净，同时，还要去掉外表面的脂肪。

（8）牛脘口。牛脘口是牛的直肠，形状圆直，表面有很多脂肪包裹，内壁为粉红色的皱形黏膜。截取后全段长 20～25cm，用刀割开，纵面宽 5～8cm，厚约 1cm。整理时要反复冲洗干净，去净表面脂肪。

（9）牛肥肠。牛肥肠是指除直肠和小肠以外的肠。肥肠在脂肪和很多系膜的包围下，盘旋呈圆形，故又称"盘肠"。整理时要顺着盘旋的方向把脂肪撕下，然后用较细的圆头刀把肠体顺序剖开洗净。如果遇到有脂肪稀薄的肥肠，可以直接剖开冲洗，不需要摘取脂肪。

7. 皮张整理

刚剥下的生皮要抽出尾巴，刮去血污、皮肌和脂肪，及时送往皮张加工车间做进一步加工，不得堆放或日晒，以免变质或老化。

二、家禽的屠宰

（一）致昏

致昏家禽的方法有很多，目前多采用电麻致昏法。常用的有电麻钳、电麻板和电晕槽三种装置。

1. 电麻钳

电麻钳呈"Y"形，在叉的两边各有一电极。当电麻钳接触家禽头部时，电流通过大脑达到致昏的目的。

2. 电麻板

电麻板是在悬空轨道的一段（该段轨道与前后轨道断离）接有一电板，在该轨道的下方，设有一瓦棱状导电板。家禽倒挂在轨道上传送，当其喙或头部触及导电板时，即可形成通路，从而达到致昏的目的。

上述两种电麻方法多采用单相交流电，电晕条件是电压 80～105V，电流 0.65～1.0A，电麻时间为 2～4s。

3. 电晕槽

水槽中有一个沉浸式电棒，屠宰线的脚扣上设有另一个电棒，家禽上架后，头部经过下面的水槽时，电流通过整只禽体使其昏迷。电晕条件为电压 35～50V，电流 0.5A 以下，时间（家禽通过电晕槽时间）：鸡为 8s 以下、鸭为 10s 左右。电晕时间应适当，以家禽在 60s 内能自然苏醒为宜。电晕后马上将家禽从挂钩上取下。若电压、电流过大，会引起锁骨断裂，心脏破坏，心脏停止跳动，放血不良等情况。

（二）刺杀放血

美国农业部门建议家禽电昏与宰杀作业的时间间隔不宜过长，夏天为 12～15s，冬天则需要增加到 18s。要求在保证放血充分的前提下，尽可能地保持胴体完整，减少放血处的污染，以利于保藏。常用的刺杀放血方法有以下三种。

1. 颈动脉放血法

目前，大多数企业采用此法刺杀放血。颈动脉放血法是在家禽左耳垂的后方切断颈部动脉颅面分支放血的方法。切口大小：鸡约为 1.5cm，鸭、鹅约 2.5cm。沥血时间应保持 2min 以上。此法操作简便，放血充分，也便于机械化操作，而且开口较小，能保证胴体较好的完整性，污染面积也不大。

2. 口腔放血法

口腔放血法的具体做法是：一手打开口腔，另一手持一细长尖刀，在上腭裂后约第二颈椎处，切断任意一侧颈总静脉与桥静脉连接处。抽刀时，顺势将刀刺入上腭裂至延脑，以促使家禽死亡，并可使竖毛肌松弛而有利于脱毛。用此法给鸭放血时，应将鸭舌扭转拉出口腔，夹于口角，以利血流畅通，避免呛血。沥血时间应在 3min 以上。此法放血效果良好，能保证胴体的完整。但操作较复杂，不易掌握，稍有不慎，易造成放血不良，有时易造成口腔及颅腔的污染，不利于禽肉的保存。

3. 三管切断法

在禽的喉部横切一刀，切断动、静脉的同时也切断了气管与食管，即三管切断法。此法操作简便，放血较快。缺点是因切口过大，有碍产品的美观，容易造成污染，影响产品的耐藏性。

（三）烫毛

烫毛的水温和时间依据禽体的大小、性别、质量、生长期及不同的加工用途而改变。目前，机械化屠宰加工肉用仔鸡时，浸烫水温为 59～61℃。农民散养的土种鸡月龄较大，浸烫水温为 61～63℃。鸭、鹅的浸烫水温为 62～65℃。浸烫水温必须严格控制，水温过高会烫破皮肤，使皮下脂肪和水分流失；水温过低，则羽毛不易脱离。浸烫时间一般控制在 1～2min。

（四）脱毛

家禽的脱毛主要采用机械脱毛机。机械脱毛的原理是利用橡胶束的拍打与摩擦作用脱除羽毛，因此必须调整好橡胶束与禽体间的距离。另外，应掌握好处理时间。家禽禁食超过 8h，就会增加脱毛难度，公禽尤为严重。若家禽宰前经过激烈的挣扎或奔跑，则羽毛根的皮层会将羽毛固定得更紧。此外，家禽宰后 30min 再浸烫或浸烫后 4h 再脱毛，都会影脱毛的速度。

（五）去绒毛

家禽烫拔毛后，还残留有绒毛，去除的方法有以下三种。

1. 钳毛

将家禽浮在 20～25℃的水面上，用拔毛钳子（一头为钳，另一头为刀片）从颈部开始逆毛倒钳，将绒毛钳净，此法速度较慢。

2. 浸蜡拔毛

挂在钩上的家禽浸入熔化的松香甘油酯溶液中，然后再浸入冷水中约 3s，使松香甘油脂硬化。待松香甘油酯不发黏时，打碎剥去，绒毛即被粘掉。松香甘油酯拔毛剂的配方为：11%的食用油加89%的松香甘油酯，加热至200～230℃，充分搅拌使其熔成胶状液体，再移入保温锅内，保持温度为120～150℃备用。注意避免松香甘油酯流入家禽的口腔、鼻腔，并仔细将松香甘油酯清除干净。

3. 火焰喷射机烧毛

此法速度较快，但不能将毛根去除。

（六）清洗、去头、切爪

1. 清洗

家禽脱毛后，在去内脏之前必须充分清洗。一般采用加压冷水（或加氯水）冲洗。

2. 去头

应根据生产要求确定是否去头。去头装置是一个"V"形沟槽。倒吊的禽头经过凹槽内，自动从喉头部切割处被拉断而与家禽分离。

3. 切爪

目前，大型工厂都采用自动机械从胫部关节切下。如果切割位置高过胫部关节，称之为"短胫"。"短胫"外观不佳，易受微生物污染，而且影响取内脏时屠体挂钩的正确位置。如果切割位置低于胫部关节，称之为"长胫"，必须再人工切除残留的胫爪，使关节露出。

（七）取内脏

取内脏前需要再挂钩。活禽从挂钩到切除爪为止称为屠宰去毛作业，必须与取内脏区完全隔开。原挂钩转回活禽作业区，将家禽重新悬挂在另一条清洁的挂钩系统上。取内脏可分为四个步骤：切去尾脂腺；切开腹腔，切割长度应适中，避免粪便溢出污染禽体；切除肛门；取出内脏（有人工抽出法和机械抽出法两种）。

（八）胴体修整

1. 湿修

用一定压力的净水冲洗掉附着在胴体表面的羽毛、血、粪便等污物。全自动生产线是用洗禽机清洗，清洗效果好。半自动生产线是将净膛后的胴体放在清水池中清洗，要注意勤换池水，避免水中的微生物污染胴体。

2. 干修

干修是用刀、剪割掉胴体上的病变组织、机械损伤组织和游离的脂肪等，拔掉残毛。修整好的胴体要达到无血、无粪、无羽毛、无污物、无病变组织和损伤组织的要求。外观要平整，具有良好的商品外观。

（九）内脏整理

取出的内脏经检验合格后，立即送往内脏整理间进行整理加工，不得积压。

任务二　肉的分割和保鲜

分割肉是指按照销售规格的要求，将肉体按部位切割成带骨的或剔骨的、带肥膘的或不带肥膘的肉块。分割肉加工是指将屠宰后经过兽医检验合格的胴体按不同部位肉的组织结构，切割成大小和质量规格要求不同的肉块，经修整、冷却、包装和冻结等工序加工的过程。肉的部位不同，质量不同，食用价值差别大，加工方法差异明显。因此，对肉体进行适当的分割，便于以质论价，分部位销售和利用，提高其经济价值和使用价值。

一、家畜肉的分割

（一）骨骼、肌肉的解剖部位

1. 骨骼的分布

骨骼是由不同形状的密质骨和松质骨借韧带、软骨连接起来，其上附着肌肉，构成动物体的支持和运动器官，分布在头、躯干和四肢三部分。

（1）头骨。头骨分为两部分，上部为颅骨，下部为颜面骨。

① 颅骨。颅骨由许多块骨连在一起构成颅腔，包围脑组织起到保护的作用。颅骨共有一块枕骨、一块蝶骨、一块筛骨、两块顶骨、两块额骨和两块颞骨。

② 颜面骨。颜面骨是构成口腔、鼻腔和舌根的支架，包括上颌骨、前颌骨、鼻骨、颧骨、泪骨、腭骨、下颌骨和舌骨。

（2）躯干骨。躯干骨分脊椎骨、肋骨和胸骨三部分。

① 脊椎骨。脊椎骨构成动物的脊柱，起到保护骨髓、支持头部、悬吊内脏、支持体重的作用，由颈椎、胸椎、腰椎、荐椎和尾椎五部分连接而成。

② 肋骨。肋骨成对排列构成胸廓，对数与胸椎相等，上端为肋骨体与胸椎横突关节面相连，下端为肋软骨与胸骨相连，前7～8对与胸骨连接的叫真肋，后7～8对不与胸骨相连形成的肋弓叫假肋。

③ 胸骨。胸骨是一块船底形的扁骨骼，构成胸腔底，由几块胸骨节和软骨构成。前端为胸骨柄，中间为胸骨体，后端为剑状软骨。

（3）四肢骨。四肢骨分前肢骨和后肢骨两部分。

① 前肢骨。前肢骨包括肩胛骨、肱骨（上臂骨）、前臂骨、腕骨、掌骨和指骨。

② 后肢骨。后肢骨包括髋骨、股骨、膝盖骨、小腿骨（胫骨和腓骨）和后脚骨（跗骨、跖骨、籽骨和趾骨）。

2. 关节的分布

骨与骨相连接而能活动的部位称为关节。关节由关节面（有关节软骨）、关节囊（内面能分泌滑液）和关节腔（关节软骨与滑膜之间空隙）组成。

（1）头部关节。下颌关节由下颌骨上端与颞骨形成。

（2）躯干关节。躯干关节包括脊椎关节、枕寰关节、寰枢关节、肋椎关节。

① 脊椎关节。脊椎关节为椎骨之间相连的半动关节。

② 枕寰关节。枕寰关节由枕骨与寰椎组成，上下活动。

③ 寰枢关节。寰枢关节由寰椎与枢椎组成，左右活动。

④ 肋椎关节。肋骨上端与胸椎组成肋椎关节。

（3）四肢关节

四肢关节分为前肢关节和后肢关节两部分。前肢关节由肩关节、肘关节、腕关节和指关节组成。后肢关节由荐髂关节、髋关节、膝关节、跗关节和趾关节组成。

① 前肢关节
- 肩关节：由肩胛骨下端的卵圆形陷窝与肱骨的上端凸出的圆形关节面组成。
- 肘关节：由肱骨下端前部斜向的半圆柱状关节面与桡骨上端前后面凹陷处形成。
- 腕关节：由桡骨、尺骨下端与腕骨、掌骨组成，形成上、中、下三个关节腔。
- 指关节：由掌骨下端与指节骨组成三个关节。

② 后肢关节
- 荐髂关节：由荐骨与髂骨组成，两者紧密相连，不能活动。
- 髋关节：由髋骨的髋臼和股骨的上端组成。
- 膝关节：由股骨下端与胫骨上端组成股胫关节及与髌骨组成股髌关节。膝关节是动物体内最大的关节。
- 跗关节：由小腿骨、跗骨和距骨组成四个关节腔。
- 趾关节：趾关节由距骨和趾骨组成。

猪的骨骼分布如图 1.1 所示。

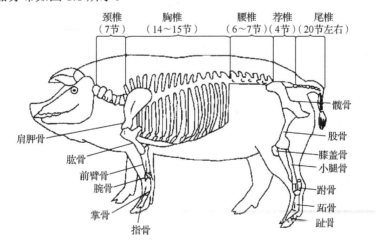

图 1.1　猪的骨骼分布

3. 肌肉的分布

肌肉绝大部分附着在骨骼上，称为骨骼肌，也有附在韧带、筋膜或皮肤上的，如大皮肌、腹直肌、腹外斜肌等。腱位于肌肉两端，把肌肉固着在骨骼上，大片状肌肉的腱呈薄板状，四肢的肌肉因运动量大，腱质丰富且长，并深入肌肉内部，如肘部肌肉，称腱子肉。

肌肉根据其形状和功能，一般分为以下三种。

（1）长形肌。长形肌呈纺锤状或圆柱状，两端肌腱较长，主要分布在四肢。

（2）短形肌。短形肌较短，薄筋少腱，多分布在脊柱两侧与椎骨之间分节独立存在，如多裂肌。也有的不分节而互相结合成长条状，如背最长肌。

（3）阔形肌。阔形肌扁而宽，多覆盖在腹壁及肩胛上部，呈扁状、锯齿状及带状，如斜方肌、腹外斜肌和锯肌等。

（二）猪胴体的分割

1. 猪胴体的分级

根据猪肉在零售时的质量差异可划分为不同等级。各国对猪胴体的分级标准不一，但基本上都是以肥膘厚度结合每片胴体的质量进行分级定等的。肥膘厚度以每片猪肉的第 6、第 7 肋骨中间平行至第 6 胸椎棘突前下方脂肪层的厚度为依据。我国国内贸易行业标准《SB/T10656—2012 猪肉分级》规定，猪肉的分级是按照猪胴体形态结构和肌肉组织分布进行分割的。将感官指标、胴体质量、瘦肉率、背膘厚度作为猪肉分级的评定指标，将胴体分 6 个等级，具体等级要求见表 1.1。

表 1.1　猪胴体等级分级表

级别	感官	带皮胴体质量（W） （去皮胴体质量下调 5kg）	瘦肉率（P）	背膘厚度（H）
1	体表修割整齐，无连带碎肉、碎膘，肌肉颜色光泽好，无白肌肉。带皮白条表面无修割破皮肤现象，体表无明显鞭伤、无炎症。去皮白条要求体面修割平整，无伤斑、无修透肥膘现象。体型匀称，后腿肌肉丰满	60kg≤W≤85kg	P≥53%	H≤2.8cm
2		60kg≤W≤85kg	51%≤P≤53%	2.8cm≤H≤3.5cm
3	体表修割整齐，无连带碎肉、碎膘，肌肉颜色光泽好，无白肌肉。带皮白条表面无修割破皮肤现象，体表无明显鞭伤、无炎症。去皮白条要求体面修割平整，无伤斑、无修透肥膘现象。体型较匀称	55kg≤W≤90kg	48%≤P<51%	3.5cm<H≤4cm
4		45kg≤W≤90kg	44%≤P<48%	4cm<H≤5cm
5	体表修割整齐，无连带碎肉、碎膘，肌肉颜色光泽好。带皮白条表面无明显修割破皮肤现象，体表无明显鞭伤、无炎症。去皮白条要求体面修割平整，无伤斑、无修透肥膘现象	W>90kg 或 W<45kg	42%≤P<44%	5cm<H≤7cm
6		W>100kg 或 W<45kg	P<42%	H>7cm

2．猪胴体的分割技术

不同品种和质量规格的分割肉，加工要求不同。通常的工艺流程如下：白条肉预冷→三段锯分→小块分割与修整→快速冷却→包装→贮存。

（1）白条肉预冷。将宰后的热鲜肉送至 0℃的预冷间。在 3h 内将肉的中心温度降至 20℃左右，肉的平均温度 10℃左右，再进行分割加工。这样做的目的是抑制微生物的生长繁殖，保证产品的卫生质量；抑制肌肉酶的活性，减慢肉的成熟及其他生化反应过程；使肉的保水性稳定，冻结时不易产生血冰；抑制肌红蛋白的氧化，保证肉的色泽艳丽。

（2）三段锯分。三段锯分有手工分段和机械分段两种，分段部位基本相同。现代大型屠宰企业多采用机械分段以提高生产效率。具体做法是：将预冷后的白条肉（即半胴体）传送至电锯处，胴体前部从第 5、第 6 肋骨中间直线锯下，胴体后部从腰间椎连接处直线锯下，从而将胴体分为前腿、中段和后腿 3 段，各段如图 1.2～图 1.4 所示。

图 1.2　猪胴体前段　　　　　图 1.3　猪胴体中段　　　　　图 1.4　猪胴体后段

（3）小块分割及修整。不同品种和质量规格的分割肉，其加工差异主要体现在这道工序上。我国将供市场零售的猪胴体分成六大部分：肩颈部、背腰部、臀腿部、肋腹部、前颈部、前臂和小腿部，具体分割示意图和对应的分割肉如图 1.5 所示。

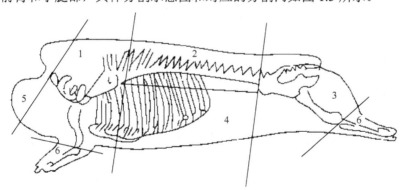

1—肩颈肉；2—背腰肉；3—臀腿肉；4—肋腹肉；5—前颈肉；6—肘子肉。

图 1.5　零售猪肉猪胴体的分割示意图和对应的分割肉

① 肩颈部（俗称胛心、前槽、前臂肩）的分割。前端从胴体第 1、第 2 颈椎切去前颈肉，后端从第 4、第 5 胸椎间或第 5、第 6 肋骨中间与背线呈直角切断。下端如做西式火腿，则从腕关节截断，如做其他制品则从肘关节截断，并剔出椎骨、肩胛骨、臂骨、

胸骨和肋骨。

② 背腰部（俗称通脊、大排、横排）的分割。前面去掉肩颈部，后面去掉臀腿部，取胴体中段下端从脊椎骨下方 4～6cm 处平行切断，上部为背腰部。

③ 臀腿部（俗称后腿、后丘、后臀肩）的分割。从最后腰椎与荐椎结合部和背线呈直角垂直切断，下端则根据不同用途进行分割。如做分割肉、鲜肉出售，从膝关节切断，剔出腰椎、荐椎、髋骨、股骨并去尾；如做火腿则保留小腿、后蹄。

④ 肋腹部（俗称软肋、五花、腰排）的分割。与背腰部分离，切去奶脯。

⑤ 前颈部（俗称脖头、血脖）分割方式。从寰椎前或第 1、2 颈椎处切断，肌肉群有头前斜肌、头后斜肌、小直肌等。该部肌肉少，结缔组织及脂肪多，一般用来制馅或灌肠充填料。

⑥ 前臂和小腿部（俗称前后肘子、蹄髈）的分割。前臂为上端从肘关节切断，下端从腕关节切断；小腿为上端从膝关节切断，下端从跗关节切断。

根据肉的质量不同，这六大部分分割肉可分为三个等级，如表 1.2 所示。

表 1.2　零售猪肉的分级标准

等级	一等肉	二等肉	三等肉	等外肉
分割肉的部位	臀腿部、背腰部	肩颈部	肋腹部、前臂和小腿部	前颈部及修整下来的肋腹部

（三）牛胴体的分割

1. 牛胴体的分级

1998 年，我国出台了牛胴体分割标准《鲜、冻分割牛肉》（GB/T 17238—1998）。2003 年又颁布了中华人民共和国农业行业标准《牛肉质量分级》（NY/T 676—2003），并于 2010 年进行了修订，即现行使用的中华人民共和国行业标准《牛肉等级规格》（NY/T 676—2010）。此标准对牛胴体的等级划分做出了详细的介绍。

2. 牛胴体的分割技术

标准的牛胴体二分体可分割为臀腿肉、腹部肉、腰部肉、胸部肉、肋部肉、肩颈肉、前腿肉和后腿肉八个部分，在此基础上再进一步分割成牛柳、西冷、眼肉、上脑、嫩肩肉、胸肉、腱子肉、小米龙、大米龙、臀肉、膝圆肉、腰肉和腹肉 13 块不同的肉块。

（1）牛柳。牛柳又称里脊，是腰大肌。分割时先剥去肾脂肪，沿耻骨前下方将里脊剔出，然后由里脊头向里脊尾逐个剥离腰横突，取下完整的里脊。

（2）西冷。西冷又名外脊，主要是背最长肌。分割时先沿最后腰椎切下，然后沿眼肌腹壁侧（离眼肌 5～8cm）切下，再在第 12～13 节胸肋处切断胸椎，逐个剥离胸椎、腰椎。

（3）眼肉。眼肉主要包括背阔肌、肋背最长肌、肋间肌等。其一端与外脊相连，另一端在第 5～6 胸椎处，分割时先剥离胸椎，抽出筋腱，在眼肌腹侧距离 8～10cm 处切下。

（4）上脑。上脑包括背最长肌、斜方肌等。其一端与眼肉相连，另一端在最后颈椎处。分割时剥离胸椎,去除筋腱,在眼肌腹侧距离6~8cm处切下。

(5)嫩肩肉。嫩肩肉主要是三角肌。分割时沿着眼肉横切面的前端向前分割,可以得到一块圆锥形的肉块,便是嫩肩肉。

(6)胸肉。胸肉主要包括胸升肌和胸横肌等。在剑状软骨处,随胸肉的自然走向剥离,修去部分脂肪即成一块完整的胸肉。

(7)腱子肉。腱子分为前、后两部分,主要是前肢肉和后肢肉。前牛腱从尺骨端下刀,剥离骨头。后牛腱从胫骨上端下切,剥离骨头取下。

(8)小米龙。小米龙主要是半腱肌,位于臀部。当牛后腱子取下后,小米龙肉块处于最明显的位置。分割时可按小米龙肉块的自然走向剥离。

(9)大米龙。大米龙主要是臀股二头肌。与小米龙紧接相连,故剥离小米龙后大米龙完全暴露,顺该肉块自然走向剥离,可得到一块完整的四方形肉块即大米龙。

(10)臀肉。臀肉主要包括半膜肌、内收肌、腹膜肌等。分割时把大米龙、小米龙剥离后可得到一块肉,沿其边分割即可得到臀肉。也可沿着被切的盆骨外缘,再沿本肉块边缘分割。

(11)膝圆肉。主要是臀股四头肌。当大米龙、小米龙、臀肉取下后,能看到一块长圆形肉块,沿此肉块周边(自然走向)分割,可得到一块完整的膝圆肉。

(12)腰肉。主要包括臀中肌、臀深肌、股阔筋膜张肌。在臀肉、大米龙、小米龙、膝圆肉取出后,剩下的一块肉便是腰肉。

(13)腹肉。腹肉主要包括肋间内肌、肋间外肌等,也即肋排,分无骨肋排和带骨肋排,一般包括4~7根肋骨。

二、肉的保鲜

为保证肉的品质,须对分割肉进行包装,通过对肉的包装以达到保鲜的目的,从而减少外界环境对肉的污染,便于运输和消费者购买。通常,肉的包装可分为分割鲜肉的包装和冷冻分割肉的包装。

(一)分割鲜肉的包装

分割鲜肉的包装材料对透明度要求高,以利于消费者看清肉的本色。分割鲜肉的包装有真空包装和气调包装。

1. 真空包装

真空包装是指除去包装内的空气,然后应用密封技术,使包装袋内的食品与外界隔绝。由于除掉了空气中的氧气,因而抑制并减缓了好气性微生物的生长,减少了蛋白质的降解和脂肪的氧化酸败。真空包装在肉品生产中使用较为普遍,主要采用真空包装机来完成。真空包装的材料要求具有较高的气密性、避光性,多为复合材料,目前常用PVDC(聚偏二氯乙烯)。通过真空包装能让鲜肉保存时间长达30d左右,这是传统热鲜肉和冷冻肉无法达到的效果。

2. 气调包装

气调包装是指在密封性能好的材料中注入特殊的气体或气体混合物，来抑制肉品本身的生理生化作用和微生物的作用，从而达到延长货架期的目的。气调包装和真空包装相比，并不会延长肉品的货架期，但会减少肉品受压和血水渗出的情况，并能使肉品保持良好的色泽。肉类保鲜中常用的气体是 O_2、CO_2 和 N_2 等。

生鲜猪肉的气调包装要求既能保持肉类的鲜红色泽，又能起到防腐保鲜的作用。猪肉中含有鲜红色的氧合肌红蛋白，在高氧环境下可保持肉色鲜红，在缺氧环境下则还原为淡紫色的肌红蛋白。传统的真空包装由于缺氧环境使肉呈淡紫色，易被消费者误认为肉质不新鲜而影响销售。生鲜猪肉气调包装的保护气体由 O_2 和 CO_2 组成，当 O_2 的浓度超过 60%才能保持肉的鲜红色泽；CO_2 的浓度不低于 25%才能有效地抑制细菌的繁殖。由于各类红肉的肌红蛋白含量不同，肉的红色程度不尽相同，如牛肉比猪肉的颜色深，因此，气调包装时 O_2 的浓度需要根据肉品的种类进行调整，以取得最佳的保持色泽和防腐效果。生鲜猪肉的气调包装气体通常由 60%～70%的 O_2 和 30%～40%的 CO_2 组成，0～4℃的货架期通常为 7～10d。

（二）冷冻分割肉的包装

冷冻分割肉的包装以采用至少含有一层以上的铝箔基材的可封性复合材料为佳。因考虑成本问题，目前国内大多数企业多采用塑料薄膜包装冷冻分割肉。

项目二　肉及肉制品加工基础知识

学习目标

✍ **知识目标**

1. 了解肌肉的宏观结构和微观结构。
2. 掌握肉的组成和性质，理解肉腐败的原因。

✍ **技能目标**

1. 能根据肉的性质和特点进行肉的品质评价。
2. 能选择合适的添加剂对肉制品进行品质改良。

✍ **素质目标**

1. 提升对肉品原料质量安全意识。
2. 提升分析问题和解决问题能力。

关键术语

肉的组成　尸僵　肉的腐败　肉色　肌红蛋白

任务一　肉的组成和性质

一、肉的基础知识

肉是指畜禽经屠宰后除去毛（皮）、头、蹄、尾、血液、内脏后的胴体，俗称白条肉。它包括肌肉组织、脂肪组织、结缔组织和骨组织。肉的化学组成主要包括水分、蛋白质、脂类、碳水化合物、含氮浸出物及少量的矿物质和维生素等。在肉品生产中，把刚宰后不久的肉称为"鲜肉"；经过一段时间的冷处理，使肉保持低温而不冻结的肉称为"冷却肉"；经低温冻结后的肉则称为"冷冻肉"；按不同部位分割包装的肉称为"分割肉"。

动物的胴体主要由肌肉组织、脂肪组织、结缔组织、骨组织四大部分组成，其中后两者比较恒定，变化较大的是肌肉和脂肪。一般来说，猪、牛、羊的分割肉块含水量55%～70%，粗蛋白15%～20%，脂肪10%～30%。家禽肉含水73%左右，胸肉脂肪少，为1%～2%，而腿肉在6%左右，前者粗蛋白约为3%，后者18%～19%。

动物的种类、品种、性别、年龄和营养状况等因素直接决定四大组织的构造、性质和含量，而肉的四大组织的构造、性质及含量直接影响到肉品质量、加工用途和商品价值。

（一）肌肉组织

肌肉组织是构成肉的主要组成部分，是决定肉质量的重要成分。肌肉组织可分为横纹肌、心肌、平滑肌三种。胴体上的肌肉组织是横纹肌，也称为骨骼肌，俗称"瘦肉"或"精肉"。骨骼肌占胴体的 50%～60%，具有较高的食用价值和商品价值，是构成肉的主要组成部分。

1. 肌肉的宏观结构

肌肉是由许多肌纤维和少量结缔组织、脂肪组织、腱、血管、神经、淋巴等组成。从组织学上看，肌肉组织由丝状的肌纤维集合而成，每 50～150 根肌纤维由一层薄膜所包围形成初级肌束，再由数十个初级肌束集结并被稍厚的膜所包围，形成次级肌束，由数个次级肌束集结，外表包着较厚膜，构成了肌肉。

2. 肌肉的微观结构

构成肌肉的基本单位是肌纤维，也叫肌纤维细胞，是属于细长的多核的纤维细胞，长度由数毫米到 20cm，直径只有 10～100μm。在显微镜下可以看到肌纤维细胞是沿细胞纵轴平行、有规则排列的明暗条纹，所以称横纹肌，其肌纤维是由肌原纤维、肌浆、细胞核和肌鞘构成。肌原纤维是构成肌纤维的主要组成部分，直径为 0.5～3.0μm。肌肉的收缩和伸长就是由肌原纤维的收缩和伸长所致。肌原纤维具有和肌纤维相同的横纹，横纹的结构是按一定周期重复，周期的一个单位叫肌节。

（二）脂肪组织

脂肪组织是畜禽胴体中仅次于肌肉组织的第二个重要组成部分，对改善肉质、提高风味有重要作用。脂肪的构造单位是脂肪细胞，脂肪细胞单个或成群地借助于疏松结缔组织联在一起。动物脂肪细胞直径为 30～120μm，最大可达 250μm。脂肪主要分布在皮下、肠系膜、网膜、肾周围、坐骨结节等部位。在不同动物体内，脂肪的分布及含量变动较大，猪脂多蓄积在皮下、体腔、大网膜周围及肌肉间，羊脂多蓄积在尾根、肋间，牛脂蓄积在肌束间、皮下，鸡脂蓄积在皮下、体腔、卵巢及肌胃周围。脂肪蓄积在肌束间使肉呈大理石状，肉质较好。脂肪组织中脂肪占 87%～92%，水分占 6%～10%，蛋白质 1.3%～1.8%，另外还有少量的酶、色素及维生素等。

（三）结缔组织

结缔组织是构成肌腱、筋膜、韧带及肌肉内外膜、血管、淋巴结的主要成分，分布于体内各部，起到支持和连接器官组织的作用，使肉保持一定硬度且具有弹性。结缔组织由细胞、纤维和无定形基质组成，一般占肌肉组织的 9.0%～13.0%，其含量和肉的嫩度有密切的关系。纤维分为胶原纤维、弹力纤维和网状纤维。结缔组织属于硬性非全价蛋白质，营养价值低。结缔组织含量的多少直接影响肉的质量和商品价格。

（四）骨组织

骨由骨膜、骨质及骨髓构成。骨组织是肉的次要成分，其食用价值和商品价值较低。胴体因带骨又称带骨肉，剔骨后的肉称为净肉。成年动物骨骼的含量比较稳定，变动幅度较小。猪骨占胴体的 5%～9%，牛骨占 15%～20%，羊骨占 8%～17%，鸡骨占 8%～17%，兔骨占 12%～15%。骨中水分占 40%～50%，胶原占 20%～30%，无机质占 20%。

二、肉的化学组成

肉与其他食品一样，由许多不同的化学物质所组成，这些化学物质大多是人体所必需的营养成分，特别是肉中的蛋白质，更是人们饮食中高质量蛋白质的主要来源。

（一）水分

水是肉中含量最多的组分，不同组织的水分含量差异很大，其中肌肉含水量为 70%～80%，皮肤为 60%～70%，骨骼为 12%～15%。畜禽越肥，水分的含量越少，老年动物比幼年动物含量少。肉中水分含量多少及存在状态影响肉及肉制品的组织状态、加工品质、贮藏性，甚至风味。

肉中水分并非像纯水那样以游离状态存在，其存在形式大致可分为自由水、不易流动水、结合水三种。

1. 自由水

自由水指存在于细胞外间隙中能够自由流动的水，它们不依电荷基而定位排序，仅靠毛细管作用力而保持。自由水约占总水分的 15%。

2. 不易流动水

不易流动水指存在于纤丝、肌原纤维及肌细胞膜之间的一部分水分。肉中的水分大部分以这种形式存在，约占总水分的 80%。这些水分能溶解盐及溶质，并可在-1.5～0℃下结冰。不易流动水易受蛋白质结构和电荷变化的影响，肉的保水性能主要取决于此类水的保持能力。

3. 结合水

结合水是由肌肉蛋白质亲水基与所吸引的水分子形成的紧密结合的水层。通常这部分水分分布在肌肉的细胞内部，大约占总水分的 5%。结合水与自由水的性质不同，它的蒸汽压极低，冰点约为-40℃，不能作为其他物质的溶剂，不易受肌肉蛋白质结构或电荷的影响，甚至在施加外力条件下，也不能改变其与蛋白质分子紧密结合的状态。

（二）蛋白质

肌肉中蛋白质含量仅次于水，约占 20%，除去水分后的肌肉干物质中蛋白质占 80%左右。肌肉中蛋白质依其存在位置和在盐溶液中溶解度可分成三种蛋白质：肌原纤维蛋白、肌浆蛋白和结缔组织蛋白。

1. 肌原纤维蛋白质

肌原纤维是肌肉收缩的单位，由丝状的蛋白质凝胶所构成。肌原纤维蛋白质的含量随肌肉活动而增加，并因静止或萎缩而减少。而且，肌原纤维中的蛋白质与肉的某些重要品质特性（如嫩度）密切相关。肌原纤维蛋白质占肌肉蛋白质总量的 40%～60%，它主要包括肌球蛋白、肌动蛋白、肌动球蛋白和 2～3 种调节性结构蛋白质。

2. 肌浆蛋白质

肌浆是浸透于肌原纤维内外的液体，含有机物与无机物，通常将磨碎的肌肉压榨便可挤出。肌浆中的蛋白质一般占肌肉蛋白质含量的 20%～30%，它包括肌溶蛋白、肌红蛋白、肌粒蛋白等。这些蛋白质易溶于水或低离子强度的中性盐溶液，是肌肉中最易提取的蛋白质，故称之为肌肉的可溶性蛋白质。

3. 结缔组织蛋白

结缔组织蛋白亦称基质蛋白质或间质蛋白质，是指肌肉组织磨碎之后在高浓度的中性溶液中充分抽提之后的残渣部分，占肌肉蛋白质含量的 10%。结缔组织蛋白是构成肌内膜、肌束膜和腱的主要成分，包括胶原蛋白、弹性蛋白、网状蛋白及黏蛋白等，存在于结缔组织的纤维及基质中，它们均属于硬蛋白类。

（三）脂肪

动物的脂肪可分为蓄积脂肪和组织脂肪两大类。蓄积脂肪包括皮下脂肪、肾周围脂肪、大网膜脂肪及肌肉块间的脂肪等；组织脂肪为肌肉组织内、脏器内的脂肪。动物性脂肪的主要成分是甘油三酯（三脂肪酸甘油酯），约占 90%，还有少量的磷脂和固醇脂。组成肉类脂肪的脂肪酸有 20 多种。其中，饱和脂肪酸以硬脂酸和软脂酸居多；不饱和脂肪酸以油酸居多，其次是亚油酸；磷脂及胆固醇所构成的脂肪酸酯类是能量来源之一。不同动物脂肪的脂肪酸组成不一致，相对来说鸡脂肪和猪脂肪含不饱和脂肪酸较多；牛脂肪和羊脂肪含饱和脂肪酸较多。脂肪对肉的食用品质影响甚大，肌肉内脂肪的多少直接影响肉的多汁性和嫩度，它对肉制品质量、颜色、气味具有重要作用。

（四）浸出物

浸出物是指除蛋白质、盐类、维生素外能溶于水的可浸出性物质，包括含氮浸出物和无氮浸出物。

1. 含氮浸出物

含氮浸出物为非蛋白质的含氮物质，如游离氨基酸、磷酸肌酸、核苷酸及肌苷、尿素等。这些物质是肉的滋味的主要来源。

2. 无氮浸出物

无氮浸出物为不含氮的可浸出的有机化合物，包括糖类化合物和有机酸。糖类化合物主要有糖原、麦芽糖、葡萄糖、核糖、糊精；有机酸主要是乳酸及少量的甲酸、乙酸、丁酸、延胡索酸等。肌糖原含量的多少对肉的 pH 值、保水性、颜色等均有影响，并且影响肉的贮藏性。

（五）矿物质

肉中所含矿物质是指肉中无机物，其含量占 1.5%左右。矿物质的种类主要有钠、钾、钙、铁、氯、磷、硫等无机物，尚含有微量的锰、铜、锌、镍等。这些无机盐在肉中有的以游离状态存在，如镁离子、钙离子；有的以螯合状态存在，如肌红蛋白中含铁。

（六）维生素

肉中维生素主要有维生素 A、维生素 B_1、维生素 B_2、维生素 PP、叶酸、维生素 C、维生素 D 等。其中，脂溶性维生素含量较少，但水溶性 B 族维生素含量丰富。猪肉中维生素 B_1 的含量比其他肉类要多得多，而牛肉中叶酸的含量则又比猪肉和羊肉高。

三、肉的成熟和腐败

刚屠宰后的畜禽肉因肉质粗糙、缺乏风味一般不宜立即食用。在一定温度下放置一段时间后，肉会发生一系列的生物化学变化，肉的适口性和风味都会得到改善，我们把这个过程称为肉的"后熟"，在这个过程中肌肉发生了僵直、解僵与成熟等变化。

（一）肉的僵直

屠宰后的畜禽肉，随着肌糖原酵解和各种生化反应的进行，肌纤维发生强直性收缩，使肌肉失去弹性，变得僵硬，这种状态称为肉的僵直。

动物死亡后，呼吸停止，肌糖原不能完全氧化生成 CO_2 和 H_2O，而是在无氧酵解后生成乳酸。在有氧条件下，一分子葡萄糖可氧化生成 30 或 32 个 ATP，而在无氧条件下只能生成 2 个 ATP，因而供给肌肉的 ATP 急剧减少。由于 ATP 的不断减少，反应变为不可逆反应，因而引起肌纤维永久性的收缩，肌肉表现为僵直。

处于僵直状态，肉的 pH 值降低，肉的保水性也降低，肌纤维强韧，保水性低，肉质坚硬、干燥、缺乏弹性，嫩度降低。这种肉在加热炖煮时不易转化成明胶，使肉粗糙硬固，不易咀嚼和消化；肉汤也较浑浊，风味不佳，食用价值及滋味都差。因此，处于僵直期的肉不宜烹调食用。

肌肉僵直出现的早晚和持续时间的长短与动物种类、年龄、环境温度、生前状态和屠宰方法有关。一般来说，不同种类动物从死后到开始僵直的速度，以鱼类最快，其次为禽类、马、猪、牛。一般动物于死后 1～6h 开始僵直，在 10～20h 达最高峰，至 24～48h 僵直过程结束，肉开始缓解变软进入成熟阶段。

（二）肉的解僵与成熟

解僵指肌肉在宰后僵直达到最大程度并维持一段时间后，其僵直缓慢解除、肉的质地变软的过程。解僵所需要的时间因动物的种类、肌肉的部位、温度及其他条件不同而异。在 0～4℃的环境温度下，鸡需要 3～4h，猪需要 2～3d，牛则需要 7～10d。

成熟是指尸僵完全的肉在冰点以上温度条件下放置一定时间，使其僵直解除、肌肉变软、系水力和风味得到改善的过程。肉的成熟过程实际上包括肉的解僵过程，二者所发生的许多变化是一致的。肉在成熟过程中发生了一系列的变化，其中结缔组织、蛋白质和风味的变化较为显著。

1. 结缔组织的变化

肌肉中结缔组织的含量虽然很低，但是由于其性质稳定、结构特殊，在维持肉的弹性和强度上起着非常重要的作用。在肉的成熟过程中胶原纤维的网状结构逐渐松弛，由规则、致密的结构变成无序、松散的状态。同时，存在于胶原纤维间及胶原纤维上的黏多糖被分解，这可能是造成胶原纤维结构变化的主要原因。胶原纤维结构的变化，直接导致了胶原纤维剪切力的下降，从而使整个肌肉的嫩度得以改善。

2. 蛋白质的变化

肉成熟时，肌肉中许多酶类对某些蛋白质有一定的分解作用，从而促使成熟过程中肌肉中盐溶性蛋白质的浸出性增加。伴随肉的成熟，蛋白质在酶的作用下，肽链解离，使游离的氨基增多，肉的水合力增强，变得柔嫩多汁。

3. 风味的变化

成熟过程中改善肉风味的物质主要有两类，一类是 ATP 的降解物次黄嘌呤核苷酸（IMP），另一类则是组织蛋白酶类的水解产物——氨基酸。随着成熟，肉中浸出物和游离氨基酸的含量增加，它们都具有增加肉的滋味或有改善肉质香气的作用。

（三）成熟肉的特征

成熟的胴体或大块肉表面形成一层干燥薄膜，既可防止肉的水分蒸发，减少干耗，又可阻止微生物的侵入；肉的横断面有肉汁渗出，切面湿润；肌肉柔软，具有一定的弹性；肉汤澄清透明，脂肪团聚于表面，具特有香味；呈酸性反应。

（四）影响肉成熟的因素

1. 温度

温度对嫩化速率影响很大，它们之间成正相关。在 $0 \sim 40℃$ 时，每增加 $10℃$，嫩化速度提高 2.5 倍。当温度高于 $60℃$ 后，由于有关酶类蛋白变性，导致嫩化速率迅速下降，所以加热烹调就终断了肉的嫩化过程。据测试，牛肉在 $1℃$ 完成 80% 的嫩化需 10d，在 $10℃$ 缩短到 4d，而在 $20℃$ 只需要 1.5d。所以在卫生条件很好的成熟间，适当提高温度可以缩短肉的成熟期。

2. 电刺激

肉僵直发生后进行电刺激可以加速僵直发展，嫩化也随着提前。尽管电刺激不会改变肉的最终嫩化程度，但电刺激可以使嫩化加快，减少成熟所需要的时间，如一般需要

10d 才能成熟的牛肉，应用电刺激后则只需要 5d。

3. 机械作用

当肉成熟时，将跟腱用钩挂起，此时主要是腰大肌受牵引。如果将臀部挂起，不但腰大肌短缩被抑制，而且半腱肌、半膜肌、背最长肌短缩均被抑制，可以得到较好的嫩化效果。

（五）肉的腐败

肉的腐败主要是在腐败微生物的作用下，引起蛋白质和其他含氮物质的分解，并形成有毒和不良气味等多种分解产物的化学过程。

1. 腐败原理

肉的腐败主要是以蛋白质分解为特征的。肉在成熟阶段的分解产物为腐败微生物的生长、繁殖提供了良好的营养物质，随着时间推移，微生物的大量繁殖，必然导致肉发生更复杂的分解。蛋白质在腐败微生物的蛋白分解酶和肽链内切酶等的作用下，首先分解为多肽，进而形成氨基酸，然后在相应酶的作用下，经过脱氨基、脱羧基、氧化还原等作用，进一步分解为各种有机胺类、有机酸及 CO_2、NH_3、H_2S 等无机物质，肉即表现出腐败特征。蛋白质在微生物作用下分解成蛋白胨和多肽类，两者与水形成黏稠状物而附在肉的表面，加热时进入肉汤，使肉汤变得混浊，可作为鉴别肉新鲜度的指标之一。

肉类腐败变质，除蛋白质的分解而产生恶臭味等变化以外，构成肉类的其他化学成分，如脂类、糖类也同时受微生物酶的分解作用，生成各种类型的低级产物。脂类可在酶的作用下分解，如脂肪被水解生成甘油、甘油二酯或甘油一酯及相应脂肪酸；也会被氧化形成过氧化物，再分解为低分子酸与醇、酯等，过氧化物也可直接分解为羧酸。又如，磷脂类被酶解后形成脂肪酸、甘油、磷酸和胆碱，后者又进一步转化为三甲胺、二甲胺、甲胺、蕈毒碱和神经碱。糖类在相应酶的影响下，被水解后形成醛、酮、羧酸直至二氧化碳和水。

2. 腐败肉的特征

（1）胴体表面非常干燥或者腻滑发黏。

（2）肌肉组织表面呈灰绿色、污灰色、甚至黑色，新切面发黏发湿，呈暗红色、微绿色或灰色。

（3）肉质松软或软糜，指压后的凹陷完全不能恢复。

（4）肉的外表和深层都有显著的腐败气味。

（5）呈碱性反应。

（6）氨反应呈阳性。

任务二 肉的品质评定

肉的品质主要指肉的色泽、气味、嫩度、保水性、pH 值、容重、比热、冰点等。这些性状在肉的贮藏及加工过程中直接影响肉品的质量。

一、肉的颜色

（一）色泽的构成

肉的色泽主要是由肌肉组织和脂肪组织的颜色决定的，也与动物的种类、性别、年龄、肥度、宰前状态等有关。肉的色泽对肉的营养价值并无多大影响，但在某种程度上影响其食欲和商品价值。如果是由疾病或微生物引起的色泽变化则影响肉的卫生质量。

肉的颜色本质上是由肌红蛋白（Mb）和血红蛋白（Hb）产生的。肌红蛋白为肉自身的色素蛋白，肉色的深浅与其含量多少有关。血红蛋白存在于血液中，对肉颜色的影响视放血程度而定。在肉中血液残留多则血红蛋白含量也多，肉色深。放血充分的肉色正常，放血不充分或不放血（冷宰）的肉色深且暗。肌红蛋白本身为紫红色，与氧结合可生成氧合肌红蛋白，为鲜红色，是新鲜肉的象征；肌红蛋白和氧合肌红蛋白均可以被氧化生成高铁肌红蛋白，呈褐色，使肉色变暗；肌红蛋白与亚硝酸盐反应可生成亚硝基肌红蛋白，呈亮红色，是腌肉加热后的典型色泽。

（二）色泽的变化

肌肉色泽的变化除了与肌红蛋白含量有关外，还与环境中的含氧量、湿度、温度、pH 值、微生物有关。

1. 含氧量

环境中的含氧量决定了肌红蛋白是形成氧合肌红蛋白还是高铁肌红蛋白，从而直接影响到肉的颜色。

2. 湿度

环境中湿度大，则肉氧化得慢，因为肉的表面有水汽层，影响氧的扩散。如果湿度低且空气流速快，则加速高铁肌红蛋白的形成，使肉色变褐快。如牛肉在 8℃冷藏时，相对湿度为 70%，2d 后变褐；相对湿度为 100%，4d 后变褐。

3. 温度

环境温度高促进氧化，温度低则氧化缓慢，如牛肉在 3～5℃贮藏 9d 变褐，0℃时贮藏 18d 才变褐。因此，为了防止肉变褐氧化，应尽可能在低温下贮藏。

4. pH 值

动物在宰前糖原消耗过多，尸僵后肉的极限 pH 值高，易出现生理异常肉。例如，牛易出现黑干肉，这种肉颜色较正常肉深暗；猪则易出现白肌肉，这种肉颜色苍白。

5. 微生物

肉贮藏时受微生物污染后，因微生物分解蛋白质而肉色污浊；被霉菌污染的肉表面形成白色、红色、绿色、黑色等色斑或发出荧光。

（三）色泽异常肉的特征

色泽异常肉的出现主要是由病理因素（如黄疸、白肌病）、腐败变质、冻结、色素代谢障碍等因素造成的。常见的色泽异常肉主要有以下几种。

1. 黄脂肉

黄脂俗称黄膘，其特征为皮下或腹腔脂肪组织发黄，质地变硬，稍呈浑浊，其他组织不发黄。一般认为是由于长期饲喂玉米、鱼粉、蚕蛹粕、鱼肝油下脚料、南瓜、胡萝卜等黄色饲料和动物机体内的色素代谢机能失调而引起的。黄脂肉有放置越久颜色越黄的特点。

2. 黄疸肉

黄疸是由于动物机体发生溶血性疾病或某些中毒和传染病，导致胆汁排泄发生障碍，致使大量胆红素进入血液、组织液，将全身各组织染成黄色。其特征是不仅皮下和腹腔脂肪组织呈现黄色，而且皮肤、黏膜、结膜、关节滑囊液、组织液、血管内膜、肌腱，甚至实质器官，均呈现不同程度的黄色，尤其是皮肤、关节滑囊液、血管内膜和肌腱的黄染明显，在黄疸与黄脂的鉴别上具有重要意义。黄疸肉有放置越久颜色越黄的特点。

3. 红膘肉

红膘是指粉红色的皮下脂肪。它是由于皮下脂肪的毛细血管充血、出血或血红素浸润而引起的。一般认为与感染急性猪丹毒、猪肺疫和猪副伤寒，或者背部皮肤受到冷、热等机械性刺激有关。急性猪丹毒和猪肺疫的病例，除皮下脂肪发红外，皮肤也同时呈现红色。

4. 白肌肉

白肌肉又称 PSE 肉（pale，soft，exudative porcine musculure）。PSE 肉以猪肉最为常见，其特征为肉色淡白、质地松软、有汁液渗出，还表现出折光性强，透明度高，严重者甚至透明变性、坏死。肌肉缺乏脂肪组织，肌组织结合不良，严重者如烂肉样，手指易插入，缺乏弹性和黏滞性，明显水肿，肌膜常见有小出血点，淋巴结肿大、出血。PSE 猪肉的发生主要是由于宰前运输、拥挤及捆绑等刺激因素，引起猪产生应激反应，表现为肌肉强直、机体缺氧、糖原酵解过多。

5. 白肌病肉

白肌病的特征是心肌和骨骼肌发生变性和坏死，病变常发生于负重较大的肌肉。发生病变的骨骼肌呈白色条纹或斑块，严重的整个肌肉呈弥漫性黄白色，切面干燥，似鱼肉样外观，常呈左右两侧肌肉对称性损害。白肌病一般认为是饲料中缺乏维生素 E 或硒而引起的一种营养性代谢病。

6. 黑干肉

黑干肉又称 DFD 肉（dark，firm，dry musculure），常见于牛肉，其特征如下：肌肉的颜色异常深，呈暗红色，质地硬实，切面干燥；这种肉的持水能力较强，切割时无汁液渗出。由于 DFD 肉的 pH 值接近中性，保水力较强，适宜细菌的生长繁殖，不利于保存。DFD 肉发生的原因主要是牲畜在屠宰前所受的应激强度较小而时间较长，肌糖原的消耗多，而肌肉产生的乳酸少，且被呼吸性碱中毒时产生的碱所中和所致。

二、肉的保水性

（一）保水性的概念

所谓保水性，是指肌肉在一系列加工处理过程中（如压榨、加热、切碎、斩拌）能保持自身或所加入水分的能力。肉的保水性是一项重要的肉质性状，这种特性与肉的嫩度、多汁性和加热时的液汁渗出等有关，对肉品加工的质量和产品的数量都有很大影响。

肌肉的含水量为 70%～80%，大部分水是游离状态。保水性实质上是肌肉蛋白质形成的网状结构、单位空间及物理状态捕获水分的能力。肌肉的保水性主要指存在于细胞内、肌原纤维及膜之间的不易流动水，它取决于肌原纤维蛋白质的网状结构及蛋白质所带的静电荷的多少。蛋白质处于膨胀胶体状态时，网状空间大，保水性就高；反之处于紧缩状态时，网状空间小，保水性就低。

（二）影响保水性的因素

1. 动物因素

畜禽种类、年龄、性别、饲养条件、肌肉部位及屠宰前后处理等，对肉的保水性都有影响。在各类畜禽肉中，兔肉的保水性最佳，其他依次为牛肉、猪肉、鸡肉、马肉。就年龄和性别而论，去势牛>成年牛>母牛，幼龄牛>老龄牛，成年牛随体重增加而保水性降低。试验表明：猪的冈上肌保水性最好，其他依次为胸锯肌、腰大肌、半膜肌、股二头肌、臀中肌、半腱肌、背最长肌。其他骨骼肌较平滑肌为佳，颈肉、头肉比腹部肉、舌肉的保水性好。

2. 肌肉成熟度

处于尸僵期的肉，当 pH 值降至 5.4～5.5，达到了肌原纤维的主要蛋白质肌球蛋白的等电点，即使没有蛋白质的变性，其保水性也会降低。此外，由于 ATP 的丧失和肌动球蛋白的形成,使肌球蛋白和肌动蛋白间的有效空隙大为减少,使其保水性也大为降低。

3. pH 值

pH 值对保水性的影响实质是蛋白质分子的静电荷效应。对肉来讲,如果净电荷增加,保水性就得以提高;如果净电荷减少,则保水性降低。当 pH 值在 5.0 左右时,保水性最低。保水性最低时的 pH 值几乎与肌动球蛋白的等电点一致。如果稍稍改变 pH 值,就可引起保水性的很大变化。当 pH 值大于等电点,可提高系水力;当 pH 值小于等电点时,使系水力下降。任何影响肉 pH 值变化的因素或处理方法均可影响肉的保水性,尤以猪肉为甚。在肉制品加工中常用添加磷酸盐的方法来调节 pH 值至 5.8 以上,以提高肉的保水性。

4. 无机盐

一定浓度的食盐具有增加肉保水能力的作用。这主要是因为食盐能使肌原纤维发生膨胀。肌原纤维在一定浓度食盐存在下,大量氯离子被束缚在肌原纤维间,增加了负电荷引起的静电斥力,导致肌原纤维膨胀,使保水力增强。另外,食盐使肉的离子强度增高,肌纤维蛋白质数量增多。在这些纤维状肌肉蛋白质加热变性的情况下,将水分和脂肪包裹起来凝固,使肉的保水性提高。磷酸盐能结合肌肉蛋白质中的 Ca^{2+}、Mg^{2+},使蛋白质的羧基被解离出来,由于羧基间负电荷的相互排斥作用使蛋白质结构松弛,提高了肉的保水性。

5. 加热

在加热时,肉的保水能力明显降低,加热程度越高,保水力下降越明显。这是由于蛋白质的热变性作用,使肌原纤维紧缩,空间变小,不易流动水被挤出。肌球蛋白是决定肉的保水性的重要成分,但肌球蛋白对热不稳定,其凝固温度为 42~51℃,在盐溶液中 30℃ 就开始变性。肌球蛋白过早变性会使其保水能力降低。聚磷酸盐对肌球蛋白变性有一定的抑制作用,可使肌肉蛋白质的保水能力稳定。

（三）保水性的测定

1. 加压力称重法

此法通过施加一定的压力测定被压出水分的重量。一般使用 35kg 力测定肌肉失水率,失水率越高,系水力越低,反之则高。具体方法:宰后 2h 内,取第 1~2 腰椎背最长肌,切 1.0cm 厚的薄片,再用直径为 2.52cm 圆形取样品（面积 5cm²）取样,称重,上下各垫 18 层滤纸或 36 层卫生纸,然后用允许膨胀压缩仪加压 35kg,保持 3min,撤除压力后称取肉样重。

2. 加压滤纸法

此法测定一定压力下被滤纸吸收的水分。具体方法:将一片 6cm×6cm 滤纸放在有机玻璃板上，取 0.2～0.4g 肉样放在滤纸的中央，再用一块有机玻璃板压在上面，施加 50kg 压力，保持 5min 后，移去上板，用铅笔画出肉样圈和压出的水渍圈，用求积仪或其他方法测出肉样和水渍的面积，水渍的面积减去肉样的面积所得的值与失水的多少呈正相关。肉样面积与水渍面积的比值代表了肌肉的系水能力，比值越大系水力越高，反之则越低。

3. 离心法

此法将肉样离心，部分水分在离心力的作用下脱离肉样，计量离心前后肉样的重量，可测出失水率。具体方法：精确称取 3～4g 肉样，高速离心（60000r/min）30min 后，用镊子取出肉样，并用吸水纸吸取表面水分后称重，失去的水分为离心前和离心后肉样重量之差。如用低速离心，需要在离心管底部放置一些小的玻璃球，以使离心出的水分与肉样分开，防止离心结束后水分被肉样吸回。

除了以上方法外，还可通过测定肉样的滴水损失、熟肉率来反映烹调过程中水分的损失。

三、肉的嫩度

肉的嫩度是肉的主要食用品质之一，它是消费者评定肉质优劣最常用的指标。

（一）嫩度的概念

肉的嫩度是指肉在食用时口感的老嫩程度，是对肌肉各种蛋白质结构特性的总体概括。肉的嫩度主要从以下四方面来衡量。

1. 肉对舌或颊的柔软性

肉对舌或颊的柔软性即当舌头或颊接触肉时产生的触觉反应。肉的柔软性变动很大，触觉反应也相应从柔软感到结实感变化。

2. 肉对牙齿压力的抵抗性

肉对牙齿压力的抵抗性即牙齿插入肉中所需的力。有些肉硬得难以咬动，而有的肉柔软得几乎对牙齿无抵抗力。

3. 咬断肌纤维的难易程度

咬断肌纤维的难易程度即牙齿切断肌纤维的能力，首先要咬破肌外膜和肌束，因此这与结缔组织的含量和性质密切有关。

4. 嚼碎程度

嚼碎程度用咀嚼后肉渣剩余的多少及咀嚼后到下咽时所需的时间来衡量。

（二）影响肌肉嫩度的因素

肌肉嫩度主要取决于结缔组织的含量与性质及肌原纤维蛋白的化学结构状态。它们受一系列的因素影响而变化，从而导致肉嫩度的变化。影响肌肉嫩度的宰前因素也很多，品种、年龄、性别、运动状况、肌肉部位、大理石纹、僵直、解冻僵直、成熟、电刺激、热处理等。

不同品种的畜禽肉在嫩度上有一定差异。畜禽年龄越大，肉亦越老；公畜肉一般较母畜和阉畜肉老；一般活动多畜禽的肉较老；肌肉部位不同，嫩度差异很大，这是源于其中的结缔组织的量和质不同所致，与肉的嫩度有一定程度的正相关；动物宰后将发生死后僵直，此时肉的嫩度下降，损失大量水分，僵直过后，成熟肉的嫩度得到恢复，嫩度改善；加热对肌肉嫩度有双重效应，它既可以使肉变嫩，又可使其变硬，这取决于加热的温度和时间。

（三）肉的嫩化技术

1. 电刺激

对动物胴体进行电刺激有利于改善肉的嫩度，这主要是因为电刺激引起肌肉痉挛性收缩，导致肌纤维结构被破坏，同时电刺激可加速家畜宰后肌肉的代谢速率，使肌肉尸僵发展加快，成熟时间缩短。

2. 酶解

利用蛋白酶类可以嫩化肉，常用的酶为植物蛋白酶，主要有木瓜蛋白酶、菠萝蛋白酶和无花果蛋白酶，商业上使用的嫩肉粉多为木瓜蛋白酶。酶对肉的嫩化作用主要是对蛋白质的裂解所致，所以使用时应控制酶的浓度和作用时间，如酶解过度，则食肉会失去应有的质地并产生不良的味道。

3. 酸渍

将肉在酸性溶液中浸泡可以改善肉的嫩度。据试验，溶液 pH 值为 4.1～4.6 时嫩化效果最佳，用酸性红酒或醋来浸泡肉较为常见，它们不但可以改善嫩度，还可以增加肉的风味。

4. 碱渍

用肉质量的 0.4%～1.2%的碳酸氢钠或碳酸钠溶液对牛肉进行注射或浸泡处理，可以显著提高肉的 pH 值和保水能力，使肉的嫩度提高，同时降低烹饪损失，改善熟肉制品的色泽。

5. 加压

给肉施加高压可以破坏肉的肌纤维中亚细胞结构，使大量 Ca^{2+} 释放，同时也释放组织蛋白酶，使一些结构蛋白质被水解，从而导致肉的嫩化。

（四）嫩度的评定

对肉嫩度的主观评定主要根据其柔软性、易碎性和可咽性来判定。柔软性即舌头和颊接触肉时产生触觉，嫩肉感觉软糊而老肉则有木质化感觉；易碎性，指牙齿咬断肌纤维的难易程度，嫩度好的肉对牙齿无多大抵抗力，很容易被嚼碎；可咽性可用咀嚼后肉渣剩余的多少及吞咽的难易程度来衡量。

对肉嫩度的客观评定是指借助于仪器来衡量切断力、穿透力、咬力、剁碎力、压缩力、弹力和拉力等指标。而最通用的是切断力，又称剪切力，即用一定钝度的刀切断一定粗细的肉所需的力量，以 kg 为单位。一般来说如剪切力值大于 4kg 的肉就比较老了，难以被消费者接受。剪切力值越大肉就越老，反之则越嫩。

四、肉的风味

（一）风味的构成

肉的风味由肉的滋味和香味组合而成。滋味的呈味物质是非挥发性的，主要靠人的舌面味蕾（味觉器官）感觉，经神经传导到大脑反映出味感；香味的呈味物质主要是挥发性的芳香物质，主要靠人的嗅觉细胞感受，经神经传导到大脑产生芳香感觉。如果是异味物，则会产生厌恶感和臭味的感觉。风味物质都是肉中固有成分经过复杂的生物化学变化，产生各种有机化合物所致。其特点是成分复杂多样，含量甚微，用一般方法很难测定，除少数成分外，多数无营养价值，不稳定，加热易破坏和挥发。

1. 滋味物质

肉的滋味主要与肉中的一些非挥发性物质有关，其中甜味来自葡萄糖、核糖和果糖等；咸味来自一系列无机盐、谷氨酸盐及天门冬氨酸盐；酸味来自乳酸和谷氨酸等；苦味来自一些游离氨基酸和肽类，鲜味来自谷氨酸钠（MSG）及核苷酸（IMP）等。MSG、IMP 和一些肽类除给肉以鲜味外，还有增强以上四种基本味的作用。

2. 芳香物质

生肉不具备芳香性，烹调加热后一些芳香前体物质经脂质氧化、美拉德反应及硫胺素降解产生挥发性物质，赋予熟肉芳香性。据测定，芳香物质的 90% 来自脂质氧化，其次是美拉德反应，硫胺素降解产生的风味物质比例最小。虽然后两者反应所产生的风味物质在数量上不到 10%，但并不能低估它们对肉风味的影响，因为肉风味主要取决于最后阶段的风味物质。另外，对芳香的感觉并不绝对与数量呈正相关。

（二）风味的产生途径

肉风味化合物产生主要有四个途径。

1. 美拉德反应

人们较早就知道将生肉汁加热就可以产生肉香味，通过测定成分的变化发现在加热过程中随着大量的氨基酸和绝大多数还原糖的消失，一些风味物质随之产生，这就是所谓的美拉德反应，即氨基酸和还原糖反应生成香味物质。

2. 脂质氧化

脂质氧化是产生风味物质的主要途径，不同种类风味的差异也主要是由于脂质氧化产物不同所致。肉在烹调时的脂肪氧化（加热氧化）原理与常温脂肪氧化相似，但加热氧化由于热能的存在使其产物与常温氧化大不相同。总的来说，常温氧化产生酸败味，而加热氧化产生风味物质。禽肉风味受脂肪氧化产物影响最大，其中最主要的是不饱和醛类物质。纯正的牛肉和猪肉风味来自瘦肉，受脂肪影响很小。

3. 硫胺素降解

肉在烹调过程中有大量的物质发生降解，其中硫胺素（维生素 B_1）降解所产生的硫化氢（H_2S）对肉的风味，尤其是牛肉味的生成至关重要。H_2S 本身是一种呈味物质，更重要的是它可以与呋喃酮等杂环化合物反应生成含硫杂环化合物，赋予肉强烈的香味，其中 2-甲基-3-呋喃硫醇被认为是肉中最重要的芳香物质。

4. 腌肉风味

亚硝酸盐是腌肉的主要特色成分，它除了具有发色作用外，对腌肉的风味也有重要影响。亚硝酸盐（抗氧化剂）抑制了脂肪的氧化，所以腌肉体现了肉的基本滋味和香味，减少了脂肪氧化所产生的具有种类特色的风味及过热味（WOF）。

（三）影响风味的因素

1. 物种及年龄

畜禽年龄越大，风味越浓。物种间风味差异很大，主要由脂肪酸组成的差异造成；物种间除风味外还有特征性异味，如羊膻味、猪味、鱼腥味等。

2. 性别

未去势公猪，因性激素缘故，有强烈异味，公羊膻腥味较重，牛肉风味受性别影响较小。

3. 脂肪氧化

氧化加速脂肪产生酸败味，随温度增加而加速。

4. 饲料配比

饲料中鱼粉、豆粕、蚕饼、牧草等味，均可带入肉中。

5. 疾病药物

屠畜宰前患有某些疾病，可使肉带特殊的气味。屠畜宰前被灌服或注射过具有芳香气味或其他异常气味药物，可使肉带有药物的气味。

6. 贮藏

肉在不良环境贮藏或与带有挥发性气味的物质如葱、鱼、药物等混合贮藏，会吸收外来异味。

任务三　肉制品加工辅料

一、肉类调味料及香辛料

（一）咸味调味料

1. 食盐

食盐素有"百味之王"的美称，其主要成分为氯化钠。纯净的食盐，色泽洁白，呈透明或半透明状；晶粒一致，表面光滑而坚硬，晶粒间缝隙较少（复制盐应洁白干燥，呈细粉末状）；具有正常的咸味，无苦味、涩味，无异嗅。

在不同的食品中食盐的用量不尽相同。

（1）美国肉制品的食盐用量。烤牛肉或烤火鸡用盐量 1%～2%，热狗或肉糜火腿用盐量 2%～3%，乡村风味火腿或干腌制火腿用盐量 4%～5%。

（2）中国肉制品的食盐用量。腌腊制品用盐量 6%～10%，酱卤制品用盐量 3%～5%，灌肠制品用盐量 2.5%～3.5%，油炸及干制品用盐量 2%～3.5%，粉肚制品用盐量 3%～4%。同时根据季节不同，夏季用盐量比春、秋、冬季要适量增加 0.5%～1.0%，以防肉制品变质，延长保存期。

2. 酱油

酱油是富有营养价值、独特风味和色泽的调味品，含有十几种复杂的化合物，其成分为盐、多种氨基酸、有机酸、醇类、酯类及水分等。

肉品加工中使用的酱油应具有正常酿造酱油的色泽、气味和滋味，无不良气味，不得有酸、苦、涩等异味和霉味，不混浊，无沉淀，无异物，无霉花浮膜。

酱油在肉品加工中的作用如下：

（1）赋味。酱油中所含食盐能起调味与防腐作用；所含的多种氨基酸（主要是谷氨酸）能增加肉制品的鲜味。

（2）增色。添加酱油的肉制品多具有诱人的酱红色，是由酱色的着色作用和糖类与氨基酸的美拉德反应产生。

（3）增香。酱油所含的多种酯类、醇类具有特殊的酱香气味。

（4）除腥腻。酱油中少量的乙醇和乙酸等具有解除腥腻的作用。

另外，在香肠等制品中，酱油还有促进其成熟发酵的良好作用。

3. 豆豉

豆豉又称香豉，是以黄豆或黑豆为原料，利用毛霉、曲霉或细菌蛋白酶分解豆类蛋白质，通过加盐、干燥等方法制成的具有特殊风味的酿造品。豆豉是中国四川、安徽、江西、重庆、湖南等地区常用的调味料。豆豉作为调味品，在肉制品加工中主要起提鲜、增香的作用。豆豉除作调味和食用外，其医疗功用也很多。

（二）甜味料

1. 蔗糖

蔗糖是常用的天然甜味剂，其甜度仅次于果糖。果糖、蔗糖、葡萄糖的甜度比为 4：3：2。肉制品中添加少量蔗糖可以改善其滋味，并能促进胶原蛋白的膨胀和疏松，使肉质松软、色调良好。蔗糖添加量在 0.5%～1.5%为宜。

2. 饴糖

饴糖主要由麦芽糖（50%）、葡萄糖（20%）和糊精（30%）混合而成。饴糖味甜柔爽口，有吸湿性和黏性。肉制品加工中常用作烧烤、酱卤和油炸制品的增色剂和甜味剂。饴糖以颜色鲜明、汁稠味浓、洁净不酸为上品。宜用缸盛装，注意存放在阴凉处，防止酸化。

3. 蜂蜜

蜂蜜是花蜜中的蔗糖在甲酸的作用下转化为葡萄糖和果糖，葡萄糖和果糖之比基本近似于 1：1。蜂蜜是一种淡黄色或红黄色的黏性半透明糖浆，温度较低时有部分结晶而显浑浊，黏稠度也加大。蜂蜜可以溶于水和酒精中，略带酸性。

蜂蜜在肉制品加工中的应用主要起提高风味、增香、增色、增加光亮度及增加营养的作用。

4. 葡萄糖

葡萄糖甜度为蔗糖的 65%～75%，其甜味有凉爽之感，适合食用。葡萄糖加热后逐渐变为褐色，温度在 170℃以上，则生成焦糖。

葡萄糖在肉制品加工中的使用量一般为 0.3%～0.5%。葡萄糖若应用于发酵香肠制品，其用量为 0.5%～1.0%，因为它提供发酵细菌转化为乳酸所需要的碳源。在腌制肉中，葡萄糖还有助发色和保色作用。

（三）酸味料

1. 食醋

食醋是以谷类及麸皮等经过发酵酿造而成的。食醋中的主要成分为醋酸（乙酸），含醋酸 3.5%以上。在制作某些肉制品时加入一定量的食醋与其中的黄酒或白酒发生酯化反应产生特殊的风味物质。

食醋可以去除腥味，尤其鱼类肉原料更具有代表性。在加工过程中，适量添加食醋可明显减少腥味。食醋还能在烹制过程中使原料中的维生素少受或不受损失。另外，醋还具有医疗保健功能。

2. 柠檬酸

柠檬酸又称构橼酸，为无色透明结晶或白色粉末，无臭，有强烈酸味。柠檬酸通常作为调味剂、防腐剂、酸度调节剂及抗氧化剂的增效剂。用柠檬酸处理的腊肉、香肠和火腿具有较强的抗氧化能力。在肉制品中，柠檬酸还有降低肉制品的 pH 值的作用。在 pH 值较低的情况下，亚硝酸盐的分解越快，对促进香肠的发色作用越明显。但 pH 值的下降，对于肉制品的持水性是不利的。因此，国外已开始在某些混合添加剂中使用糖衣柠檬酸。加热时糖衣溶解，释放出有效的柠檬酸，而不影响肉制品的质构。

（四）鲜味料

1. 味精

味精学名是谷氨酸钠，是粉状结晶或粒状结晶。味精易溶于水，无吸湿性，对光稳定，其水溶液加温也相当稳定。

味精在肉制品加工中普遍使用，有增强鲜味和增加营养的作用。味精的一般添加量为 0.2～1.5g/kg。

2. 肌苷酸钠

肌苷酸钠是白色或无色的结晶性粉末。肌苷酸钠的鲜味是谷氨酸钠的 10～20 倍，一起使用时，效果更佳。在肉中加 0.01%～0.02%的肌苷酸钠，与之对应就要加 1/20 左右的谷氨酸钠。使用时，其遇酶容易分解，所以添加酶活力强的物质时，应充分考虑之后再使用。

3. 鱼露

鱼露又称鱼酱油，是以海产小鱼为原料，用盐或盐水腌渍，经长期自然发酵，取其汁液滤清后而制成的一种咸鲜味调料。鱼露以颜色橙黄和棕色，透明澄清，有香味、鱼腥味、无异味为上乘质量。鱼露的营养十分丰富，蛋白质含量高，其呈味成分主要是呈鲜物质肌苷酸钠、鸟苷酸钠、谷氨酸钠、琥珀酸钠等；咸味是以食盐为主。鱼露在肉制品加工中的应用主要起增味、增香及提高风味的作用。

4. 鸟苷酸钠、胞苷酸钠和尿苷酸钠

这三种物质与肌苷酸钠一样是核酸关联物质，都是将酵母的核糖核酸进行酶分解后制成的。它们都是白色或无色的结晶或结晶性粉末。其中，鸟苷酸钠是蘑菇香味的，由于它的香味很强，使用量为谷氨酸钠的 1%～5%就足够。

（五）料酒

从理论上来说，啤酒、白酒、黄酒、葡萄酒、威士忌都能作为料酒。但人们经过长期的实践、品尝后发现，不同的料酒所烹饪出来的菜肴风味相距甚远，其中以黄酒为最佳。

黄酒的酯香、醇香同菜肴的香气十分和谐，黄酒中还含有多种多糖类呈味物质，而且氨基酸含量很高。肉制品经酒煮制后，有助于成分的溶出和调味成分向肉制品中扩散；料酒可以去除肉制品的腥臊味，使味道鲜美；能增加其肉制品的香气；还可起到杀菌、消毒、防腐的作用。

（六）调味肉类香精

调味肉类香精包括猪、牛、鸡、羊肉等各种肉味香精，是采用纯天然的肉类为原料，经过蛋白酶适当降解成小肽和氨基酸，加还原糖在适当的温度条件下发生美拉德反应，生成风味物质，经超临界萃取和微胶囊包埋或乳化调和等技术生产的粉状、水状、油状系列调味香精，如猪肉香精、牛肉香精等。调味肉类香精可直接添加或混合到肉类原料中，使用方便，是目前肉类工业上常用的增香剂。

（七）香辛料

根据香辛料所利用植物的部位不同，将其分为根茎类（如姜、葱、蒜等）、皮类（如肉桂等）、花或花蕾类（如丁香等）、果实类（如辣椒、胡椒等）、叶类（如鼠尾草、月桂叶等）。根据气味不同，又可将其分为辛辣性香辛料（如胡椒、辣椒、花椒、芥子、蒜、姜、葱、肉桂等）和芳香性香辛料（如丁香、百里香、豆蔻、小茴香、大茴香、月桂等）。

1. 丁香

丁香为桃金娘科植物丁香的干燥花蕾及果实，其气味强烈芳香、浓郁，味辛麻辣。花蕾开始呈白色，渐次变为绿色，最后呈鲜红色。当花蕾呈鲜红色时即可采集，将采得的花蕾除去花梗后晒干即成，以朵大、油性足、香气浓郁、入水下沉者为佳品。将丁香磨碎后加入制品中，香气极为显著，调味时能掩盖其他香料香味，用量不能多。但对于亚硝酸盐有消色作用，所以只在少数不经腌制的灌肠肉制品中使用。

2. 豆蔻

豆蔻别名圆豆蔻、白豆蔻、紫蔻、十开蔻，为姜科豆蔻属植物白豆蔻的种子。在使用前须存于蒴果中。白豆蔻为多年生草本，全株形状似芭蕉，高 2～3m，蒴果扁球形，直径 1.5cm，三裂，种子呈不规则多面体，晒干后，除去顶端花萼及基部果柄即得，具有强烈的香气。

豆蔻用于肉制品加工时，将果实磨成粉加入制品中，具有良好的调味作用，特别在灌肠中使用广泛。

3. 肉豆蔻

肉豆蔻别名肉果、玉果、肉蔻，为豆蔻科肉豆蔻属植物肉豆蔻的种仁。果实呈梨形或近似圆球形，长 3.5～5cm，有芳香味，为淡黄色或橙黄色。果皮厚约 0.5cm，果熟时裂为两瓣，露出深红色假种皮，即肉豆蔻衣。干时黄褐色，长 2.5～3cm，厚约 1mm。种仁即肉豆蔻，呈卵形，有网状条纹，外表为淡棕色或暗棕色。

肉豆蔻挥发油中含有肉豆蔻醚，气味极芳香。在肉制品加工中加入肉豆蔻有很强的调味作用，为酱卤制品必用的香料，也常在高档灌肠制品中使用。

4. 小茴香

小茴香别名茴香、香丝菜，为伞形科小茴香属茴香的成熟果实。茴香为多年生草本，全株表面有粉霜，具有强烈香气。果呈卵状，长圆形，长 4～8mm，具有 5 棱，有特异香气，全国各地普遍栽培。秋季采摘成熟果实，除去杂质，晒干。

小茴香在肉制品加工中是常用的香料，以粒大、饱满、色黄绿、鲜亮、无梗、无杂质为上品。炖牛羊肉时加入小茴香则味道更鲜美。

5. 大茴香

大茴香别名八角茴香、八角，在北方称为大料，在南方称为唛头。八角为八角树的果实，呈八角形。有强烈的山楂花香气，味甜，性温和。鲜果绿色，成熟果深紫色，暗而无光。干燥果呈棕红色，并具有光泽。

八角是酱卤肉制品必用的香料，能压腥去膻，增加肉的香味。

6. 砂仁

砂仁别名缩砂密、缩砂仁、宿砂仁、阳春砂仁。其干果气芳香而浓烈，味辛凉。砂仁为姜科植物砂仁种子的种仁，是一年生草本。砂仁以个大、坚实、仁饱满、气味浓者为佳。

砂仁在肉制品加工中能去异味，增加香味，使肉味鲜美可口。

7. 陈皮

陈皮为柑橘在 10～11 月成熟时采收剥下果皮晒干所得。中国栽培的柑橘品种甚多，其果皮均可作调味香料用。

陈皮在肉制品生产中用于酱卤制品，可增加复合香味。

8. 孜然

孜然别名藏茴香、安息茴香。伞形科，一年生或多年生草本，果实有黄绿色与暗褐色之分，前者色泽新鲜，籽粒饱满，具有独特的薄荷、水果香味，还带有适口的苦味，咀嚼时有收敛作用。果实干燥后加工成粉末可用于肉制品的解腥。

9. 百里香

百里香别名麝香草，俗称山胡椒。干草为绿褐色，有独特的叶臭和麻舌样口味，带甜味，芳香味强烈。夏季枝叶茂盛时采收，洗净，剪去根部，切段，晒干。将茎直接干制或再加工成粉状，用水蒸气蒸馏可得 1%～2%精炼油。全草含挥发油 0.15%～0.5%。挥发油中主要成分为香芹酚，能压腥去膻，多用作羊肉的调味料。

10. 月桂

月桂别名桂叶、香桂叶、香叶、天竺桂。其味芳香文雅，香气清凉带辛香和苦味。月桂叶在肉制品中起增香矫味作用，因含有柠檬烯等成分，具有杀菌和防腐的功效。

11. 草果

草果别名草果仁、草果子。味辛辣，具特异香气，微苦。全株辛辣味，品质以个大、饱满、表面红棕色为好。果实中含淀粉、油脂等。在肉制品加工中具有增香、调味作用。

12. 檀香

檀香别名白檀、白檀木，为檀香科檀香属植物檀香的干燥心材。成品为长短不一的木段或碎块，表面黄棕色或淡黄橙色，质致密而坚重。

檀香具有强烈且持久的特异香气，味微苦。肉制品酱卤类加工中用作增加复合香味的香料。

13. 甘草

甘草别名甜草根、红苷草、粉草，为豆科甘草属植物甘草的根状茎及根。根状茎粗壮味甜，圆柱形，外皮红棕色或暗棕色。秋季采摘，除去残茎，按粗细分别晒干，以外皮紫褐、紧密细致、质坚实而重者为上品。甘草中含 6%～14%草甜素（甘草酸）及少量甘草苷，被视为矫味剂。甘草在肉制品中常用作甜味剂。

14. 玫瑰

玫瑰为蔷薇科蔷薇属植物玫瑰的花蕾。以花朵大、瓣厚、色鲜艳、香气浓者为上品。5～6 月采摘含苞未放的花蕾晒干。花含挥发油（玫瑰油），有极佳的香气。肉制品生产中常用作香料，也可磨成粉末掺入灌肠中，如玫瑰肠。

15. 姜黄

姜黄别名黄姜、毛姜黄、黄丝郁金，为姜科黄属植物姜黄的根状茎。姜黄为多年生草本，高 1m 左右，根状茎粗短，圆柱形，分枝块状，丛聚呈指状或蛹状，味芳香，断面鲜黄色，冬季或初春挖取根状茎洗净煮熟晒干或鲜时切片晒干。姜黄中含有 0.3%的姜黄素及 1%～5%的挥发油，姜黄素为一种植物色素，可作食品着色剂，挥发油含姜黄酮、二氢姜黄酮、姜烯、桉油精等。在肉制品加工中有着色和增添香味的作用。

二、肉类加工添加剂

（一）发色剂

在肉制品加工中，为使产品的色泽鲜艳，常使用硝酸盐、亚硝酸盐作为发色剂。

硝酸盐主要有硝酸钾及硝酸钠，为无色的结晶或白色的结晶性粉末，无臭，稍有咸味，易溶于水。硝酸盐发色的作用机理是，硝酸盐被还原性细菌在酸性条件下作用形成亚硝酸盐，亚硝酸盐在微酸性条件下形成亚硝酸，亚硝酸是一个非常不稳定的化合物，在腌制过程中被还原性物质作用形成一氧化氮（NO）。最后，NO 与还原状态的肌红蛋白（Mb）反应结合生成亚硝基肌红蛋白（NO-Mb），使肉呈现鲜艳的肉红色。

亚硝酸盐主要是指亚硝酸钠，为白色至淡黄色粉末或颗粒状，味微咸，易潮解，外观和滋味似食盐，易溶于水，微溶于乙醇。亚硝酸盐的发色作用比硝酸盐迅速，能抑制肉制品中造成食物中毒及腐败菌的生长，具有增强肉制品风味，防止脂肪氧化酸败的作用。

（二）发色助剂

1. 异抗坏血酸钠

异抗坏血酸钠是抗坏血酸钠的异构体，为白色或淡黄色的结晶或粉末，无臭，略有咸味，易溶于水，遇光不稳定，可以保护许多重要的生理活性物质在还原状态下发挥作用。异抗坏血酸钠与硝酸盐作用，产生更多的亚硝酸盐，并促进亚硝酸盐生成一氧化氮，不仅能防止一氧化氮和二价铁离子被氧化，还能将已氧化的三价铁离子还原成为二价铁离子。因此，异抗坏血酸钠具有护色和助发色作用。作为助发色剂使用，加速了颜色的合成和保持了颜色的稳定，使肉制品在存放过程中保持色、香、味的统一。异抗坏血酸钠由于能抑制亚硝胺的形成，有利人们的身体健康。对火腿等腌制肉制品的使用量为0.5～1.0g/kg。

2. 葡萄糖酸内酯

葡萄糖酸内酯为白色结晶性粉末，无臭，口感先甜后酸，易溶于水，略溶于乙醇。葡萄糖酸内酯是水果及其制品中的天然成分，也是碳水化合物代谢过程中的中间产物，对人体无害。通常1%葡萄糖酸内酯水溶液的 pH 值为 3.5，因此可作为酸味剂。在腌制过程中，可促进亚硝酸钠向亚硝酸的转化，起到助发色作用，降低亚硝酸钠的使用量，并稳定产品的色泽，提高产品的稳定性和切片性，使产品的质构较好。同时，葡萄糖酸内酯对霉菌和一般的细菌具有抑制作用，也是一种防腐剂，可延长产品的保存期，缩短肉制品的成熟过程，增加出品率。

3. 烟酰胺

烟酰胺也称尼克酰胺或维生素 PP，为白色晶体粉末，几乎无臭、味苦、微吸潮，干燥状态时 50℃ 以下稳定，易溶于水，与酸、碱加热，水解生成烟酸。

烟酰胺与肌红蛋白结合生成稳定的烟酰肌红蛋白，不被氧化，防止肌红蛋白在亚硝酸生成亚硝基期间氧化变色。添加 0.01%～0.02%的烟酰胺可保持和增强火腿、香肠的色、香、味，同时也是重要的营养强化剂。

（三）着色剂

着色剂分为天然色素和人工合成色素两大类。中国允许使用的天然色素有红曲米、姜黄素、虫胶色素、红花黄色素、叶绿素铜钠盐、β-胡萝卜素、红辣椒红素、甜菜红和糖色等。实际用于肉制品生产中以红曲米最为普遍。

食用合成色素是以煤焦油中分离出来的苯胺染料为原料而制成的，故又称煤焦油色素和苯胺色素，如胭脂红、柠檬黄等。食用合成色素大多对人体有害，其毒害作用主要有使人中毒、致泻、致癌三类，所以应该尽量少用或不用。中国卫生部门规定：凡是肉类及其加工品都不能使用食用合成色素。

1. 红曲米和红曲色素

红曲米是由红曲霉菌接种于蒸熟的米粒上，经培养繁殖后所产生的红曲霉红素。红曲米的呈色成分是红斑素和红曲色素，是一种安全性很高、化学性质稳定的色素，对酸碱度稳定、耐热性好、耐光性好，几乎不受金属离子、氧化剂和还原剂的影响，着色性、安全性好。红曲米使用量一般控制在 0.6%～1.5%。

2. 焦糖

焦糖又称酱色或糖色，外观是红褐色或黑褐色的液体，也有的呈固体状或粉末状，可以溶解于水及乙醇中，但在大多数有机溶剂中不溶解。焦糖水溶液晶莹透明，溶解的焦糖有明显的焦味，但冲稀到常用水平则无味。焦糖的颜色不会因酸碱度的变化而发生变化，并且也不会因长期暴露在空气中受氧气的影响而改变颜色。焦糖在 150～200℃的高温下颜色稳定，是中国传统使用的色素之一。焦糖在肉制品加工中主要起到增色，补充色调，改善产品外观的作用。

（四）品质改良剂

1. 蛋白酶

1）木瓜蛋白酶

木瓜蛋白酶是一种在酸性、中性、碱性条件下均能降解蛋白质的酶。它的外观为白色或浅黄色的粉末，微有吸潮性，可溶于水、甘油及 70%的乙醇。其水溶液的颜色由无色至亮黄色，较为透明。木瓜蛋白酶对蛋白质进行降解的最佳条件：温度为 65℃，pH 值为 7.0～7.5。虽然在其他温度（不超过 90℃，不低于室温）及其他酸碱范围内的环境中也能对蛋白质进行降解，但效果没有处于最佳环境时好。加工中使用木瓜蛋白酶时，可先用温水将其粉末溶化，然后将原料肉放入拌和均匀，即可加工。木瓜蛋白酶广泛用于肉类的嫩化。

2）菠萝蛋白酶

菠萝蛋白酶又名菠萝酶，是由制作菠萝罐头的下脚料中提取的一种蛋白酶。菠萝蛋白酶是一种黄色粉末。它与蛋白质发生降解作用的条件：温度为 30～35℃，pH 值为 6～8。加工中使用菠萝蛋白酶时，要注意将其粉末溶入 30℃左右的水中，也可直接加入调味液，然后把原料肉放入其中，经搅拌均匀即可加工。

3）谷氨酰胺转氨酶

谷氨酰胺转氨酶（TG）是一种催化酰基转移反应的转移酶，可使酪蛋白、肌球蛋白、谷蛋白、乳球蛋白等蛋白质分子之间发生交联，改变蛋白质的功能性质。在肉制品中添加谷氨酰胺转氨酶，可以提高产品的弹性、质地，对肉进行改型再塑造，增加胶凝强度等。

2. 多聚磷酸盐

1）焦磷酸钠

焦磷酸钠（1%水溶液 pH 值为 10）为无色或白色结晶，溶于水，水中溶解度为 11%，因水温升高而增加溶解度。能与金属离子络合，使肌肉蛋白质的网状结构被破坏，包含在结构中可与水结合的极性基因被释放出来，因而持水性提高。同时，焦磷酸盐与三聚磷酸盐有解离肌动球蛋白的特殊作用，最大使用量为 1g/kg。

2）三聚磷酸钠

三聚磷酸钠（1%水溶液 pH 值为 9.5）为白色颗粒或粉末，易溶于水，有潮解性。在肉肠中使用，能使制品形态完整、色泽美观、肉质柔嫩、切片性好。三聚磷酸钠在肠道中不被吸收，至今尚未发现有不良副作用。最大使用量为 2g/kg。

3）六偏磷酸钠

六偏磷酸钠（1%水溶液 pH 值为 6.4）为玻璃状无定形固体（片状、纤维状或粉末），无色或白色，易溶于水，有吸湿性，它的水溶液易与金属离子结合，有保水及促进蛋白质凝固作用。最大使用量为 1g/kg。

各种磷酸盐可以单独使用，也可把几种磷酸盐按不同比例组成复合磷酸盐使用。实践证明，使用复合磷酸盐较单用一种磷酸盐效果好一些。用量一般为 0.4%～0.5%，过量可能影响口感。

3. 增稠剂

增稠剂又称赋形剂、黏稠剂，具有改善和稳定肉制品物理性质或组织形态、丰富食用的触感和味感的作用。

增稠剂按其来源大致可分为两类：一类来自含有多糖类的植物原料；另一类则从富含蛋白质的动物及海藻类原料中制取。增稠剂的种类很多，在肉制品加工中应用较多的有：植物性的增稠剂，如淀粉、琼脂、大豆蛋白等；动物性增稠剂，如明胶、禽蛋等。这些增稠剂的组成成分、性质、胶凝能力均有所差别，使用时应注意选择。

4. 抗氧化剂

1）油溶性抗氧化剂

油溶性抗氧化剂能均匀地溶解并分布在油脂中，对含油脂或脂肪的肉制品可以很好地发挥其抗氧化作用。油溶性抗氧化剂包括丁基羟基茴香脑、二丁基羟基甲苯和没食子酸丙酯，另外还有维生素 E。

2）水溶性抗氧化剂

水溶性抗氧化剂主要有 L-抗坏血酸、异抗坏血酸及其钠盐等。L-抗坏血酸，又称维生素 C，其性状为白色或略带淡黄色的结晶或粉末，无臭，味酸，易溶于水。遇光色渐变深，干燥状态比较稳定，但水溶液很快被氧化分解，特别是在碱性及重金属存在时更促进其破坏。L-抗坏血酸应用于肉制品中，有抗氧化、助发色作用，和亚硝酸盐结合使用，可防止产生亚硝胺。L-异抗坏血酸及其钠盐是抗坏血酸及其钠盐的异构体，极易溶于水，其使用及使用量均同抗坏血酸及其钠盐。

5. 防腐剂

防腐剂是对微生物具有杀灭、抑制或阻止生长作用的食品添加剂。作为肉制品中使用的防腐剂必须具备下列条件：对人体健康无害；不破坏肉制品本身的营养成分；在肉制品加工过程中本身能破坏而形成无害的分解物；不损害肉制品的色、香、味。

目前《食品添加剂使用标准》（QB 2760—2014）中允许在肉制品中使用的防腐剂有山梨酸及其钾盐、脱氢乙酸钠和乳酸链球菌素等。

项目三 肉的处理

关键术语

腌制　盐水注射　斩拌

任务一　肉的腌制和斩拌

一、肉的腌制

肉制品在加工前，一般都需要进行前处理，其中腌制工序是很多肉制品加工中必不可少的一个环节。腌制的原理是借助盐或糖扩散渗透到组织内部，降低肉组织内部的水活度，提高渗透压，有选择地控制有害微生物的活动并伴随着发色、成熟的过程。通过腌制，可以起到改变细菌菌属状况，抑制微生物的生长繁殖，提高防腐性，增强肉的保水性、黏结性，促进加热凝胶的形成，稳定肉的颜色，形成盐腌风味，改善肉制品风味的作用。

（一）肉品腌制的方法

肉的腌制方法很多，大致可分为干腌法、湿腌法、混合腌制法、盐水注射腌制法等。随着技术的进步，近年又发展了一系列加速腌制的方法，为腌制加工的工业化生产提供了方便。

1. 干腌法

干腌法是利用干盐（结晶盐）或混合盐，先在肉品表面擦透，即有汁液外渗现象，而后层堆在腌制架上或层装在腌制容器里，各层间还应均匀地撒上食盐，各层依次压实，在外加压或不加压的条件下，依靠外渗汁液形成盐液进行腌制的方法。干腌法的代表产品有金华火腿和宣威火腿等中式火腿。

干腌的优点是操作简便，制品较干，易于保藏，营养成分流失少，风味较好。其缺点是盐分向肉品内部渗透较慢，腌制时间较长，内部易变质；腌制不均匀，失重大，味太咸，色泽较差。

2. 湿腌法

湿腌法即盐水腌制法，就是在容器内将肉品浸没在预先配制好的食盐溶液内，并通过扩散和水分转移，让腌制剂渗入肉品内部，并获得比较均匀的分布，直至它的浓度最后和盐液浓度相同的腌制方法。此方法常用于分割肉、肋部肉的腌制。配制腌制液时，一般是用沸水将各种腌制材料溶解，冷却后使用。腌制温度为3～5℃，时间4～5d。

湿腌法主要适用于肉块较小时，一般在≤10℃下腌制48h左右，通过腌制增强了产品的黏着力。腌制的方法是将肉浸泡在溶液中，通过扩散和水分转移，让腌制剂渗入肉的内部。

湿腌法的缺点是其制品的色泽和风味不及干腌制品，腌制时间比较长，肉质柔软，蛋白质流失较多，还因含水分多不易保藏。

3. 混合腌制法

混合腌制法是可先行干腌而后湿腌，是干腌和湿腌互补的一种腌制方法。干腌和湿腌相结合可以避免湿腌液因食品水分外渗而降低浓度，因干腌及时溶解外渗水分；同时腌制时不会促进食品表面发生脱水现象；此外，混合腌制能有效地阻止内部发酵或腐败。混合腌制法的代表产品有南京板鸭，事实上在绝大多数肉品的加工中用到了混合腌制法。混合腌制法防止了肉的过分脱水和蛋白质的损失，增加了制品贮藏时的稳定性且营养成分流失少，同时具有色泽好、咸度适中的优点。

4. 盐水注射腌制法

（1）动脉注射腌制法。此法是用泵将盐水或腌制液经动脉系统压送入分割肉或腿肉内的腌制方法，为散布盐液的最好方法。

操作方法是将注射用的单一针头插入前后腿上的股动脉的切口内，然后将盐水或腌制液用注射泵压入腿内各部位上，使其质量增加8%～10%，有的增至20%左右。

动脉注射腌制法的优点是腌制速度快，出货迅速；其次是得率比较高。缺点是只能用于腌制前后腿，胴体分割时还要注意保证动脉的完整性，腌制的产品容易腐败变质，故需要冷藏运输。

（2）肌肉注射腌制法。此法有单针头注射法和多针头注射法两种。肌肉注射用的针头大多为多孔的。肌肉注射腌制法的特点是肉注射盐水后不用浸渍，腌制温度比传统方法高3～5℃，腌制时间短、效率高，但其成品质量不及干腌制品，风味略差，煮熟时肌肉收缩的程度也比较大。

另外，为进一步加快腌制速度和盐液吸收程度，注射后通常采用按摩或滚揉操作，即利用机械的作用促进盐溶性蛋白质抽提，以提高制品保水性，改善肉质。

肌肉注射腌制法的注射量一般用质量分数表示，如一般常用 25%的注射量。在盐水注射腌制过程中，尤其要注意腌制液的配制。

5. 新型快速腌制法

（1）预按摩法。腌制前采用 $60\sim100kPa/cm^2$ 的压力预按摩，可使肌肉中肌原纤维彼此分离，并增加肌原纤维间的距离使肉变松软，加快腌制材料的吸收和扩散，缩短总滚揉时间。

（2）无针头盐水注射。不用传统的肌肉注射，采用高压液体发生器，将盐液直接注入原料肉中。

（3）高压处理。高压处理可使分子间距增大和极性区域暴露，提高肉的持水性，改善肉的出品率和嫩度。据 Nestle 公司研究结果，盐水注射前用 2000Bar（1Bar $=10^5$Pa）高压处理，可提高 0.7%～1.2%出品率。

常用的腌制设备是盐水注射机。盐水注射机有滚筒式和步移式两种，目前主要用步移式盐水注射机。步移式盐水注射机主要有机械式注射、气压式注射和液压式注射。

盐水注射机通过针头的往复运动，将腌制液注射到肉组织中，为了保证盐水注射机的正常工作，首先要保证原料肉必须是脱骨肉，以免损伤针头。在注射过程中为了防止注射液堵塞针头，吸入注射机的腌制液必须是经过过滤的，同时要求注射腌制液的盐水泵过滤网要定期清洗。其次注射针头也要定期清洗。

为了保证盐水注射的效果，一般在食品工艺设计上将该工序与滚揉工序衔接。经过注射后，在盐的作用下，肉的水活度下降、含盐量升高、相应的水分含量也下降；由于高浓度盐的腌制使蛋白质的溶胀失去可逆性，因此肌肉组织的微观结构和 pH 值发生了变化；在腌制过程中，腌制剂扩散并与肉成分反应，蛋白质和脂肪形成特有的腌肉风味。

（二）盐水注射腌制法操作要点

现代肉制品加工过程中采用的腌制方法是盐水注射腌制法，腌制液的配制有如下要求。

1. 腌制液配制时间

肉品腌制注射液一般需要 24h 内配制。

2. 温度要求

保存在 7℃左右的冷却间内。

3. 各成分加入顺序

添加剂投放水中的顺序直接关系到其在腌制液中的溶解性，因此一般先加入易溶解的盐，再加入不易溶解的其他类添加剂。

具体做法：先将不溶性香辛料熬煮后过滤，取其香料水，冷却至 2℃，溶入复合磷酸盐，再依次加入糖、食盐、卡拉胶、植物蛋白和亚硝酸钠等逐一溶解，最后加入维生素 C 钠和香精等。

（三）腌制对肉品的作用

1. 抑菌防腐

1）脱水作用

食盐可以提高肉制品的渗透压，从而抑制微生物的生长。当食盐含量超过 10%时，微生物细胞脱水，造成质壁分离，大部分微生物的生长活动就会受到暂时的抑制。当食盐含量达到 15%～20%，则大多数微生物停止生长。

2）降低水活度

一般微生物的生长都有其适当的水活度范围，低于这一范围，该微生物将不能生长。盐加入后由于离子周围限制了大量的水分子，大大降低了水活度，从而抑制了微生物的生长。

3）影响酶活性

微生物分泌出来的酶很容易遭到盐液的破坏，这可能是盐液中的离子破坏了酶蛋白质分子中的氢键或与肽键结合，从而影响了酶的活性。

4）抗氧化作用

由于盐的存在大大降低了盐液中氧的溶解度，从而形成了缺氧环境，不利于好氧菌的生长，同时也减少了脂肪被氧化的机会。

2. 呈色

在腌制过程中，硝酸盐类与肌红蛋白发生一系列作用，而使肉制品呈现诱人的色泽。关于它的形成过程，目前普遍接受的观点是 NO-Mb 是构成腌肉颜色的主要成分。NO-Mb 生成量的多少受很多因素的影响。

1）亚硝酸盐的使用量

肉制品的色泽与亚硝酸盐的使用量有关，用量不足时，颜色淡而不均，在空气中氧气的作用下会迅速变色，造成贮藏后色泽的恶劣变化。为了保证肉呈红色，亚硝酸钠的最低用量为 0.05g/kg；为了确保安全，最大使用量为 0.15g/kg，在这个范围内根据肉类原料的色素蛋白的数量及气温情况有所变动。

2）肉的 pH 值

亚硝酸钠只有在酸性介质中才能还原成 NO，一般发色的最适宜 pH 值为 5.6～6.0。有时为了提高肉制品的持水性，常加入碱性磷酸盐，造成 pH 值向中性偏移，往往使呈色效果不好，pH 值接近 7.0 时肉色就淡，所以必须注意其用量。但在过低的 pH 值环境中，亚硝酸盐的消耗量增大，如使用亚硝酸盐过量，又容易引起绿变。

3）温度

肉色的变化过程与温度有较大的关系，经过烘烤、加热后，肉色变化较快。如果配好料后不及时处理，肉就会因氧化作用而褪色，这就要求迅速操作，及时进行加工。

4）添加剂

当添加抗坏血酸的用量高于亚硝酸盐时，在腌制时可起助呈色作用，在贮藏时可起护色作用；蔗糖和葡萄糖可影响肉色强度和稳定性；加烟酸、烟酰胺也可形成比较稳定的红色。但这些物质没有防腐作用，所以暂时还不能代替亚硝酸钠。另外，有些香辛料如丁香对亚硝酸盐有消色作用。

5）其他因素

微生物和光线等影响腌肉色泽的稳定性。正常腌制的肉，切开置于空气中后，切面会褪色发黄，这是因为 NO-Mb 在微生物的作用下引起卟啉环的变化。NO-Mb 在光的作用下失去 NO，再氧化成高铁血色原，高铁血色原在微生物等的作用下，使血色素中的卟啉环发生变化，生成绿色、黄色、无色的衍生物。这种褪色、变色现象在脂肪酸败及有过氧化物存在时可加速发生。

3. 风味形成

腌肉中形成的风味物质主要为羰基化合物、挥发性脂肪酸、游离氨基酸和含硫的化合物等物质，当腌肉加热时就会释放出来，形成特有风味。风味的产生大约在腌制 10～14d 后出现，40～50d 达到最大程度。

腌肉成熟过程中发生一系列的化学和生物化学变化，主要是由微生物和肉组织内本身酶的活动所引起的。亚硝酸盐是肉品腌制过程中的主要物质，除了具有发色作用外，对腌肉的风味有着重要影响。大量研究发现，采用色谱分析方法对腌肉挥发性成分进行检测时，腌肉的芳香物质色谱图要比其他肉简单得多，其中脂肪氧化产物的含量大大减少，可能与亚硝酸盐的抗氧化作用有关，有效地抑制了脂肪的氧化，所以腌肉体现了肉的基本滋味和香味，减少了脂肪氧化所产生的风味。

4. 保水能力提高

保水性是指肉保持水分的能力，又称持水性。腌制工艺可以提高肉的保水性，主要是因为盐使肉中的部分蛋白质成分发生质构上的变化，从而提高了持水能力。此外，在肉的腌制过程中常用添加剂复合磷酸盐，复合磷酸盐提高肉的保水性主要有以下几方面的原因。

1）pH 值上升

磷酸盐溶液呈碱性，可以使肉的 pH 值增大。一般来说，保水性在 pH 值 5.5 左右最低，当其向碱性偏移后，则保水性提高。

2）螯合作用

复合磷酸盐具有与多价金属离子结合的性质，聚磷酸盐的加入，可以结合原来与结构蛋白结合的钙、镁离子，使结构蛋白质的羧基被释放出来。由于羧基之间静电力的作用，使蛋白质结构松弛，可以保持住更多的水分。

3）增加离子强度

聚磷酸盐是具有多价阴离子的化合物，因而在较低的浓度下可以具有较高的离子强度，这有利于肌球蛋白转变为溶胶状态，提高持水性。

4）肌球蛋白与低聚合度磷酸盐的特异作用

肌球蛋白与低聚合度的磷酸盐可以发生类似于肌球蛋白与 ATP 所发生的作用。肌球蛋白的增加，有利于持水性的提高。

肉制品加工过程中除了通过腌制提高持水性外，通常还配合使用滚揉法或添加大豆蛋白等方法来提高肉制品的保水性能。

二、肉的斩拌

斩拌是将物料斩碎、拌匀，使之达到细碎适当、混合均匀的目的。斩拌是生产肉糜类产品必备的工序，斩拌对产品质量有非常重要的影响。

（一）斩拌的作用

1. 乳化作用

通过斩拌工艺可以增加肉的保水性和出品率，减少油腻感，提高嫩度。

2. 改善肉的结构状况

通过斩拌，肉的肌肉纤维蛋白形成凝胶和溶胶状态，脂肪均匀分布在蛋白质的水化系统中，使肉馅的黏度和弹性提高。经过斩拌后肌原纤维蛋白被激活，结构发生改变，表面油脂减少，成品鲜嫩细腻，极易消化。

3. 破坏结缔组织薄膜

斩拌在肉品加工工序中是实现从肉块到肉糜的转变，通过斩拌工序，蛋白质分子之间的肽键开始断裂，从而提高吸收水分的能力。

斩拌过程中肌动蛋白和肌球蛋白发生了较大的变化。肌动蛋白和肌球蛋白是具有丝状的结构蛋白体，外面由一层结缔组织膜包裹着，通过斩拌打开了这层膜，蛋白质不仅能够保持本体的水分，而且能够保持外来水分。因此，斩拌的作用就是使蛋白质游离出来，使其吸收水分，并膨胀成网状蛋白质胶体，蛋白质胶体又具有很强的乳化性，能包裹住脂肪颗粒，达到保油保水的目的。

（二）影响斩拌的因素

1. 物料的质量

不同的原料肉对肉制品的乳化能力的影响不同。不同部位的牛肉和猪肉的乳化力存在一定的差异，并且长时间存放会导致肉品的乳化能力降低。在这样的情况下，添加屠宰后有余温的猪腿肉可以提高肉品的乳化能力。但刚屠宰的热鲜肉由于未能及时使用，随着时间的延长，肉开始出现尸僵，并产生大量乳酸。乳酸对肉是有损害的，不让其排出，影响肉的口感和品质，故出现排酸肉。所以肉制品斩拌一般还是用排酸肉的比较多，且比较合适。

2. 温度

斩拌温度对提取肌肉中盐溶性蛋白有很重要的作用。物料适当升温可以帮助盐溶性蛋白的溶出，加速腌制色的形成，增加肉馅的流动性。肌球蛋白的最适提取温度为 4～8℃，当肉馅温度升高时，盐溶性蛋白的萃取量显著减少，同时温度过高也易使蛋白质受热凝固从而失去乳化作用，乳化物的黏度降低，使分散相中比重较小的脂肪颗粒向肉馅乳化物表面移动，从而降低乳化物稳定性。高温会导致脂肪颗粒融化，造成产品出油问题，所以斩拌温度一般控制在 10℃ 以下较好。

3. 斩拌时间

适宜的斩拌时间，对于增加原料的细度，改善制品的品质是必须的。肉糜制品的硬度、弹性、黏聚性都随着斩拌时间的增加先增大、后减小，在斩拌 20min 时达到最高值。斩拌时间过短，则肌原纤维不能充分起到乳化的作用，盐溶性蛋白的溶解性低，肉糜制品的凝胶特性不好；斩拌时间过长，则肌肉蛋白质被过度搅拌、研磨，部分发生变性，乳化力和黏着力下降，产品的凝胶硬度弹性、黏聚性减小，同时也容易出现脂肪分离现象，从而降低了肉糜制品的质量。因此，对于不同的产品，要根据产品的质构要求确定适宜的斩拌时间，斩拌时间过长或过短都对产品的质构不利。

4. 斩拌的速度

斩拌速度对肉品的保水、保油效果及对蛋白质的溶出都有很大的影响。斩拌速度过快和过慢都会严重影响产品的保水和保油性能。斩拌速度过慢或斩刀不锋利，会影响肉糜达到理想的乳化程度。研究发现，斩拌速度过慢会导致产品淅油。如果斩拌速度过快，斩拌过程中刀片与肉品发生摩擦导致肉温升高，从而导致蛋白质变性，蛋白质的网状结构发生变化，蛋白质之间的相互作用降低，导致产品致密性差、保水及保油效果不良。斩拌速度对肉品质量影响很大，所以，在肉品加工过程中应根据实际情况采用合适的斩拌速度。

5. pH 值

在斩拌过程中，肌肉蛋白质的溶出速度及所处的结构状态直接受物料 pH 值的影响，并决定着蛋白质的凝胶特性。pH 值变化导致蛋白质间的相互作用发生了变化，从而影响形成蛋白凝胶的强度。

任务二 肉 的 滚 揉

一、肉类滚揉的原理

（一）滚揉的原理

为了让肉能够保存较长的时间，一般会使用腌制技术，通过腌制技术来延长肉的保存期限，在腌制工序后一般都会进行滚揉操作。通过滚揉会加速腌制液的渗透与发色，滚揉过程中利用物理性冲击的原理，使腌肉落下，通过揉搓肉组织，使肉的组织结构受到破坏，肉质松弛和纤维断裂，从而渗透速度大为提高，也可使注入的腌制液在肉内均匀分布，从而吸收大量盐水，这样不仅缩短了腌制期，还提高了肉的出品率和嫩度。

通过滚揉还可以促进盐溶蛋白的溶出。滚揉中由于肉块间互相摩擦、撞击和挤压，盐溶性蛋白从细胞内析出，它们吸收水分、淀粉等组分形成黏糊状物质，使不同的肉块能够黏合在一起，可起到提高肉的黏着性。

滚揉过程实际上是肉块跟随筒体转动进行运动的过程，在此过程中，块状肉纤维组织被拉开，在导叶片的作用下沿筒壁做向前—向后—向里—向前的回旋运动，互相挤压，同时沿筒壁切向翻滚、摔打。通过滚揉使添加剂更均匀地渗透到肉纤维当中，使肉及添加剂融为一体，以达到肉质鲜嫩、出品率高的目的。在滚揉机工作过程中，一般正转滚揉使肉达到最佳处理效果，通过反转功能，以清理出滚筒翅片背部的肉块。通常在滚揉循环的最后 5min 实现反转卸料。

通过滚揉进一步促进了肌肉结构松弛，细胞破裂，一方面增加肉纤维之间的空间；另一方面，增加细胞膜的渗透性，便于盐水的分布和吸收，从而促进肌纤维蛋白的溶解和抽提。

（二）滚揉的方法

在实际工艺生产中，滚揉主要有连续滚揉、间歇滚揉、常压滚揉和真空滚揉等方式。

在滚揉的方法中，企业常用间歇滚揉和真空滚揉，其中真空滚揉机是腌制牛肉、卤鸡、扒鸡、卤鸭等多种食材的主要设备。

常见的滚揉机分为立式滚揉机和卧式滚揉机两类。在滚揉过程，滚筒的转轴与地面平行，一般称之为卧式滚揉；反之当滚筒的轴和地面垂直，称之为立式滚揉机。

二、滚揉机使用注意事项

滚揉机在食品加工中发挥着重要的作用，能够很大限度地提高的生产效率。选购合适的滚揉机是食品加工企业提高效率的基础。滚揉机的材质一般采用优质不锈钢，生产过程中不会产生金属锈污染，内壁耐腐蚀。现代肉品加工中滚揉机一般配有成套的操作系统。

（一）滚揉方式

在滚揉生产过程中，一般采用间歇滚揉。通常建议滚揉 20min，休息 5～10min。

（二）滚揉机的荷载量

滚揉机在转动的时候，如果筒内的肉量太多，转动则会受到很大的影响，搅拌不均匀，如果筒内的肉量太少，会导致滚揉过度，造成肉质的损坏，并且消耗成本增大。建议筒内肉量应为满筒荷载量的 60%左右，可上下浮动 5%，根据肉的密度而定。

（三）滚揉机转数

转数一般控制在 8～12r/min，以达到较好的滚揉效果。

（四）温度控制

从产品的货架期、安全性和出品率考虑，最好在 2～4℃下滚揉。当产品在 8℃或更高温度下滚揉时，产品的结合力、出品率会明显下降。

项目四　肉制品加工

关键术语

酱卤肉　腌腊肉　灌肠　干肉　油炸肉　熏烤肉　肉类罐头

任务一　酱卤肉制品加工

酱卤肉制品是将原料肉清洗干净，加入调味料和香辛料，以水为介质，加热煮制而成的熟肉类制品。成品可直接食用，色泽美观、香味浓郁、口感适中。酱卤肉制品作为我国传统肉制品的典型代表，历史悠久，以酥软的口感和醇厚的风味深受人们喜爱。其依据所用配料和加工工艺的不同，一般分为白煮肉类、酱卤肉类和糟肉类三种。

（1）白煮肉类是原料肉经（或不经）腌制后，在水（或盐水）中煮制而成的一类熟肉制品。最大限度地保持原料肉固有的色泽和风味是其主要特点，一般在食用时才调味。代表产品有盐水鸭、白切鸡、白切猪肚、白切肉等。

（2）酱卤肉类是在水中加食盐、酱油等调味料和香辛料一起煮制而成的一类熟肉制品。色泽鲜艳、味美、肉嫩是其主要特点。产品的色泽和风味主要由调味料和香辛料决定。代表产品有酱汁肉、卤鸭、卤肉、道口烧鸡等。

（3）糟肉类是原料肉经白煮后，再用"香糟"糟制冷食的一类熟肉制品。保持原料固有的色泽和曲酒香气是其主要特点。代表产品有糟鸡、糟鸭、糟肉、糟鹅等。

此外，依据加入调味料的种类和数量不同，酱卤制品又可以分为五香或红烧制品、酱汁制品、蜜汁制品、糖醋制品、酒糟品、卤制品和白烧制品等。

一、酱卤肉制品加工原理

酱卤肉制品属于深加工肉制品，不同种类的酱卤肉制品有不同的风味，其风味主要产生在加热熟化阶段，其中形成风味的原因包括美拉德反应、脂肪氧化、氨基酸及硫铵素的降解。蛋白质经热和酶共同作用产生的游离氨基酸是酱卤制品风味的主要来源。大分子物质发生氧化水解，生成脂肪酸、核苷酸及磷脂类物质等小分子化合物，使肉制品的风味得到提高，更易被消化吸收。脂肪作为挥发性物质的溶剂，达到缓释的效果，是肉制品风味和特征香气的来源之一。香辛料的添加使制品滋味独一无二，并矫正了部分原料肉的不良风味。

酱卤肉制品加工工艺较简单，近几年来，随着食品机械设备的不断改良和食品生产加工技术的不断提高，该类产品的生产已经逐渐实现机械化。其生产工艺主要包括原料肉的选择、原料肉必要的前处理，原料肉的腌制、卤煮等工序。在这些工序中，原料肉的质量直接影响酱卤制品的产品质量，因此原料肉的选择至关重要。其次，卤煮工艺也较为关键，它是酱卤肉制品生产的关键工序，特别是酱卤肉制品加工过程中煮制火候的控制，也直接影响产品的口感。此外，卤煮工艺中的调味、调香和调色技术也影响产品的质量。

（一）原料的质量

用于加工酱卤肉制品的原料肉种类很多。不管采用哪种肉作为原料肉，首先要求原料肉没有受到细菌、农药、化学品等的污染。其次，要选用国家规定的定点屠宰的肉制品，且有国家检验检疫合格证明。原料肉为鲜肉时，为了保证酱卤制品的质量，要选用经过低温排酸的肉品；原料肉为冷冻肉时，要严格控制原料肉的解冻条件，保证原料肉在解冻环节的卫生安全。再次，为了保证原料肉的质量，在原料肉进行修整加工时也要保证与原料肉直接接触或间接接触的环境、器具、人员的卫生状况。此外，环境的温度也要求低温，修整后的肉也要求达到加工的卫生要求。

（二）调味

酱卤肉制品主要突出调味料及肉的本身香气。我国各地酱卤制品产品在风味大不相同，大体是南甜、北咸、东辣、西酸；同时北方地区酱卤制品用调味料、香料多，咸味重；南方地区酱卤制品相对调味料、香料少，咸味轻。调味时，要依据不同的要求和目的，选择适当的调料，生产风格各异的制品，以满足人们不同的消费和膳食习惯。

1. 调味的定义和作用

调味是加工酱卤制品的一个重要过程。调味料奠定了酱卤制品的滋味和香气，同时可增进色泽和外观。调味是要根据地区消费习惯、品种的不同加入不同种类和数量的调味料，加工成具有特定风味的产品。

在调味料使用上，卤制品主要使用盐水，所用调味料数量偏少，故产品色泽较淡，突出原料的原有色、香、味；而酱制品所用调味料的数量则偏多，故酱香味浓，调料味重。调味是在煮制过程中完成的，调味时要注意控制水量、盐浓度和调味料用量，要有利于酱卤制品颜色和风味的形成。通过调味还可以去除和矫正原料肉中的某些不良气味，起调香、助味和增色作用，以改善制品的色、香、味、形，同时通过调味能生产出不同品种、花色的制品。

2. 调味的分类

根据加入调味料的时间大致可分为基本调味、定性调味、辅助调味。

基本调味：在加工原料整理之后，经过加盐、酱油或其他配料腌制，奠定产品的咸味。

定性调味：在原料下锅后进行加热煮制或红烧时，随同加入主要配料如酱油、盐、酒、香料等，决定产品的口味。

辅助调味：加热煮制之后或即将出锅时加入糖、味精等以增进产品的色泽、鲜味。此外，为了着色还可以加入适量的色素，如红曲色素等。

（三）煮制

1. 煮制的概念

煮制是对原料肉用水、蒸汽、油炸等加热方式进行加工的过程。煮制可以改变肉的感官性状，提高肉的风味和嫩度，杀灭微生物和酶，达到熟制的目的。

2. 煮制的作用

煮制对产品的色、香、味、形及化学性质都有显著的影响。煮制使肉黏着、凝固，具有固定制品形态的作用，使制品可以切成片状；煮制时原料肉与配料的相互作用，可以起到改善产品的色、香、味的作用，同时煮制也可杀死微生物和寄生虫，提高制品的贮藏稳定性和保鲜效果。煮制时间的长短，要根据原料肉的形状、性质及成品规格要求来确定。一般体积大、质地老的原料，加热煮制时间较长，反之较短。

3. 煮制的方法

煮制必须严格控制温度和加热时间。卤制品通常先将各种辅料煮成清汤后再将肉块下锅以旺火煮制；酱制品则和各种辅料一起下锅，大火烧开，文火收汤，最终使汤形成肉汁。在煮制过程中，会有部分营养成分随汤汁而流失。因此，煮制过程中汤汁的多少，与产品最终的质量和口感有密不可分的关系。

根据煮制时加汤量的多少，分宽汤和紧汤两种煮制方法。宽汤煮制是将汤加至和肉的平面基本相平或淹没肉体，适用于块大、肉厚的产品，如卤肉等。紧汤煮制时加入的汤应低于肉的平面 1/3～1/2，适用于色深、味浓产品，如蜜汁肉、酱汁肉等。

根据酱卤制品煮制过程中调料加入顺序的不同，又分为清煮和红烧两种煮制方法。清煮又叫白煮、白锅。其方法是将整理后的原料肉投入沸水中，不加任何调味料进行烧煮，同时撇除血沫、浮油、杂物等，然后把肉捞出，除去肉汤中杂质。清煮作为一种辅助性的煮制工序，其目的是消除原料肉中的某些不良气味。清煮后的肉汤称作白汤，通常作为红烧时的汤汁基础再使用，但清煮下水（如肚、肠、肝等）的白汤除外。

红烧又称红锅、酱制，是制品加工的关键工序，起决定性的作用。其方法是将清煮后的肉料放入加有各种调味料的汤汁中进行烧煮，不仅使制品加热至熟，而且产生自身独特的风味。红烧的时间应随产品和肉质不同而异，一般为数小时。红烧后剩余汤汁称作红汤或老汤，应妥善保存，待以后继续使用。存放时应装入带盖的容器中，减少污染。长期不用时要定期烧沸或冷冻保藏，以防变质。红汤由于不断使用，其成分与性能必然已经发生变化，使用过程中要根据其变化情况酌情调整配料，以稳定产品质量。

4. 煮制中肉的变化

肉在煮制过程中发生一系列的变化，主要有以下几方面。

（1）肉的风味变化。生肉的香味是很弱的，通过加热后，不同种类的肉都会产生各自特有的风味。肉的风味形成与氨、硫化氢、胺类、羰基化合物、低级脂肪酸等有关。不同种类的肉由于脂肪和脂溶性物质不同，在加热时形成的风味也不同，如羊肉的膻味是由辛酸和壬酸引起的，加热时肉类中的各种游离脂肪酸均有不同程度的增加。

（2）肉色的变化。肉在加热过程中颜色的变化程度与加热方法、时间和温度密切相关，但以温度影响最大。此外，高温长时间加热时所发生的完全褐变，除色素蛋白质的变化外，还有诸如焦糖化作用和羰氨反应等发生。

（3）蛋白质的变化。肉经过加热，肉中蛋白质发生变性和分解。首先是凝固作用，肌肉中蛋白质受热后开始凝固而变性，而成为不可溶性物质。其次是脱水作用。蛋白质在发生变性脱水的同时，伴随着多肽类化合物的缩合作用，使溶液黏度增加。结缔组织中胶原蛋白在水中加热则变性，水解成动物胶，使产品在冷却后出现胶冻状。

（4）脂肪的变化。加热使脂肪熔化流出。随着脂肪的熔化，释放出一些与脂肪相关的挥发性化合物，这些物质给肉和汤增加了香气。脂肪在加热过程中有一部分发生水解，生成脂肪酸，因而使脂肪酸值有所增加，同时也有氧化作用发生，生成氧化物和过氧化物。水煮加热时，如肉量过多或剧烈沸腾，易形成脂肪的乳浊化，乳浊化的肉汤呈白色浑浊状态。

（5）浸出物的变化。在加热过程中从肉中分离出来的汁液含有大量的浸出物，它们易溶于水，易分解，并赋予煮熟肉的特征口味和增加香味。呈游离状态的谷氨酸和次黄嘌呤核苷酸会使肉具有特殊的香味。

（6）肉的外形及重量变化。肉开始加热时肌肉纤维收缩硬化，并失去黏性，后期由于蛋白质的水解、分解及结缔组织中的胶原蛋白水解成动物胶，肉的硬度由硬变软，并由于水溶性水解产物的溶解，组织细胞相互集结和脱水等作用而使肉质粗松脆弱。加热后的肉由于水分的析出而使重量减轻。

（7）肉质的变化。煮制中，肌肉蛋白质发生热变性凝固，肉汁分离，体积缩小，肉质变硬。肉失去水分，重量减轻，颜色发生改变，肌肉发生收缩变形，结缔组织软化，组织变得柔软。随着温度升高，肉的保水性、pH 值及可溶性蛋白质等发生相应变化。当温度为 40~50℃，肉的保水性下降，硬度随温度上升而急剧增加。当温度为 50℃，蛋白质开始凝固。当温度为 60～70℃，肉的热变性基本结束。当温度为 60℃，肉汁开始流出。当温度为 70℃，肉凝结收缩，色素蛋白变性，肉由红色变为灰白色。当温度为 80℃，结缔组织开始水解，胶原转变为可溶的胶原蛋白，肉质变软（盐水鸭、白切鸡）等。当温度为 80℃以上时，开始形成硫化氢，使肉的风味降低。当温度为 90℃，肌纤维强烈收缩，肉质变硬。当温度为 90℃以上，继续煮沸时，肌纤维断裂，肉被煮烂（凤爪）。

（8）其他成分的变化。加热会引起维生素破坏，其中硫胺素加热破坏最严重。无机盐在加热过程中也有一定的损失，酶类受热活性会丧失。

5. 煮制料袋的制法和使用

酱卤制品制作过程中多采用料袋，料袋是用两层纱布制成的长方形布袋。可根据锅的大小、原料多少，缝制大小不同的料袋。将各种香料装入料袋中，用粗线绳将料袋口扎紧。最好在原料未入锅之前，将锅中的酱汤打捞干净，将料袋投入锅中煮沸，使料在汤中串开后，再投入原料酱卤。料袋中所装香料可使用 2～3 次，然后以新换旧，逐步淘汰。既可根据品种实际味道减少辅料，也可以降低成本。

（四）火候

火候控制是加工酱卤肉制品的重要环节。在煮制过程中，根据火焰的大小和锅内汤汁情况，火候可分为旺火、中火和微火三种。旺火（又称大火、急火、武火）火焰高强而稳定，锅内汤汁剧烈沸腾；中火（又称温火、文火）火焰低弱而摇晃，一般锅中间部位汤汁沸腾，但不强烈；微火（又称小火）火焰很弱而摇摆不定，勉强保持火焰不灭，锅内汤汁微沸或缓缓冒泡。旺火煮制会使外层肌肉快速强烈收缩，难以使配料逐步渗入产品内部，不能使肉酥润，最终成品干硬无味、内外咸淡不均；旺火煮制还会出现煮制过程中汤清淡而无肉味。文火煮制时肌肉内外物质和能量交换容易，产品里外酥烂透味、肉汤白浊而香味厚重，但往往需要煮制较长的时间，最终产品不易成型，出品率较低。因此，火候的控制应根据品种和产品体积大小确定加热的时间、火候，并根据情况随时进行调整。

火候的控制包括火力和加热时间的控制。除个别品种外，各种产品加热时的火力一般都是先旺火后文火，即早期使用旺火，中后期使用中火和微火。通常旺火煮的时间比较短，文火煮的时间比较长。使用旺火的目的是使肌肉表层适当收缩，以保持产品的形状，以免后期长时间文火煮制时造成产品不成型或无法出锅；文火煮制则是为了使配料逐步渗入产品内部，达到内外咸淡均匀的目的，并使肉酥烂、入味。加热的时间和方法随品种而异。产品体积大时加热时间一般都比较长。反之，就可以短一些，但必须以产品煮熟为前提。

酱卤制品中的某些产品的制作工艺是加入白砂糖后，往往再用旺火，其目的在于使白砂糖深化。卤制内脏时，由于口味要求和原料鲜嫩的特点，在加热过程中，自始至终要用文火煮制。

二、酱卤肉制品加工实例

（一）烧鸡的加工技术

烧鸡是酱卤肉制品中重要的一大类熟肉制品。烧鸡的制作历史悠久，是中华民族传统风味菜肴，其香味浓郁，味美可口，深受消费者欢迎，以河南道口烧鸡、江苏古沛郭家烧鸡、安徽符离集烧鸡、山东德州扒鸡最为著名。下面介绍河南道口烧鸡和德州扒鸡的加工技术。

1. 道口烧鸡

道口烧鸡产于河南省滑县道口镇，是河南省中华老字号，其历史悠久，风味独特，驰名中外，是我国著名的地方特产食品。道口烧鸡创始于清顺治十八年（公元 1661 年），距今已有三百多年的历史。道口烧鸡风味之所以广受好评，在于其用料。在烧鸡的煮制过程中必不可少的就是"八料"，即陈皮、肉桂、豆蔻、良姜、丁香、砂仁、草果和白芷八种佐料。在烧鸡的加工过程中老汤对风味也起到至关重要的作用。下面具体介绍道口烧鸡的产品特点和制作工艺。

（1）产品特点。正宗道口烧鸡颜色呈浅红色，微带嫩黄，鸡体型如元宝，肉丝粉白，有韧劲、咸淡适中、五香浓郁、可口不腻。其熟烂程度尤为惊人，用手一抖，骨肉自行分离，凉热食之均可。

（2）产品配方（按 100 只鸡为原料计）。肉桂 90g，砂仁 15g，良姜 90g，丁香 5g，白芷 90g，肉豆蔻 15g，草果 30g，陈皮 30g，食盐 2～3kg。

（3）工艺流程。原料鸡的选择→屠宰加工→造型→上色与油炸→配料煮制。

（4）操作要点。

① 原料鸡的选择。选择无病健康活鸡，体重 1.5kg 左右，鸡龄 1 年左右，鸡龄太长则肉质粗老，太短则成品肉风味欠佳。一般不用肉用鸡做原料。

② 屠宰加工。

宰前准备：鸡在宰杀前需要禁食 15h 左右，同时给予充足饮水，以利于消化道内容物的排出，便于操作，减少污染，提高肉的品质。

刺杀放血：在头颈交界处下面切断喉管放血，刀口不宜大，注意不要切断颈骨，沥血 5min 左右，放血要充分。

浸烫煺毛：先准备好热水，然后把放血后的鸡放入水中，使鸡淹没于热水中，水温保持在 62℃左右。随时用木棒上下翻动鸡体，以利浸烫均匀，约经 1min，用手向上提翅部长毛，一提便脱说明浸烫良好。立即把鸡捞出，并迅速煺毛，切勿继续浸泡在热水中，否则浸烫太过使皮脆易烂。煺毛时，顺毛流方向拔、推、捋相结合，迅速将毛煺净。同时要除去角质喙和脚爪质层。整个操作过程要小心，不要弄烂皮肤，以免造成次品。最后把鸡浸泡在清水中，拔去残毛，洗净后准备开膛。

开膛取内脏：把煺毛光鸡置于案子上，先在颈部左侧皮肤剪开约 1cm 小口，小心分离出嗉囊，同时拉出食管、气管，然后用剪刀围绕肛门周围剪开腹壁，成一环形切口，分离出肛门，暴露出腹腔内脏器官。左手稳住鸡体，右手食指和中指伸入腹腔，缓缓地拉出肝脏、肠、鸡肫、腺胃、母鸡的卵巢与输卵管等内脏器官。用清水冲洗干净，再放入清水中浸泡 1h 左右，取出沥干水分。

③ 造型。烧鸡造型的好坏关系到成品的感官可接受程度，故烧鸡历来重视造型的继承和发展。道口烧鸡的造型形似三角形（或元宝形），美观别致。

先将两后肢从跗关节处割除脚爪，然后背向下腹向上，头向外尾向里放在案子上。用剪刀从开膛切口前缘向两大腿内侧呈弧形扩开腹壁（也可在屠宰加工开膛时，采用从肛门前边向两大腿内侧弧形切开腹壁的方法，去内脏后切除肛门），并在腹壁后缘中间切一小孔，长约 0.5cm。用解剖刀从开膛处切口介入体腔，分别置于脊柱两侧根部，刀刃向着肋骨，用力压刀背，切断肋骨，注意切勿用力太大切透皮肤。再把鸡体翻转侧卧，用手掌按压胸部，压倒肋骨，将胸部压扁。把两翅肘关节角内皮肤切开，以便翅部伸长。取长约 15cm、直径约 1.8cm 的竹棍一只，两端削成双叉型，一端双叉卡住腰部脊柱，另一端将胸脯撑开，然后将两后肢断端穿入腹壁后缘的小孔。把两翅在颈后交叉，使头颈向脊背折抑，翅尖绕至颈腹侧放血刀口处，将两翅从刀口向口腔穿出。造型后，成品烧鸡形状规整、美观大方。

造型后，鸡体表面用清水洗净，晾干水分。

④ 上糖色。把饴糖或蜂蜜与水按 3:7 比例调制均匀，均匀涂擦于造型后的鸡外表。涂抹均匀与否直接影响油炸上色的效果，如涂抹不匀，造成油炸上色不匀，影响美观。涂抹后要将鸡挂起晾干表面水分。

⑤ 油炸。炸鸡用油，要选用植物油或鸡油，不能用其他动物油。油量以能淹没鸡体为度，先将油加热至 170～180℃，将上完糖色晾干水分的鸡放入油中炸制，其目的主要是使表面糖发生焦化，产生焦糖色素，而使体表上色。约经半分钟，等鸡体表面呈棕黄色时，立即捞出。由于油炸时色泽变化迅速，操作时要快速敏捷。炸制时要防止油温波动太大，影响油炸上色效果。鸡炸后放置时间不宜长，特别是夏季应尽快煮制，以防变质。

⑥ 配料煮制。煮制时，要依白条鸡的重量按比例称取配料。香辛料须用纱布包好放在锅下面。把油炸后的鸡逐层排放入锅内，大鸡和老鸡放在锅下层，小鸡和幼龄鸡放在上层。上面用竹箅压住，再把食盐、白砂糖、酱油加入锅中。然后加老汤使鸡淹没入于液面之下，先用旺火烧开，之后改为微火烧煮，锅内汤液能徐徐起泡即可，不可大沸，煮至鸡肉酥软熟透为止。从锅内汤液沸腾开始计时，一年左右鸡煮制约 1.5h，两年左右的鸡煮制约 2.5h。煮好出锅即为成品。煮制时若无老汤可用清水，注意配料适当增加。

⑦ 保藏。将卤制好的鸡静置冷却，既可鲜销，也可真空包装，冷藏保存。

2. 德州扒鸡

扒鸡是中华传统风味特色名吃，是经典鲁菜，以德州扒鸡最负盛名，属中国四大名鸡之首。

德州扒鸡的特点是形色兼优、五香脱骨、肉嫩味纯、清淡高雅、味透骨髓、鲜奇滋补。造型上两腿盘起，爪入鸡膛，双翅经脖颈由嘴中交叉而出，全鸡呈卧体，色泽金黄，黄中透红，远远望去似鸭浮水，口衔羽翎，十分美观，是上等的美食艺术珍品。

德州扒鸡名曰扒鸡，是指扒鸡的制作工艺借鉴扒肘、扒牛肉的烹制工艺，以扒为主。扒是我国烹调的主要技法之一，扒的制作过程较为复杂，一般要经过两种以上方式的加热处理。首先将原料放入开水中烧滚，除去血腥和污物，再挂上酱色入油锅中烹炸。经过油炸后，有两种加工方法：一种是用葱、姜烹锅，加上调料和高汤，加入原料后旺火烧开，用中小火扒透，然后拢交芡翻勺倒入盘内；另一种是将原料加工成一定形态后，摆入盘中，入笼蒸扒，然后再浇上烹好的扒汁。

（1）配料标准（按每锅 200 只鸡重约 150kg 计算）。大茴香 100g，桂皮 125g，肉蔻 50g，草豆蔻 50g，丁香 25g，白芷 125g，山奈 75g，草果 50g，陈皮 50g，小茴香 100g，砂仁 10g，花椒 100g，生姜 250g，食盐 3.5kg，酱油 4kg，口蘑 600g。

（2）工艺流程。宰杀煺毛→造型→上糖色→油炸→煮制→出锅。

（3）工艺要点。

① 宰杀煺毛。选用 1kg 左右的当地小公鸡或未下蛋的母鸡，颈部宰杀放血，用 70～80℃热水冲烫后去净羽毛。剥去脚爪上的老皮，在鸡腹下近肛门处横开 3.3cm 的刀口，取出食管，割去肛门，剥净腿、嘴、爪的老皮，然后从臀部剖开，摘去内脏，沥净血水，用清水冲洗干净。

② 造型。将光鸡放在冷水中浸泡，捞出后在工作台上整形，鸡的左翅自脖子下刀口插入，使翅尖由嘴内侧伸出，别在鸡背上，鸡的右翅也别在鸡背上。再把两大腿骨用刀背轻轻砸断并起交叉，将两爪塞入鸡腹内，形似鸳鸯戏水的造型。造型后晾干水分。

③ 上糖色。将白糖炒成糖色，加水调好（或用蜂蜜加水调制），在造好型的鸡体上涂抹均匀。

④ 油炸。锅内放入花生油，在中火上烧至八成热时，将上色后的鸡体放入热油锅中，油炸 1～2min，炸至鸡体呈金黄色、微光发亮即可。

⑤ 煮制。将炸好的鸡捞出，沥油，放在煮锅内层层摆好，锅内放清水（以没过鸡为度），加药料包（用洁净纱布包扎好），用算子将鸡压住，防止鸡体在汤内浮动。先用旺火煮沸，小鸡煮 1h，老鸡煮 1.5～2h 后，改用微火焖煮，保持锅内温度 90～92℃微沸状态。煮鸡时间要根据不同季节和鸡的老嫩而定，一般小鸡焖煮 6～8h，老鸡焖煮 8～10h，即为熟好。煮鸡的原汤可留作下次煮鸡时继续使用，鸡肉香味会更加醇厚。

⑥ 出锅。出锅时，先加热煮沸，取下铁算子，一手持铁钩钩住鸡脖处，另一手拿笊篱，借助汤汁的浮力顺势将鸡捞出，力求保持鸡体完整。再用细毛刷清理鸡体，冷却晾干，即为成品。

（4）质量要求。优质扒鸡的翅、腿齐全，鸡皮完整，外形美观，色泽金黄透微红，亮处闪光，热时一抖即可脱骨，凉后轻轻一提骨肉即可分离，软骨关节香酥如粉，肌肉易嚼断。

（5）食用方法。一般是把扒鸡从背脊中间一分两半，再切成块状，保持原型摆入盘内，不加其他佐料，形美味佳。还可以将胸脯肉取下切成丝，加佐料拌成凉菜，食用时，应注意不能配汤或加水烧煮。

（二）南京盐水鸭的加工技术

南京盐水鸭，是江苏省南京市特产、中国地理标志产品。因南京有"金陵"别称，故也称"金陵盐水鸭"。南京盐水鸭制作历史悠久，当地企业积累了丰富的制作经验。

（1）产品特点。盐水鸭皮白肉嫩、肥而不腻、香鲜味美，具有香、酥、嫩的特点。每年中秋前后的盐水鸭色味最佳，又因为鸭在桂花盛开季节制作的，故美其名曰桂花鸭。南京盐水鸭加工制作不受季节的限制，一年四季都可加工。

南京盐水鸭是中国历史上唯一的低温畜禽产品，与传统的腌腊制品完全不一样。南京盐水鸭是低温熟煮，经过 1h 左右的煮制，其嫩度明显改善。采用低温的方法熟煮盐水鸭还可以使其肉持水性改善，保证了成品鸭肉的多汁性。而高温煮制的腌腊制品由于煮制过程中温度较高，会破坏产品的风味。另外，盐水鸭制作考究，除用料好外，工艺的要求也非常严格，需要"炒盐腌，清卤复"，以增加鸭的香醇；此外，工艺上还要求"炒得干"，以减少鸭脂肪，使鸭肉薄且收得紧，"煮得足"，使其食之有嫩香口感。

（2）工艺流程。原料鸭的选择→宰杀→整理→干腌→抠卤→复卤→烘坯→上通→煮制→成品。

（3）工艺要点。

① 原料鸭的选择。盐水鸭以秋季制作的最为有名，主要是因为经过稻场催肥的当年仔鸭，长得膘肥肉壮，用这种仔鸭做成的盐水鸭，皮肤洁白，肌肉娇嫩，口味鲜美，盐水鸭都是选用当年仔鸭制作，饲养期一般在 1 个月左右。这种仔鸭制作的盐水鸭，更为肥美，鲜嫩。

② 宰杀。选用当年生肥鸭，宰杀放血拔毛后，切去两节翅膀和脚爪，在右翅下开口取出内脏，用清水把鸭体洗净。

③ 整理。将宰杀后的鸭放入清水中浸泡 2h 左右，充分浸出肉中残留的血液，使皮肤洁白，提高成品质量。浸泡时，注意使鸭体腔内灌满水，并浸没在水面下，浸泡后将鸭取出，用手指插入肛门再拔出，以便排出体腔内水分，再把鸭挂起沥水约 1h。取晾干的鸭放在案子上，用力向下压，将肋骨和三叉骨压脱位，将胸部压扁。这时鸭呈扁而长的形状，外观显得肥大而美观，并能在腌制时节省空间。

④ 干腌。干腌要用炒盐。将食盐与茴香按 100：6 的比例在锅中炒制，炒干并出现大茴香之香味时即成炒盐。炒盐要保存好，防止回潮。

盐炒制好后，按照肉重 6%～6.5% 的添加量对鸭肉进行腌制，其中的 3/4 从右翅开口处放入腹腔，然后把鸭体反复翻转，使盐均匀布满整个腔体；另外 1/4 用于鸭体外表腌制，重点擦抹在大腿、胸部、颈部开口处，擦盐后叠入缸中，叠放时使鸭腹向上背向下，头向缸中心尾向周边，逐层盘叠。气温高低决定干腌的时间，一般为 2h 左右。

⑤ 抠卤。干腌后的鸭子，鸭体中有血水渗出，此时提起鸭子，用手指插入鸭子的肛门，使血卤水排出。随后把鸭叠入另一缸中，待 2h 后再一次抠卤，接着再进行复卤。

⑥ 复卤。复卤的盐卤有新卤和老卤之分。新卤就是用扣卤血水加清水和盐配制而成的。每 100kg 水加食盐 25～30kg、葱 75g、生姜 50g、大茴香 15g，入锅煮沸后，冷却至室温，即成新卤。100kg 盐卤可每次复卤约 35 只鸭，每复卤一次要补加适量食盐，

使盐浓度始终保持饱和状态。盐卤用 5～6 次必须煮沸一次，撇除浮沫、杂物等，同时加盐或水调整浓度，加入香辛料。新卤使用过程中经煮沸 2～3 次即为老卤，老卤越老越好。

复卤时，用手将鸭右腋下切口撑开，使卤液灌满体腔，然后抓住双腿提起，头向下尾向上，使卤液灌入食管通道。再次把鸭浸入卤液中并使之灌满体腔，最后，上面用竹算压住，使鸭体浸没在液面以下，不得浮出水面。复卤 2～4h 即可出缸起挂。

⑦ 烘坯。腌制后的鸭体沥干盐卤，逐只挂于架子上，晾干表面水分，推至烘房内，烘坯温度为 40～50℃，时间约 20min，烘干后，鸭体表色未变时即可取出散热。注意烘炉内要通风，温度决不宜高，否则将影响盐水鸭品质。

⑧ 上通。用直径 2cm、长 10cm 左右的中空竹管插入肛门，俗称"插通"或"上通"。再从开口处填入腹腔料，姜 2～3 片、八角 2 粒、葱一根，然后用开水浇淋鸭体表面，使鸭子肌肉收缩，外皮绷紧，外形饱满。

⑨ 煮制。南京盐水鸭腌制期较短，几乎都是现作现卖，现买现吃。在煮制过程中，火候对盐水鸭成品的鲜嫩口感至关重要，这是制作盐水鸭的关键。

一般制作要经过两次"抽丝"。在清水中加入适量的姜、葱、大茴香，待烧开后停火，再将"上通"后的鸭子放入锅中，因为肛门有管子，右翅下有开口，开水很快注入鸭腔。这时，鸭腔内外的水温不平衡，应该马上提起左腿倒出汤水，再放入锅中。但此时鸭腔内的水温还是低于锅中水温，再加入总水量 1/6 的冷水进锅中，使鸭体内外水温趋于平衡。然后盖好锅盖，再烧火加热，焖 15～20min，等到水面出现一丝一丝皱纹，即似沸未沸（约 90℃）、可以"抽丝"时关火。停火后，第二次提腿倒汤，加入少量冷水，再焖 10～15min。然后再烧火加热，进行第二次"抽丝"，水温始终维持在 85℃左右。这时，才能打开锅盖看是否煮熟，如大腿和胸部两旁肌肉手感绵软，说明鸭子已经煮熟。煮熟后的盐水鸭，必须等到冷却后再食用。这时，脂肪凝结，汤汁不易流失，香味扑鼻，鲜嫩异常。

（4）食用方法。煮熟后的鸭子冷却后切块，取煮鸭的汤水适量，加入少量的食盐和味精，进行调制，将汤汁浇于鸭肉上即可食用。切块时必须晾凉后再切，否则热切肉汁容易流失，而且热切也不宜成形。

任务二　腌腊肉制品加工

腌腊肉制品是原料肉经过预处理、腌制、酱制、晾晒（或烘烤）等工艺加工而成的生肉类制品，食用前需要经熟化加工，是我国传统的肉制品之一。腌腊肉制品具有方便易行、肉质紧密坚实、色泽红白分明、滋味咸鲜可口、风味独特、便于携运和耐贮藏等特点。我国主要的腌腊肉制品有咸肉类、腊肉类、酱肉类、风干肉类和腊肠类等。

（1）咸肉类，即肉经腌制加工而成的生肉类制品，食用前需要经熟制加工。咸肉又称腌肉，其主要特点是成品肥肉呈白色，瘦肉呈玫瑰红色或红色，具有独特的腌制风味，味稍咸。常见咸肉类有咸猪肉、咸羊肉、咸水鸭、咸牛肉和咸鸡等。

（2）腊肉类，即肉经食盐、硝酸盐、亚硝酸盐、糖和调味香料等腌制后，再经晾晒或烘烤或烟熏处理等工艺加工而成的生肉类制品，食用前需要经熟化加工。腊肉类的主要特点是成品呈金黄色或红棕色，产品整齐美观，不带碎骨，具有腊香风味。腊肉类的主要代表有中式火腿、腊猪肉、腊羊肉、腊牛肉、腊兔、腊鸡、板鸭、板鹅等。其中，中式火腿是整腿腌制，分次上盐，腌制发酵，具有独特的风味，以金华火腿、宣威火腿为代表。

（3）酱肉类，即肉经食盐、酱料（甜酱或酱油）腌制、酱渍后，再经脱水（风干、晒干、烘干或熏干等）而加工制成的生肉类制品，食用前需要经煮熟或蒸熟加工。酱肉类具有独特的酱香味，肉色棕红。常见酱肉类有清酱肉（北京清酱肉）、酱封肉（广东酱封肉）和酱鸭（成都酱鸭）等。

（4）风干肉类，即肉经腌制、洗晒（某些产品无此工序）、晾挂、干燥等工艺加工而成的生肉类制品，食用前需要经熟化加工。风干肉类干而耐咀嚼，回味绵长。常见风干肉类有风干猪肉、风干牛肉、风干羊肉、风干兔和风干鸡等。

（5）腊肠类。传统中式腊肠俗称香肠，是指以猪肉为主要原料，经切、绞成丁，配以辅料，灌入动物肠衣再晾晒或烘焙而成的肉制品，是中国著名的传统风味肉制品。

一、腌腊肉制品加工原理

腌制是借助盐或糖扩散渗透到组织内部，降低肉组织内部的水活度，提高渗透压，有选择地控制有害微生物或腐败菌的活动并伴随着发色、成熟的过程。它不仅可以改变细菌菌属状况，抑制微生物的生长繁殖，提高防腐性，增强肉的保水性、黏结性，促进加热凝胶的形成，稳定肉的颜色，还可以形成并保持具有独特的盐腌风味，从而改善和提高肉制品的风味。

关于肉的腌制原理详见项目三任务一的内容。

二、腌腊肉制品加工实例

（一）金华火腿的加工

金华火腿产于浙江省金华地区诸县。金华火腿皮色黄亮，肉色似火，以"色、香、味、形"四绝为消费者所称誉。

金华火腿生产工艺：原料选择→截腿坯→修整→腌制→洗晒→整形→发酵→修整→成品。

金华火腿作为中国南腿的代表，选择两头乌猪种，从倒数 2～3 腰椎间横劈断骨。修后的腿坯形似竹叶，左右对称。用手指挤出股骨前、后及盆腔壁三个血管中的积血。鲜腿雏形即已形成。火腿腌制的温度是 0～8℃，金华火腿在腌制过程中遵循分次上盐、定期翻倒的原则。一般分 7 次上盐，总用盐量占腿重的 9%～10%。一般重量在 6～10kg 的大火腿需要腌制 40d 左右或更长时间。浸泡洗刷后的火腿吊挂晾晒 3～4h 即可开始整形。整形是在晾晒过程中将火腿逐渐校成一定形状。整形之后继续晾晒。气温在 10℃左右时，晾晒 3～4d。经过腌制、洗晒和校形等工序的火腿，在外形、颜色、气味、坚实度等方面尚没有达到应有的要求,特别是没有产生火腿特有的芳香味,与一般咸肉相似。因此金华火腿的加工过程中通过发酵来形成其独特的风味。发酵就是将火腿贮藏一定时间,使其发生变化,形成火腿特有的颜色和芳香气味。将晾晒好的火腿吊挂发酵 2~3个月,到肉面上逐渐长出绿、白、黑、黄色霉菌时即完成发酵。

（二）南京板鸭

南京板鸭的制造开始于明末清初,已有三百多年的历史。经长期实践,不断改进,积累了丰富的经验,质量逐渐提高,具备了特殊的鲜美风味。南京板鸭外形方正、宽阔、体肥、皮白、肉红、肉质细嫩、紧密、味香、回味甜。

工艺流程：活鸭处理→屠宰→速冻→解冻→清洗→沥干→盐炒→干腌→卤制→复腌→起卤→叠坯→排坯→晾挂→成品。

南京板鸭作为一种传统名品在工艺上也有其局限性,如生产周期长、质量不稳定、食用不方便、产品盐度高、生产规模小等。

（三）咸肉加工

咸肉是以鲜肉或冻猪肉为原料,用食盐腌制而成的肉制品。它既是一种简单的贮藏保鲜方法,又是一种传统的大众化肉制品。中国各地都有生产,品种繁多,式样各异,其中以浙江咸肉、如皋咸肉、四川咸肉、上海咸肉等较为有名。浙江咸肉皮薄、颜色嫣红、肌肉光洁、色美味鲜、气味醇香、又能久藏。

咸肉也可分为带骨和不带骨两种,加工工艺大致相同,其特点是用盐量多。

1. 工艺流程

原料选择→修整→开刀门→腌制→成品。

2. 技术要领

（1）原料选择。鲜猪肉或冻猪肉都可以作为原料,肋条肉、五花肉、腿肉均可,但需要肉色好,放血充分,且必须经过卫生检验部门检疫合格。若为新鲜肉,必须摊开凉透;若是冻肉,必须解冻微软后再行分割处理。

（2）修整。先削去血脖部位污血,再割除血管、淋巴、碎油及横膈膜等。

（3）开刀门。为了加速腌制,可在肉上割出刀口,俗称"开刀门"。刀口的大小、深浅和多少取决于腌制时的气温和肌肉的厚薄。

（4）腌制。在 3~4℃条件下腌制。温度高时,腌制过程快,但易发生腐败;温度低时,腌制慢,风味好。干腌时,用盐量为肉重的 14%~20%,硝石用量为肉重的 0.05%~0.75%,以盐、硝混合涂抹于肉表面,肉厚处多擦些,擦好盐的肉块堆垛腌制。第一层皮面朝下,每层间再撒一层盐,依次压实,最上一层皮面向上,于表面多撒些盐,每隔5~6d,上下互相调换一次,同时补撒食盐,经 25~30d 即成。若用湿腌法腌制时,用开水配成 22%~35%的食盐液,再加 0.7%~1.2%的硝石,2%~7%食糖（也可不加）。将肉成排地堆放在缸或木桶内,加入配好冷却的澄清盐液,以浸没肉块为度。盐液重为肉重的 30%～40%，肉面压以木板或石块。每隔 4～5d 上下层翻转一次，15～20d 即成。

3. 咸肉的保藏

（1）堆垛法。待咸肉水分稍干后，堆放在-5～0℃的冷库中，可贮藏 6 个月，损耗量为 2%～3%。

（2）浸卤法。将咸肉浸在 24～25 波美度的盐水中。这种方法可延长保存期，使肉色保持红润，没有重量损失。

（四）腊肉的加工

腊肉是以鲜肉为原料，经腌制、烘烤而成的肉制品。因其多在中国农历腊月加工，故名腊肉。由于各地消费习惯不同，产品的品种和风味也各具特色。以下介绍广式腊肉的加工。

广式腊肉是指将鲜猪肉切成条状，经腌制、烘焙或晾晒而成的肉制品。其特点是选料严格，制作精细，色泽鲜艳，咸甜爽口。

1. 工艺流程

原料验收→腌制→烘烤或熏制→包装→保藏。

2. 技术要领

（1）原料验收。精选肥瘦层次分明的去骨五花肉或其他部位的肉，一般肥瘦比例为 5∶5 或 4∶6，剔除硬骨或软骨，切成长方体形肉条，肉条长 38～42cm，宽 2～5cm，厚 1.3～1.8cm，重 0.2～0.25kg。在肉条一端用尖刀穿一小孔，系绳吊挂。

（2）腌制。一般采用干腌法和湿腌法腌制。用 10%清水溶解配料，倒入容器中，然后放入肉条，搅拌均匀，每隔 30min 搅拌翻动 1 次，于 20℃下腌制 4～6h（腌制温度越低，腌制时间越长），使肉条充分吸收配料，取出肉条，滤干水分。

（3）烘烤或熏制。腊肉因肥膘肉较多，烘烤或熏制温度不宜过高，一般将温度控制在 45～55℃，烘烤时间为 1～3d，根据皮、肉颜色可判断烘烤或熏制是否完成，此时皮干瘦肉呈玫瑰红色，肥肉透明或呈乳白色。熏烤常用木炭、锯木粉、瓜子壳、糠壳和板栗壳等作为烟熏燃料，在不完全燃烧条件下进行熏制，使肉制品具有独特的腊香。

（4）包装与保藏。冷却后的肉条即为腊肉成品。采用真空包装，即可在 20℃下保存 3～6 个月。

（五）腊肠的加工

腊肠是以鲜猪瘦肉和猪背膘为原料，添加食盐、亚硝酸盐（或硝酸盐）、酒、糖等辅料经过搅拌、腌制、灌肠、干燥，再经过晾挂而成的产品。过去民间多在腊月制作以备春节食用，因此叫作腊肠。不同的地区对腊肠的风味要求不同，采用的配方各异，因此腊肠产品品种非常繁多。按产地来分，有四川腊肠、广东腊肠、南京腊肠、北京腊肠等，其中最为著名的是广式腊肠。广式腊肠外形美观、腊香浓郁、醇香回甜、色泽鲜亮，一直以来备受国内外消费者的青睐。

下面以广式腊肠为例介绍腊肠的加工技术。

1. 配料

瘦肉 70kg，肥肉 30kg，精盐 2.2kg，白糖 7.6kg，白酒 2.5kg，白酱油 5kg，硝酸钠 0.05kg。

2. 工艺流程

原料肉的选择和修整→切丁→拌馅、腌制→灌装→排气→捆线结扎→漂洗→晾晒→烘烤→成品。

3. 技术要领

（1）原料肉的选择和修整。经检验合格的新鲜猪肉，瘦肉以腿肉和臀肉最好，肥膘以背部硬膘为好，腿膘次之。加工其他肉制品切割下来的碎肉也可作为原料。原料肉经过修整，去掉筋、腱、骨和皮。

（2）切丁。瘦肉用绞肉机切成 4～10mm 的肉粒，肥肉用切丁机或手工切成 6～10mm 的丁。肥肉切好后要用温水清洗一次，以除去浮油和杂质，捞入筛内，沥干水分待用，肥瘦肉应分开存放。

（3）拌馅、腌制。配料称好后倒入盆中，加入 20%左右的清水，使其充分溶解。然后将绞好的肉粒倒入水中，把肉粒和配料混合均匀，放在清洁室内腌制 1～2h 即可进行灌制。

（4）灌装。取盐渍猪小肠衣，用清水湿润，再用温水灌洗一次，洗去盐分后备用。每 100kg 肉馅约需要猪小肠衣 50m。肠衣末端打结后将肉馅均匀地灌入肠衣中，要掌握松紧程度，不能过紧或过松。

（5）排气。灌完后用排气针扎刺湿肠，排除内部空气及多余水分。

（6）捆线结扎。每隔 10～20cm 用细线结扎 1 次，不同规格长度不同。

（7）漂洗。将湿肠用 20℃左右温水清洗表面一次，除去油腻杂质，然后依次分别挂在竹竿上。

（8）晾晒和烘烤。将悬好的腊肠放在日光下暴晒 2～3d，在日晒过程中有胀气处应针刺排气。晚间送入烘房内烘烤，温度保持在 42～49℃。温度过高会引起脂肪溶解而使腊肠失去光泽；温度过低则难以干燥。因此，必须注意控制温度。一般通过 3 昼夜的烘晒即可，然后再晾挂到通风良好的场所风干 10～15d 即为成品。

（9）贮藏。腊肠在 10℃以下可保存 1 个月以上，也可悬挂在通风干燥的地方保存。

任务三 灌肠类制品加工

灌肠类肉制品是用鲜（冻）畜、禽、鱼肉经腌制（或不腌制）、斩拌或绞碎而使肉成为块状、丁状或肉糜状态，再配上其他辅料，经搅拌或滚揉后充填入天然肠衣或人造肠衣中，经烘烤、烟熏、蒸煮、冷却或发酵等工序制成的产品。这类产品的特点是可以根据消费者的喜好，加入各种调味料，从而加工成不同风味的灌肠类肉制品。

灌肠类肉制品，品种繁多，口味不一，还没有一个统一的分类方法。根据目前国内各生产厂家的灌肠肉制品加工工艺特点，大体可分为以下几种类别。

（1）生鲜灌肠制品：用新鲜肉，不经腌制，不加发色剂，只经绞碎，加入调味料，搅拌均匀后灌入肠衣内，冷冻贮藏。食用前需熟制。代表产品有新鲜猪肉香肠。

（2）烟熏生灌肠制品：用腌制或不腌制的原料肉，切碎，加入调味料后搅拌均匀灌入肠衣，然后烟熏，而不熟制。食用前熟制即可。代表产品有生色拉米香肠、广东香肠等。

（3）熟灌肠制品：用腌制或不腌制的肉类，绞碎或斩拌，加入调味料后，搅拌均匀灌入肠衣，熟制而成。有时稍微烟熏，一般无烟熏味。代表产品有泥肠、茶肠、法兰克福肠等。

（4）烟熏熟灌肠制品：肉经腌制、绞碎或斩拌，加入调味料后灌入肠衣，然后熟制和烟熏。代表产品有哈尔滨红肠、香雪肠。

（5）发酵灌肠制品：肉经腌制、绞碎，加入调味料后灌入肠衣内，可烟熏或不烟熏。然后干燥、发酵，除去大部分的水分。代表产品有色拉米香肠等。

（6）粉肚灌肠制品：原料肉取自边角料、腌制、绞切成丁，加入大量的淀粉和水，充填入肠衣或猪膀胱中，再熟制和烟熏。代表产品有北京粉肠、小肚等。

（7）特殊制品：用一些特殊原料，如肉皮，麦片，肝，淀粉等，经搅拌，加入调味料后制成的产品。

（8）混合制品：以畜肉为主要原料，再加上鱼肉、禽肉或其他动物肉等制成的产品。

一、灌肠类制品肠衣的选择

肠衣是灌肠制品的特殊包装物，是灌肠制品中和肉馅直接接触的一次性包装材料。每一种肠衣都有其特有的性能。在选用时，根据产品的要求，必须考虑它的可食性、安全性、透过性、收缩性、黏着性、密封性、开口性、耐老化性、耐油性、耐水性、耐热性和耐寒性等必要的性能和一定的强度。

（一）天然肠衣

天然肠衣是由猪、牛、羊、马等动物的消化系统或泌尿系统的脏器加工而成的。因加工方法不同，分干制和盐渍两类。天然肠衣弹性好，保水性强，具有较好的安全性、可食性、水气透过性、烟熏味渗入性、热收缩性和对肉馅的黏着性，还有良好的韧性和坚实性，是传统的理想肠衣。但天然肠衣规格和形状不整齐，数量有限，并且加工和保管不善，易遭虫蛀，出现孔洞和异味、哈味等。

（二）人造肠衣

人造肠衣包括以下几种。

（1）纤维素肠衣。纤维素肠衣是用天然纤维如棉绒、木屑、亚麻和其他植物纤维制成的。此肠衣的特点是具有很好的韧性和透气性，但不可食用，不能随肉馅收缩。纤维素肠衣在快速热处理时也很稳定，在湿润情况下也能进行熏烤。

（2）胶原肠衣。胶原肠衣是用家畜的皮、腱等原料制成的。此肠衣可食用，但是直径较粗的肠衣比较厚，不合适食用。胶原肠衣不同于纤维素肠衣，在热加工时要注意加热温度，否则胶原就会变软。

（3）塑料肠衣。塑料肠衣通常用作外包装材料，为了保证产品的质量，阻隔外部环境给产品带来的影响，塑料肠衣具有阻隔空气和水透过的性质和较强的耐冲击性。这类肠衣品种规格较多，其上可以印刷文字，使用方便，光洁美观，适合于蒸煮类产品。此肠衣不能食用。

（4）玻璃纸肠衣。玻璃纸肠衣是一种纤维素薄膜，纸质柔软而有伸缩性，由于它的纤维素微晶体呈纵向平行排列，故纵向强度大，横向强度小，使用不当易破裂。实践证明，使用玻璃纸肠衣，其肠衣成本比天然肠衣要低，而且在生产过程中，只要操作得当，几乎不出现破裂现象。

二、灌肠类制品加工实例

（一）生鲜灌肠制品

生鲜灌肠制品是使用新鲜、优质肉做原料，辅料有脂肪、填充料（面包细屑、面包、面粉等）、水和调味料等。制作时不腌制，原料肉经绞碎后加入调味料，充填入肠衣内，不加硝酸盐和亚硝酸盐。肠衣一般用羊肠衣或可食用的胶原肠衣。产品必须在冷藏条件下贮藏，先在-30℃的结冻库中急速冷冻，然后贮藏。短期的贮藏温度可在-3.5～-5.5℃。这种香肠在销售时是生的，在食用前必须经过烹煮、烤炙或油炸等热加工。

1. 工艺流程

原料选择→绞碎瘦肉→脂肪切丁→斩拌→灌制→结扎→成品→冷冻贮藏。

2. 配方

瘦猪肉 12kg，肉豆蔻粉 62g，猪背部脂肪 3kg，鼠尾草粉 31g，细面包屑 3kg，姜粉 31g，冷水 4kg，白胡椒粉 62g，食盐 250g。

3. 技术要领

（1）原料选择。猪肉要求新鲜而富有弹性。最好选择大腿肉及臀部的肉，这些部位的瘦肉多而结实，结缔组织少，颜色也较好。各种辅料应根据产品的配方要求进行选择。另外，还要准备好灌肠用的灌肠器具（铁管或塑料管）及结扎用的细绳等用品。

（2）绞碎瘦肉。将瘦猪肉通过绞肉机（5mm 的孔板）绞碎。

（3）脂肪切丁。将肥肉（肥膘）按规格要求切成 $0.8\sim1cm^2$ 的肉丁，切好的瘦肉和肥肉丁应分别存放。

（4）斩拌。将瘦肉放入斩拌机，加入调味料斩拌，然后调入细面包屑，最后加入脂肪丁，搅拌均匀。

（5）灌制、结扎、冷冻。充填入肠衣中，结扎，然后冷冻。

生鲜灌肠制品还包括生熏香肠，它是西式香肠中的一种，使用的原料与生鲜香肠完全相同，可使用所有的可食性动物食品作原料，还要添加调味料和填充料，属于乳糜型肠类制品。不同点是要经过腌制，然后再绞碎调味，之后充填入肠衣中，再经水洗烘烤，最后烟熏。烟熏的温度一般不超过 75℃，时间为 1～2h。若要求产品水分含量低，表面有皱褶，则需要在 60～65℃下熏 6～8h。该类产品要冷藏，食用前要蒸煮。

（二）发酵灌肠制品加工

发酵灌肠的分类常以酸性（pH 值）高低、原料形态（绞碎或不绞碎）、发酵方法（有无接种微生物或添加碳水化合物）、表面有无霉菌生长、灌肠的直径、脱水的程度，以及产地名进行命名。但是，人们还是习惯按照产品在加工过程中失去水分的多少，将发酵灌肠分成干香肠、半干香肠和不干香肠等，其相应的加工过程中的失重分别为30%以上、10%～30%和10%以下。这种分类方法虽然不是很科学，但却被业内人士和消费者普遍接受。

1. 发酵灌肠加工的基本技术

1）工艺流程

原辅料准备→肉馅的制备和填充→接种发酵剂→发酵→熏制（或不熏制）→干燥成熟（高温或低温）→检验→成品。

2）技术要领

（1）原辅料准备。用于制造发酵香肠的肉馅中瘦肉一般占50%～70%，灌肠制品可以是任意一种肉类原料，不过通常需要根据各地的饮食传统做出选择。脂肪是发酵香肠中的重要组成成分，干燥后含量有时可以高达50%。所用脂肪应是熔点较高的，也就是说脂肪中不饱和脂肪酸含量应该很低。牛脂和羊脂因气味太大，不适于作发酵灌肠的脂肪原料。一般认为色白而结实的猪背脂是生产发酵灌肠的最好原料。

腌制剂主要包括氯化钠、亚硝酸盐或硝酸盐、抗坏血酸钠等。这些腌制剂都必须符合食品安全国家标准的质量要求。

大多数发酵香肠的肉馅中均可加入多种香辛料，如黑胡椒、大蒜、辣椒、肉豆蔻和小豆蔻等。胡椒粒或胡椒粉是各种类型的发酵香肠中添加最普遍的香辛料，用量一般为0.2%～0.3%。

在半干发酵香肠生产中几乎普遍使用微生物发酵剂。工业上使用的发酵剂一般都是冻干型的，在使用前需要先使其复水活化，发酵香肠的接种量一般要达到$10^6 \sim 10^8$CFU/g。

（2）肉馅的制备和填充。发酵香肠所需的肉馅必须满足三个要求：一是保证香肠在干燥过程中易于失水；二是要保证肉馅具有较高的脂肪含量；三是要保证发酵香肠成品切片性好，有弹性。因此就要求正确处理原料肉和脂肪，防止肉馅的所谓"成泥"现象，阻碍干燥过程中的脱水。

一般原料在绞制或斩拌前应冷却或部分冷冻，将瘦肉和脂肪在搅拌机或斩拌机中混匀，再加上食盐、发酵剂等辅料，注意发酵剂不能和其他辅料直接接触以免影响其活力。

（3）接种发酵剂。许多干发酵香肠，肠衣表面生长有霉菌或酵母菌，这些霉菌或酵母菌对产品形成良好的风味和香气起着重要的作用。商品霉菌发酵剂中最常见的是青霉属，如纳地青霉、扩展青霉和产黄青霉。最常见的酵母菌种是德巴利酵母菌属和假丝酵母菌属的菌株。霉菌发酵剂一般应用的是其冻干孢子的悬浮液，而酵母菌发酵剂是冻干细胞。

（4）发酵。在发酵过程中，一般影响最终香肠品质的主要因素是发酵室内的温度、相对湿度和空气流速。不同类型的发酵香肠，其发酵条件不同，要通过对发酵条件的控制，生产出优质的发酵香肠。一般干香肠和霉菌成熟的香肠，发酵温度都比较低，通常低于22℃。高温下发酵速度较快，但如果没有严格的控制，很容易引起腐败菌的滋生。另外，发酵温度会影响香肠蛋白质和脂肪的变化。

（5）干燥和成熟。干燥和成熟在发酵香肠的生产过程中是关键的一个环节。这个阶段，水活度降低，抑制病原菌生长，延长产品货架期。香肠通常在12~15℃环境下进行干燥成熟，相对湿度和空气流速应保持缓慢的下降，但是要保证发酵香肠表面不长出霉菌或表面形成"硬壳"。为了保持整个环境内的湿度均匀，干燥室内一定的空气流速是必需的，一般设定为0.1m/s。

干燥成熟后的半干香肠的水活度一般在0.93，失重18%左右，而干香肠成品的水活度为0.90或更低，失重30%~50%。

（6）包装。发酵香肠一般经切片和预包装再进行零售。广泛使用的包装方法是真空包装，这对保持成品的颜色和防止脂肪氧化是有益的。目前也有人采用气调包装，有效抑制细菌和微生物繁殖，从根本上延长产品货架期。香肠的切片操作在低温下进行以防止脂肪"成泥"影响产品外观，同时低温还减轻了脂肪对包装用塑料薄膜的污染，避免热熔封口时出现问题。最后，应注意多数产品在零售展示柜里受到高强度的光照时会出现褪色现象。

2. 典型发酵香肠加工

1）黎巴嫩大香肠

（1）工艺流程。原料肉处理→修整→绞碎→拌料→灌肠→熏制→发酵→产品。

（2）配方。母牛肉100kg，食盐0.5kg，糖1kg，芥末500g，白胡椒125g，姜63g，肉豆蔻种衣63g，亚硝酸钠16g，硝酸钠172g。

（3）技术要领。

原料处理：牛肉用绞肉机通过12mm孔板绞碎，在搅拌机内与食盐、糖、调味料和亚硝酸盐一起搅拌均匀。

灌肠：混合料通过 3mm 孔板绞细，充填进 8 号纤维素肠衣。

熏制、发酵：结扎后移到烟熏炉内冷熏。一般在夏天熏制 4d，秋季末和冬季冷熏制 7d。

2）萨拉米香肠

（1）工艺流程。原料肉处理→绞肉→拌料→装盘→一次发酵→灌肠→二次发酵、干燥→产品。

（2）配方。牛肩肉 40kg，白胡椒 19g，猪颊肉（修除腺体）40kg，猪修整碎肉 20kg，食盐 3.5kg，糖 1.5kg，硝酸盐 125g，大蒜粉 16g。

（3）技术要领。

原料处理：牛肉通过 3mm 孔板绞碎，猪肉通过 6mm 孔板绞碎。

拌料：在搅拌机内将所有配料搅拌均匀。

装盘：将肠馅存放在深 20~22cm 的盘内，于 5~8℃贮藏 2~4d。

灌肠：将肠馅充填入 5 号纤维素肠衣、猪直肠肠衣或胶原肠衣内。

干燥：将香肠在 5℃、相对湿度 60%下晾挂 9~11d。如使用发酵剂，发酵和干燥时间将大大缩短。

3）中式发酵香肠

（1）工艺流程。原料肉处理→修整→腌制→绞碎→拌料→接种→灌肠→发酵→烘烤→真空包装→产品。

（2）配方。猪瘦肉 70kg，脂肪 30kg，食盐 2.8kg，蔗糖 1.2kg，葡萄糖 0.8kg，磷酸盐 300g，维生素 C 80g，硝酸钠 120g，亚硝酸钠 15g，味精 100g，白胡椒粉 250g，大蒜 100g，豆蔻 100g，冰水适量。

（3）技术要领。

原料肉处理：背脂微冻后切成 1~2mm 小肉丁，入冷藏室（6~8℃）微冻 24h。

腌制：将瘦肉修整后，加入上述配方中的食盐、葡萄糖、磷酸盐、亚硝酸钠等腌制剂，在 0~4℃下腌制 24h，使其充分发色。

绞碎、拌料：腌好的瘦肉通过 6mm 孔板绞肉机绞碎，倒入搅拌盘内，加入冰水、调味料、香辛料等辅料进行搅拌，搅拌好后与微冻后的肥肉丁充分混合。

接种：将植物乳杆菌与啤酒片球菌按 1：2 进行接种，接种量为 10^7CFU/g 以上。

灌肠：接种后的肉料，充填于纤维素肠衣、猪肠衣或合适规格的胶原肠衣内。

发酵：将香肠吊挂在 30~32℃、相对湿度 80%~90%的环境中，至 pH 值下降到 5.3 以下即可终止。发酵时间为 16~18h。

烘烤：将发酵结束后的肠体移入烘烤室内进行烘烤，温度控制在 68℃左右。一般小直径肠衣加热 1h 即可。

包装：香肠烘烤结束后，稍冷却，进行真空包装。

（三）熟制灌肠肉制品加工

熟制灌肠制品包括熟香肠和烟熏熟香肠。这类香肠必须经热加工处理（蒸或煮），因而在食用前不再需要进一步蒸煮，但必须保证在热加工时的最低温度，以保证灭菌的要求。烟熏工艺可以在蒸煮以前，也可以在蒸煮以后进行。

这类香肠是目前世界上产量最大和品种最多的一类。例如，法兰克福香肠、维也纳香肠、热狗肠等，中国的大红肠、小红肠、蒜肠、蛋清肠等都属于熟制灌肠。

1. 熟制灌肠加工的基本技术

1）工艺流程

原料肉选择→修整→绞肉或斩拌→配料、制馅→灌制与充填→烘烤→蒸煮→烟熏→冷却→包装。

2）技术要领

（1）原料肉的选择与修整。灌肠的原料肉选择较多，经卫生检验合格的动物肉均可用于加工灌肠，如猪肉、牛肉、羊肉、兔肉、鸡肉、鱼肉及其他肉类。一般多采用猪肉，肥、瘦肉比例是1∶1。瘦肉要除去筋腱、肌膜、淋巴、血管、病变及损伤部位。原料肉最好冷却至0℃，以免斩拌中肉的温度升高，影响肉糜的质量。

（2）绞肉或斩拌。原料肉可用绞肉机绞碎或用斩拌机斩拌。为了使肌肉纤维蛋白形成凝胶和溶胶状态，使脂肪均匀分布在蛋白质的水化系统中，提高肉馅的黏度和弹性，通常要用斩拌机对肉进行斩拌。斩拌时间不宜过长，一般以10～20min为宜。斩拌温度最高不宜超过10℃。

（3）配料与制馅。在斩拌后，通常把所有调料加入斩拌机内进行搅拌，直至均匀。

（4）灌制与充填。斩拌好的肉馅进入灌肠机内进行灌制和充填。若非真空连续灌肠机灌制，应及时针刺排气。灌好的湿肠按要求打结后，悬挂在烘烤架上，用清水冲去表面的油污，然后送入烘烤房进行烘烤。

（5）烘烤。烘烤温度为65～80℃，维持1h左右，使肠的中心温度达55～65℃。烘好的灌肠表面干燥光滑，无油流，肠衣半透明，肉色红润。

（6）蒸煮。水煮优于汽蒸，因前者重量损失少，表面无皱纹，但后者操作方便，节省能源，破损率低。水煮时，先将水加热到90～95℃，把烘烤后的肠下锅，保持水温78～80℃。当肉馅中心温度达到70～72℃时为止。感官鉴定方法是用手轻捏肠体，挺直有弹性、肉馅切面平滑、有光泽者表示煮熟。反之则未熟。

（7）烟熏。烟熏可促进肠表面干燥有光泽，形成特殊的烟熏色泽（茶褐色），增强肠的韧性，使产品具有特殊的烟熏芳香味，提高防腐能力和耐贮藏性。一般用三用炉烟熏，温度控制在50～70℃，时间为2～6h。

（8）贮藏。未包装的灌肠吊挂存放，贮存时间依种类和条件而定。湿肠含水量高，如在8℃条件下，相对湿度75%～78%时可悬挂3昼夜，但在20℃条件下只能悬挂1昼夜。水分含量不超过30%的灌肠，当温度为12℃，相对湿度为72%时，可悬挂存放25～30d。

2. 典型熟制灌肠的加工

1）大红肠

大红肠又名茶肠，原料以牛肉为主，猪肉为辅。肠体粗大，红色，肉质细嫩，切片后可见膘丁，肥瘦分明，具有蒜味，是欧洲人喝茶时食用的一种肉食品。

（1）工艺流程。原料修整→腌制→绞碎→斩拌→搅拌→灌制→烘烤→蒸煮→成品。

（2）配方。牛肉 45kg，玉米粉 125g，猪肥膘 5kg， 猪精肉 40kg，白胡椒粉 200g，硝酸钠 50g，鸡蛋 10kg，大蒜头 200g，淀粉 5kg，精盐 3.5kg，牛肠衣（口径 60～70mm）。

（3）工艺参数。烘烤温度 70～80℃，时间 45min 左右。水煮温度 90℃，时间 1.5h。不熏烟。

（4）成品质量。成品外表呈红色，肉馅呈均匀一致的粉红色，肠衣无破损，无异斑，鲜嫩可口，成品长度 45cm，得率为 120%。

2）小红肠

小红肠首创于奥地利首都维也纳，又名维也纳香肠，味道鲜美，风行全球。将小红肠夹在面包中就是著名的快餐食品。因其形状像夏天时狗吐出来的舌头，故得名热狗。

（1）配方。牛肉 55kg，猪精肉 20kg，猪奶脯肥肉 25kg，精盐 3.50kg，淀粉 5kg，胡椒粉 0.19kg，硝酸钠 50g，玉米粉 0.13kg，肠衣（18～20mm 的羊小肠衣）。

（2）工艺流程。原料肉修整→绞碎斩拌→配料→灌制→烘烤→蒸煮→熏烟或不熏烟→冷却→成品。

（3）工艺参数。烘烤温度 70～80℃，时间 45min；蒸煮温度 90℃，时间 10min。

（4）成品质量。外观色红有光泽，肉质呈粉红色，肉质细嫩有弹性，成品长度 12～14cm，成品率为 115%～120%。

3）天津火腿肠

（1）配方。猪精肉 85kg，味精 200g，白糖 1kg，肥膘丁 15kg，胡椒粉 200g，精盐 3kg，玉米淀粉 10kg，亚硝酸钠 6g，牛盲肠衣或人造肠衣。

（2）工艺参数。烘烤温度 70℃，时间 1.5h；蒸煮温度 90℃，时间 1h；烟熏温度 60～70℃，时间 5～6h。

（3）成品质量。成品表面深红色，有皱纹。直径 45～55mm，长 40～42cm，出品率 115%～120%。

任务四　干肉制品加工

干肉制品是以新鲜的畜禽瘦肉为主要原料，加以调味，经熟制后再经脱水干制，水分降低到一定水平的干肉制品。现代干肉制品的加工，主要目的不是为了长期保藏，而是加工成肉制品满足各种消费者的喜好。干肉制品营养丰富、美味可口、体积小、质量小、食用方便、质地干燥、便于保存和携带，因此备受人们的喜爱。干肉制品可分为肉干、肉松和肉脯。

肉干类制品是指瘦肉经预煮、切丁（条、片）、调味、浸煮、收汤、干燥等工艺制成的干、熟肉制品。由于原辅料、加工工艺、形状、产地等的不同，肉干的种类很多。按原料不同，肉干分为牛肉干、猪肉干、马肉干、兔肉干等；按风味不同，分为五香、麻辣、咖喱、果汁、蚝油等肉干；按形状不同，分为肉粒、肉片、肉条、肉丝等；按产地分更是名目繁多。

肉松是将肉煮烂，再经过炒制、揉搓而成的一种营养丰富、易消化、食用方便、易于贮藏的脱水制品。除猪肉外，还可用牛肉、兔肉、鱼肉生产各种肉松。中国著名的传统产品有太仓肉松和福建肉松。

肉脯是指瘦肉经切片（或绞碎）、调味、腌制、摊筛、烘干、烤制等工艺制成的干、熟薄片型的肉制品。与肉干加工方法不同的是肉脯不经水煮，直接烘干而制成。随着原料、辅料、产地等的不同，肉脯的名称及品种不尽相同。

一、干肉制品加工原理

干肉制作过程中最重要的一道工序即为干制，干制可分为常压干制和减压干制。

（一）干制原理和方法

1. 常压干燥

鲜肉在空气中放置时，则其表面的水分开始蒸发，造成食品中内外水分密度差，导致内部水分向表面扩散。

常压干燥过程包括恒速干燥和降速干燥两个阶段，而降速干燥阶段又包括第一降速干燥阶段、第二降速干燥阶段。

在恒速干燥阶段，肉块内部水分扩散的速率要大于或等于表面蒸发速度，此时水分的蒸发在肉块表面进行，蒸发速度是由蒸汽穿过周围空气膜的扩散速率所控制，其干燥速度取决于周围热空气与肉块之间的温度差，而肉块温度可近似认为与热空气湿球温度相同。在恒速干燥阶段将除去肉中绝大部分的游离水。

当肉块中水分的扩散速率不能再使表面水分保持饱和状态时，水分扩散速率便成为干燥速度的控制因素。此时，肉块温度上升，表面开始硬化，进入降速干燥阶段。在此阶段，表面蒸发速度大于内部水分扩散速率，致使肉块温度升高，极大地影响肉的品质，且表面形成硬膜，使内部水分扩散困难，降低了干燥速率，导致肉块中内部水分含量过高，使肉制品在贮藏期间腐烂变质。在干燥初期，水分含量高，可适当提高干燥温度，随着水分减少应及时调整干燥工艺参数。

常压干燥时温度较高，且内部水分移动，易与组织酶作用，常导致成品品质变劣，挥发性芳香成分逸失等缺陷。但干燥肉制品特有的风味也在此过程中形成。

2. 减压干燥

食品置于真空中，随真空度的不同，在适当温度下，其所含水分则蒸发或升华。也就是说，只要对真空度作适当调节，即使是在常温以下的低温，也可以进行干燥。理论上水在真空度为 613.18Pa 以下的真空中，液体的水则成为固体的水，同时自冰直接变成水蒸气而蒸发，即所谓升华。就物理现象而言，采用减压干燥，随真空度的不同，无论是水的蒸发还是冰的升华，都可以制得干制品。因此，肉品的减压干燥有真空干燥和冻结干燥两种。

（1）真空干燥。真空干燥是指肉块在未达到结冰温度的真空状态（减压）下加速水分的蒸发而进行干燥。真空干燥时，在干燥初期，与常压干燥时相同，存在着水分的内部扩散和表面蒸发。但在整个干燥过程中，则主要为内部扩散与内部蒸发同时进行。因此，与常压干燥相比，干燥时间缩短，表面硬化现象减小。真空干燥常采用的真空度为533～6666Pa，干燥中品温在常温至 70℃ 以下。真空干燥虽使水分在较低温度下蒸发干燥，但因蒸发而芳香成分的逸失及轻微的热变性在所难免。

（2）冻结干燥。冻结干燥是将肉块急速冷冻至-30～-40℃，将其置于可保持真空度13～133Pa 的干燥室中，因冰的升华而进行干燥。冰的升华速度，因干燥室的真空度及升华所需要而给予的热量所决定，另外肉块的大小、薄厚均有影响。冻结干燥法虽需要加热，但并不需要高温，只供给升华潜热并缩短其干燥时间即可。冻结干燥后的肉块组织为多孔质，未形成水不浸透性层，且其含水量少，故能迅速吸水复原，是方便面等速食食品的理想辅料。但在保藏过程中也非常容易吸水，且其多孔质与空气接触面积增大，在贮藏期间易被氧化变质，特别是脂肪含量高时更是如此。

（二）肉在干燥过程中的变化

脱水干燥的肉制品，在物理、化学、组织结构等方面都要发生变化，这些变化直接关系到肉制品的特性、质量和贮藏性。干燥的方法不同，其变化的程度也有差异。

1. 物理变化

（1）干缩和干裂。干缩是食品干燥时常见的、显著的变化之一。弹性完好并呈饱满状态的物料全面均匀地失水时，物料将随着水分消失均衡地进行线性收缩，即物体大小（长度、面积和容积）均匀地按比例缩小。实际上干燥时肉内的水分难以均匀地排除，均匀干缩极为少见。干燥初期肉的表面干缩，继续脱水干燥时水分排除越向深层发展，最后至中心处，干缩也不断向肉中心发展。高温快速干燥时肉表面层远在肉中心干燥前业已干硬，其后中心干燥和收缩时就会脱离干硬膜而出现干裂、孔隙和蜂窝状结构。

（2）表面硬化。表面硬化实际上是食品物料表面收缩和封闭的一种特殊现象。若肉表面温度很高，就会因为内部水分未能及时转移至肉表面使表面迅速形成一层干燥薄膜或干硬膜。此膜的渗透性极低，以致将大部分残留水分保留在肉内，同时还使干燥速率急剧下降。

肉内水分可因受热汽化而以蒸汽分子方式经微孔、裂缝或毛细管向外扩散，水分到肉表面蒸发掉，然而它的溶质却残留在表面上。这些溶质就会将干制时正在收缩的微孔和裂缝加以封闭，从而使肉表面出现硬化。

（3）多孔性的形成。快速干燥时，食品表面硬化及其内部蒸汽压的迅速建立会促使食品成为多孔性制品。真空干燥时的高度真空也会促使水蒸气迅速蒸发并向外扩散，从而制成多孔性制品。多孔性食品能迅速复水或溶解，为其食用时具有的主要优越性。

（4）重量减轻，体积缩小。脱水干燥过程中，主要是占容积最大的水分被蒸发掉，其食品重量明显减轻，体积大大缩小。重量和容积的减少量，理论上应当等于其水分含量的减少，但实际上常常是前者略小于后者。

2. 化学变化

肉食品在脱水干燥过程中，除发生物理变化外，同时还会发生一系列化学变化。这些变化会对干肉制品的色泽、风味、质地、营养价值和贮藏期产生影响。这些变化还因各种食品而异，有各自的特点，且变化程度随食品成分而有差异。

（1）营养成分的变化。脱水干燥的肉制品失去水分后，其营养成分含量，即每单位重量干制品中蛋白质、脂肪和碳水化合物的含量相应增加，大大高于新鲜肉类。

有些肉类干制品或半干制品（如肉干、肉松等）经过煮制、热干燥等加工处理，常常要损失 10%左右的含氮浸出物和大量水分，同时破坏了自溶酶的作用。

含油脂高的肉制品极易哈败，高温脱水干制时，脂肪氧化要比低温时严重得多。若事先添加抗氧化剂就能有效地控制脂肪氧化。

另外，干肉制品也常出现某些维生素的损耗，如硫胺素、维生素 C 等。部分水溶性维生素常会被氧化掉。预煮和酶钝化处理也使其含量下降。维生素损耗程度取决于干制前食品预处理时谨慎小心的程度、所选用的脱水干燥方法和干制操作严格程度，以及干制食品贮藏条件等情况。

（2）对色泽的影响。肉食品原来的色泽一般都比较鲜艳。干燥改变了它的物理和化学性质，使肉制品反射、散射、吸收和传递可见光的能力发生变化，从而改变了食品的色泽。

肉制品干燥过程中，随着水分的减少，相应增加了其他物质的浓度，以及酶性或非酶性褐变反应，而使肉制品的色泽变深发暗或褐变。若干制前进行酶钝化处理，以及真空包装和低温贮藏干制品，可防止肉制品色泽变深发暗。

（3）对风味的影响。肉制品脱水干燥时，随着水分的蒸发使挥发性风味成分，如低级脂肪酸等出现轻微的损耗而影响风味。

（4）组织结构的变化。肉类进行脱水干燥后，其组织结构、复水性等要发生显著的变化。肉制品变得坚韧，口感较硬，复水后也难恢复到原来的新鲜状态，这是由于脱水干燥后的纤维空间排列紧密的缘故。为了解决这个问题，生产工艺上要求控制肉制品的含水量，以不使其脱水过多。另外，可用机械方法使肌纤维松散和断裂，如中国传统生产的肉松就较松软且易咀嚼。

二、干肉制品加工实例

（一）肉干加工

1. 肉干加工传统技术

1）工艺流程
原料→初煮→切坯→煮制汤料→复煮→收汁→脱水→冷却、包装。

2）配方

（1）咖喱肉干配方。以上海产咖喱牛肉干为例，100kg 鲜牛肉所用辅料：精盐 3.0kg，酱油 3.1kg，白砂糖 12.0kg，白酒 2.0kg，咖喱粉 0.5kg。

（2）麻辣肉干配方。以四川生产的麻辣猪肉干为例，每 100kg 鲜肉所用辅料：精盐 3.5kg，酱油 4.0kg，老姜 0.5kg，混合香料 0.2kg，白砂糖 2.0kg，酒 0.5kg，胡椒粉 0.2kg，味精 0.1kg，海椒粉 1.5kg，花椒粉 0.8kg，菜油 5.0kg。

（3）五香肉干配方。以新疆马肉干为例，每 100kg 鲜肉所用辅料：食盐 2.85kg，白砂糖 4.50kg，酱油 4.75kg，黄酒 0.75kg，花椒 0.15kg，大茴香 0.20kg，小茴香 0.15kg，丁香 0.05kg，桂皮 0.30kg，陈皮 0.75kg，甘草 0.10kg，姜 0.50kg。

（4）果汁肉干配方。以江苏靖江生产的果汁牛肉干为例，每 100kg 鲜肉所用辅料：食盐 2.50kg，酱油 0.37kg，白砂糖 10.00kg，姜 0.25kg，大茴香 0.19kg，果汁露 0.20kg，味精 0.30kg，鸡蛋 10 枚，辣酱 0.38kg，葡萄糖 1.00kg。

3）技术要领

（1）原料预处理。肉干加工一般多用牛肉，但现在也用猪肉、羊肉、马肉等。无论选择什么肉，都要求新鲜，一般选用前后腿瘦肉为佳。将原料肉剔去皮、骨、筋腱、脂肪及肌膜后，顺着肌纤维切成 1kg 左右的肉块，用清水浸泡 1h 左右除去血水、污物，沥干后备用。

（2）初煮。初煮的目的是通过煮制进一步挤出血水，并使肉块变硬以便切坯。初煮是将清洗、沥干的肉块放在沸水中煮制。煮制时以水盖过肉面为原则。一般初煮时不加任何辅料，但有时为了去除异味，可加 1%～2% 的鲜姜。初煮时水温保持在 90℃ 以上，并及时撇去汤面污物，初煮时间随肉的嫩度及肉块大小而异，以切面呈粉色、无血水为宜，通常初煮 1h 左右。肉块捞出后，汤汁过滤待用。

（3）切坯。肉块冷却后，可根据工艺要求放在切坯机中切成小片、条、丁等形状。不论什么形状，都要求大小均匀一致。

（4）复煮、收汁。复煮是将切好的肉坯放在调味汤中煮制，其目的是进一步熟化和入味。复煮汤料配制时，取肉坯重 20%～40% 的过滤初煮汤，将配方中不溶解的辅料装袋入锅煮沸后，加入其他辅料及肉坯，用大火煮制 30min 左右，随着剩余汤料的减少，应减小火力以防焦锅。用小火煨 1～2h，待卤汁基本收干，即可起锅。

（5）复煮汤料配制时，盐的用量各地相差无几，但糖和各种香辛料的用量变化较大，无统一标准，以适合消费者的口味为原则。

（6）脱水。肉干常规的脱水方法有三种。一是烘烤法。将收汁后的肉坯铺在竹筛或铁丝网上，放置于三用炉或远红外烘箱中烘烤。烘烤温度前期可控制在 80～90℃，后期可控制在 50℃ 左右，一般需要 5～6h 可使含水量下降到 20% 以下。在烘烤过程中要注意定时翻动。二是炒干法。收汁结束后，肉坯在原锅中用文火加温，并不停搅翻，炒至肉块表面微微出现蓬松茸毛时，即可出锅，冷却后即为成品。三是油炸法。先将肉切条后，用 2/3 的辅料（其中白酒、白糖、味精后放）与肉条拌匀，腌渍 10～20min 后，投入 135～150℃ 的菜油锅中油炸。油炸时要控制好肉坯量与油温之间的关系。

（7）冷却、包装。冷却以在清洁室内摊晾、自然冷却较为常用。必要时可用机械排风，但不宜在冷库中冷却，否则易吸水返潮。包装以复合膜为好，尽量选用阻气、阻湿性能好的材料。最好选用 PET/Al/PE 等膜，但其费用较高；PET/PE，NY/PE 效果次之，但较便宜。

2. 肉干加工新技术

随着肉类加工业的发展和生活水平的提高，消费者要求干肉制品向着组织较软、色淡、低甜度方向发展。在传统加工技术的基础上，通过改进生产工艺，生产的肉干（称为莎脯）保持了传统肉干的特色，如无须冷冻保藏其细菌含量仍稳定、质轻、方便和富于地方风味，但感官品质如色泽、结构和风味又不完全与传统肉干相同。

1）工艺流程

原料肉修整→切块→腌制→熟化→切条→脱水→包装。

2）配方

原料肉 100kg，食盐 3.00kg，蔗糖 2.0kg，酱油 2.00kg，黄酒 1.50kg，味精 0.2kg，抗坏血酸钠 0.05kg，亚硝酸钠 0.01kg，五香浸出液 9.0kg，姜汁 1.00kg。

3）技术要领

莎脯的原料与传统肉干一样，可选用牛肉、羊肉、猪肉或其他肉。瘦肉最好有腰肌或后腿的热剔骨肉，冷却肉也可以。剔除脂肪和结缔组织，再切成 $4cm^3$ 的块，每块约 200g。然后按配方要求加入辅料，在 4～8℃下腌制 48～56h。腌制结束后，在 100℃蒸汽下加热 40～60min 至中心温度 80～85℃，再冷却至室温并切成 3mm 厚的肉条。然后将其置于 85～95℃下脱水至肉表面呈褐色，成品的含水量低于 30%，水活度低于 0.79（通常为 0.74～0.76）。最后用真空包装，成品无须冷藏。

（二）肉松加工

1. 肉松传统加工技术

1）工艺流程

原料肉的选择与整理→配料→煮制→炒松→擦松→跳松→拣松→包装。

2）配方

猪肉松配方：瘦肉 100kg，黄酒 4.00kg，糖 3kg，酱油 22kg，大茴香 0.12kg，姜 1kg。

牛肉松配方：牛肉 100kg，食盐 2.50kg，白砂糖 2.5kg，葱末 2kg，姜末 0.12kg，大茴香 1.0kg，绍兴酒 1kg，丁香 0.10kg，味精 0.2kg。

鸡肉松配方：带骨鸡 100kg，酱油 8.5kg，生姜 0.25kg，白砂糖 3kg，精盐 1.5kg，味精 0.15kg，50°高粱酒 0.5kg。

3）技术要领

（1）原料肉的选择与整理。传统肉松是由猪瘦肉加工而成。现在除猪肉外，牛肉、鸡肉、兔肉等均可用来加工肉松。将原料肉剔除皮、骨、脂肪、筋腱等结缔组织。结缔组织的剔除一定要彻底，否则加热过程中胶原蛋白水解后，导致成品黏结成团块而不能呈良好的蓬松状。将修整好的原料肉切成 1.0～1.5kg 的肉块。切块时尽可能避免切断肌纤维，以免成品中短绒过多。

（2）煮制。将香辛料用纱布包好后和肉一起入夹层锅，加与肉等量水，用蒸汽加热，常压煮制。煮沸后撇去油沫，煮制结束后起锅前须将油筋和浮油撇净，这对保证产品质量至关重要。若不除去浮油，肉松不易炒干，炒松时易焦锅，成品颜色发黑。煮制的时间和加水量应根据肉质老嫩决定。肉不能煮得过烂，否则成品绒丝短碎。若用筷子稍用力夹肉块时，肌肉纤维能分散则肉已煮好。煮肉时间为2～3h。

（3）炒压（打坯）。肉块煮烂后，改用中火，加入酱油、酒，一边炒一边压碎肉块。然后加入白砂糖、味精，减少火力，收干肉汤，并用小火炒压肉丝至肌纤维松散时即可进行炒松。

（4）炒松。肉松由于含糖较多，容易塌底起焦，要注意掌握炒松时的火力。炒松有人工炒和机炒两种。在实际生产中可人工炒和机炒结合使用。当汤汁全部收干后，用小火炒至肉略干，转入炒松机内继续炒至水分含量小于20%，颜色由灰棕色变为金黄色，具有特殊香味时即可结束炒松。在炒松过程中如有塌底起焦现象，应及时起锅，清洗锅巴后方可继续炒松。

（5）擦松。为了使炒好的松更加蓬松，可利用滚筒式擦松机擦松，使肌纤维成绒丝松软状态即可。

（6）跳松。利用机械跳动，使肉松从跳松机上面跳出，而肉粒则从下面落出，使肉松与肉粒分开。

（7）拣松。将肉松中焦块、肉块、粉粒等拣出，提高成品质量。拣松后的肉松送入包装车间的木架上晾松。肉松凉透后便可拣松。拣松时要注意操作人员及环境的卫生。

（8）包装。肉松吸水性很强，不宜散装。短期贮藏可选用复合膜包装，贮藏三个月左右；长期贮藏多选用玻璃瓶或马口铁罐，可贮藏六个月左右。

2. 肉松加工新技术

传统技术加工肉松时存在着以下两个方面的缺陷：①复煮后的收汁费时，且工艺条件不易控制。若复煮汤不足，则导致煮烧不透，给搓松带来困难；若复煮汤过多，则收汁后煮烧过度，使成品纤维短碎。②炒松时肉直接与炒松锅接触，容易塌底起焦，影响风味和质量。因此，研究者提出了肉松生产的改进措施及加工中的质量控制方法。现以鸡肉松加工为例介绍如下。

1）工艺流程

原料鸡处理→初煮、精煮（不收汁）→烘烤→炒松→成品。

2）配方

同传统加工技术中鸡肉松配方。

3）技术要领

（1）初煮与精煮。初煮的目的是初步熟化以便剔骨，而精煮的目的是进一步熟制以利于擦松，并赋予产品风味。初煮和精煮的时间在很大程度上决定了成品的色泽、入味程度、擦松难易程度和形态。在加热煮制过程中，鸡肉颜色会发生变化，新鲜鸡肉为浅粉红色。当加热至80℃左右时，肌纤维由浅粉红色变为白色。继续加热，肌纤维又由白色变为黄色，最后变成黄褐色。随着煮烧时间的延长，成品颜色变深、碎松增加。颜色变深是加热过久，非酶促褐变加剧所致。若煮烧时间过短，成品风味不足，颜色花白，且不易搓成松散绒状，成品中常出现干棍状肉棒。因此，初煮 2h，精煮 1.5h，则成品色泽金黄，味浓松长，且碎松少。

传统技术中精煮结束后要收汁，给生产带来极大不便。采用新技术只要添加的调味料和煮烧时间适宜，精煮后无须收汁即可将肉捞出，所剩肉汤可作为老汤供下次精煮时使用。这样既能达到简化工艺的目的，又能达到煮烧适宜和入味充分的目的。同时，因精煮时加入部分老汤，还能丰富产品的风味。

（2）烘烤。在传统技术中，精煮收汁结束后脱水完全靠炒松完成。为有利于机械化生产，新技术在炒松前增加了烘烤脱水工艺。

精煮后肉松坯的脱水是在红外线烘箱中进行的。肉松坯在烘烤脱水前水分含量大，黏性很小，几乎无法擦松。随着烘烤时水分的减少，黏性逐渐增加，当脱水率达到30%左右时黏性最大，此时搓松最为困难。随着脱水率的增加，黏性又逐步减小，擦松变得易于进行。当脱水率超过一定限度时，由于肉松坯变干，擦松又变得难以进行，甚至在成品中出现干肉棍。因此，精煮后的肉松坯在 70℃烘烤 90min 或在 80℃烘烤 60min，肉松坯的烘烤脱水率为 50%左右时擦松效果最好。

（3）炒松。鸡肉经初煮和复煮后脱水率为25%～30%，烘烤脱水率为50%左右，擦松后含水量为20%～25%，而肉松含水量要求在20%以下。炒松可以进一步脱水，同时还具有改善风味、色泽及杀菌作用。因擦松后肌肉纤维松散，炒松仅 3～5min 即能达到要求。

（三）肉脯加工

1. 肉脯加工传统技术

1）工艺流程

原料选择→修整→冷冻→切片→解冻→腌制→摊筛→烘烤→烧烤→压平→切片成型→包装。

2）配方

上海猪肉脯：原料肉 100kg，食盐 2.5kg，硝酸钠 0.05kg，白砂糖 1kg，高粱酒 2.5kg，味精 0.30kg，白酱油 1.0kg，小苏打 0.01kg。

靖江猪肉脯：原料肉 100kg，酱油 8.5kg，鸡蛋 3kg，白砂糖 13.5kg，胡椒 0.1kg，味精 0.25kg。

天津牛肉脯：原料肉 100kg，白砂糖 12kg，白酒 2kg，酱油 5kg，山梨酸钾 0.02kg，精盐 1.5kg，味精 0.2kg，姜 2kg。

3）技术要领

（1）原料选择与修整。传统肉脯一般是由猪肉、牛肉加工而成（但现在也选用其他肉）。选用新鲜的牛、猪后腿肉，去掉脂肪、结缔组织，顺肌纤维切成 1kg 大小肉块。要求肉块外形规则，边缘整齐，无碎肉、淤血。

（2）冷冻。将修割整齐的肉块移入-10～-20℃的冷库中速冻，以便于切片。冷冻时间以肉块深层温度达-3～-5℃为宜。

（3）切片。将冻结后的肉块放入切片机中切片或手工切片。切片时须顺肌肉纤维切，以保证成品不易破碎。切片厚度一般控制在1～3mm。但国外肉脯有向超薄型发展的趋势，最薄的肉脯只有0.05～0.08mm，一般在0.2mm左右。超薄肉脯透明度、柔软性、贮藏性都很好，但加工的技术难度较大，对原料肉及加工设备要求较高。

（4）拌肉、腌制。将粉状辅料混匀后，与切好的肉片拌匀，在不超过10℃的冷库中腌制2h左右。腌制的目的：一是入味；二是使肉中盐溶性蛋白尽量溶出，便于在摊筛时使肉片之间粘连。

（5）摊筛。在竹筛上涂刷食用植物油，将腌制好的肉片平铺在竹筛上，肉片之间彼此靠溶出的蛋白黏连成片。

（6）烘烤。烘烤的主要目的是促进发色和脱水熟化。将摊放肉片的竹筛放在架子上，晾干水分后，进入三用炉或远红外烘箱中脱水、熟化。其烘烤温度控制在55～75℃，前期烘烤温度可稍高。肉片厚度为2～3mm时，烘烤时间为2～3h。

（7）烧烤。烧烤是将半成品放在高温下进一步熟化并使质地柔软，产生良好的烧烤味和油润的外观。烧烤时可把半成品放在远红外空心烘炉的转动铁网上，用200℃左右温度烧烤1～2min，至表面油润、色泽深红为止。成品中含水量小于20%，一般为13%～16%为宜。

（8）压平、切片成型、包装。烧烤结束后用压平机压平，按规格要求切成一定的长方形。冷却后及时包装。冷却包装间须经净化和消毒处理。塑料袋或复合袋须真空包装。马口铁听装加盖后锡焊封口。

2. 肉脯加工新技术

用传统工艺加工肉脯时，存在切片、摊筛困难，难以利用小块肉和小畜禽及鱼肉，无法进行机械化生产等缺点。因此，研究者提出了肉脯加工新技术，并在生产实践中广泛推广使用。

1）工艺流程

原料肉处理→斩拌配料→腌制→抹片→表面处理→烘烤→压平→烧烤→成型→包装。

2）配方

以鸡肉脯为例，鸡肉100kg，$NaNO_3$ 0.05kg，浅色酱油5.0kg，味精0.2kg，糖10kg，姜粉0.30kg，白胡椒粉0.3kg，食盐2.0kg，白酒1kg，维生素C 0.05kg，混合磷酸盐0.3kg。

3）技术要领

将原料肉经预处理后，与辅料入斩拌机斩成肉糜，并置于10℃以下腌制1.5～2.0h。竹筛表面涂油后，将腌制好的肉糜涂摊于竹筛上，厚度以1.5～2.0mm为宜，在70～75℃烘烤2h或120～150℃烧烤2～5min，压平后按要求切片、包装。

任务五　油炸肉制品加工

油炸作为食品熟制和干制的一种加工工艺由来已久，是古老的烹调方法之一。油炸可以杀灭食品中的细菌，延长食品保存期，改善食品风味，增强食品营养成分的消化性。

油炸肉制品是指经过加工调味或挂糊后的肉（包括生原料、成品、熟制品）或只经干制的生原料，以食用油为加热介质，经过高温炸制或浇淋而制成的熟肉类制品。油炸肉制品具有香、嫩、酥、松、脆，色泽金黄等特点。油炸肉制品具有较长的保存期，细菌在肉制品中繁殖的程度，主要由油炸食品内部的最终水分决定，即取决于油炸的温度、时间和物料的大小、厚度等，由此决定了产品的保存性。同时，改善食品风味，提高食品营养价值，赋予食品特有的金黄色泽。

一、油炸肉制品加工原理

在油炸热制过程中，食物表面干燥层具有多孔结构特点，其孔隙的大小不等。油炸过程中水和水蒸气首先从这些大孔隙中析出。油炸时食物表层硬化成壳，使内部水蒸气蒸发受阻，形成一定蒸汽压，水蒸气穿透作用增强，致使食物快速熟化，因此油炸肉制品具有外脆里嫩的特点。

（一）油炸对食品的影响

1. 感官品质的变化

油炸的主要目的是改善食品色泽和风味。在油炸过程中，食品发生美拉德反应，部分成分降解，同时可吸附炸油中挥发性物质而使食品呈现金黄或棕黄色，并产生明显的炸制芳香风味；食品表面形成一层硬壳，从而构成了油炸食品的外形；但当持续高温油炸时，常产生挥发性的羰基化合物和羟基酸等，这些物质会产生不良风味，甚至出现焦煳味，导致品质低劣，商品价值下降。

2. 营养价值的变化

油炸对食品营养价值的影响与油炸工艺条件有关。油炸温度高，食品表面形成干燥层，这层硬壳阻止了热量向食品内部传递和水蒸气外逸，因此，食品内部营养成分保存较好，含水量较高。同时，制品含油量明显提高。

肉制品在油炸过程中，维生素的损失较大，食物中的脂溶性维生素在油中的氧化会导致营养价值的降低，甚至丧失；而且维生素、类胡萝卜素、生育酚的变化会导致风味和颜色发生变化；水溶性维生素在油炸的过程中也会发生不同程度的损失，如维生素 B_1 在不同种类的油炸肉制品，损失率是不相同的。维生素 C 在油炸过程中也很容易被氧化，不过维生素 C 的氧化对油脂起了一定的保护作用。

蛋白质消化系数是评价食品营养价值的重要指标之一。油炸对蛋白质消化系数的影响与产品组成和肉品种类有关，例如，对牛肉、猪肉的肉制品如果不加辅料进行油炸，则制品的蛋白质消化率一般不会改变。但如果肉品中加入辅料（如淀粉等碳水化合物）后进行油炸，则制品的蛋白质消化率会降低。

3. 油炸食品的安全性

在一般烹调加工中。加热温度不高而且时间较短，对油炸用油的卫生安全性影响不大。但是，在肉品油炸过程中若加热温度高，油脂反复使用，致使油脂在高温下发生热聚，可能形成有害的多环芳烃类物质，如环状单聚体、二聚体及多聚体。这些物质会导致人体麻痹，产生肿瘤，引发癌症。

为了防止油脂在长时间高温下产生的热变作用，油炸食品时应避免温度过高和时间过长，最好不超过 190℃，时间以 30～60s 为宜。同时，在使用中应去除油脂中的漂浮物和底部沉渣，减少使用次数，及时更换新油，保证油炸肉制品的食用安全。

（二）油炸的方法

根据油炸压力不同可分为常压油炸、真空油炸和高压油炸。

1. 常压油炸

常压油炸是在常压、开放式容器中进行的。常压油炸根据油炸介质的不同分为纯油油炸和水油混合式油炸。

1）纯油油炸

油炸容器内全部是食用油，油温根据产品的要求有所不同。所以纯油油炸又可分为以下几种。

（1）清炸。取质嫩的肉，适当处理后，切割成一定的形状，按配方称取精盐、料酒及其他香辛料与肉制品混合腌制，主料不挂糊，用急火高温油炸三次。成品外脆里嫩，清爽利落。

（2）干炸。取原料肉，经过加工成形，用调料入味，加水、淀粉、鸡蛋，挂硬糊，用 190～220℃热油炸熟即可。代表产品有干炸里脊，干炸猪排等。特点是干爽利落，外脆里嫩，色泽红黄。

（3）软炸。选用质嫩的猪里脊、鲜鱼肉、鲜虾等经细加工造型后，上浆入味，蘸干粉面、拖蛋白糊，放入 90～120℃的热油内炸熟即可。成品表面松软，质地细嫩、清淡，味咸麻香，色白微黄美观。

（4）酥炸。将原料肉经刀工处理后，入味、蘸面粉、拖全蛋糊、蘸面包渣，入 150℃的热油内，炸至表面呈深黄色起酥。成品外酥里软熟，细嫩可口。代表产品有酥炸带鱼、香酥仔鸡。酥炸技术要严格掌握好火候和油的温度，油温不能太高或太低。油温太低，原料入锅易脱糊；油温太高，原料入锅易粘连，外表易糊。

（5）松炸。松炸是将原料肉加工成一定几何形状后，经入味蘸面粉挂上全蛋糊，放入 150～160℃的热油内，慢炸成熟的一种加工方法。成品表面金黄，质地蓬松饱满，口感松软质嫩，味咸不腻。

（6）卷包炸。卷包炸是把质嫩的肉料切成大片，入味后卷入各种调好口味的馅，包卷起来，根据要求有的拖上蛋粉糊，有的不拖糊，放入 150℃ 热油内炸制成熟的一种方法。成品外酥脆、里鲜嫩，色泽金黄，滋味咸鲜。应注意的是，凡需要改刀的成品，包装或装盘要整齐。凡需要拖糊者必须卷紧封住口，以免炸时散开。

（7）脆炸。将光禽除去内脏洗净，再用沸水烧烫，使表皮胶原蛋白遇热缩合绷紧，然后在表皮上挂一层含少许饴糖的淀粉水，经过晾坯后，放入 200～210℃ 高热油锅内炸制至禽体表面呈红黄色时出锅。成品皮脆、肉嫩，故名脆炸。代表产品有脆皮鹌鹑、脆皮鸡、脆皮乳鸭等。

（8）纸包炸。将质地细嫩的猪里脊、鸡鸭脯等高档原料肉切成薄片、丝或细泥子，入味上浆，用糯米纸或玻璃纸等包成一定形状（如三角形，长方形，包袱形等）后投入80～100℃ 的温油中炸熟捞出。特点是形状美观，包内含鲜汁，质嫩不腻，味道香醇，风味独特。操作应注意，要包好，不漏汤汁。

2）水油混合式油炸

纯油油炸在加热过程中常常造成局部油温过热，加速油脂氧化，并使部分油脂挥发、发烟，污染严重。另外，油炸过程中产生的大量食品残渣沉入油锅底部，使其反复油炸，不但使炸油变得污浊，缩短了炸油使用寿命，污染油炸食品，还会生成一些致癌物质，严重影响消费者的健康。而油水混合式油炸从根本上解决了上述难题，使油炸食品向着节油、健康、环保方向发展。

（1）水油混合式油炸的原理。水油混合式油炸是指在同一容器内加入油和水，相对密度小的油占据容器的上半部，相对密度大的水则占据容器的下半部分，在油层中部水平装置加热器。加热管采用调温器、温控器自动调整火力使油温恒定在预设温度，有效地控制炸制过程中上下油层的温度，避免食品在炸制中发生过热干烧现象，减缓了炸油的氧化程度。在炸制过程中油炸食品处于上部油层中，食品的残渣则沉入底部的水中，同时残渣中所含的油可经过分离后返回油层中，这样，残渣一旦形成便能很快脱离高温区油层进入低温区水中，随水放掉，不会发生焦化、炭化现象。

（2）水油混合式油炸的特点。

① 制品风味好、质量高。水油混合油炸通过限位控制、分区控温，科学利用植物油与动物油的相对密度关系，使所炸肉类食品浸出的动物油自然沉入植物油下层，这样中上层工作油始终保持纯净，可同时炸制各种食物，互不串味，一机多用，可增加产品的品种。该工艺能有效控制食品含油量，所炸食物不但色、香、味俱佳，外观干净漂亮，且提高了产品品质，延长货架期。

② 节省油炸用油。该方法采取从油层中部加热的方式，控制上下油层的温度，有效缓解炸油的氧化程度，抑制酸价的产生，从而延长炸油的使用寿命。更重要的是，没有与食物残渣一起弃掉的油，也没有因氧化变质而成为废油扔掉的油，从而所耗的油量几乎等于被食品吸收的油量，补充的油量也近于食品吸收的油量，节油效果显著，比传统油炸机节省炸油 50% 以上。

③ 健康、环保。该方法使炸制食品过程中产生的食物残渣很快脱离高温区沉入低温区，随水排掉，所炸食品不会出现焦化、炭化现象，能有效控制致癌物质的产生，保

证食用者的健康。同时，水油混合式油炸所排油烟很少，利于操作者的健康；对大气污染减少，有利于环境保护。

2. 真空油炸

常压油炸食品一系列问题的提出与发现，使低温真空油炸技术脱颖而出。该技术将油炸和脱水有机地结合在一起，使其具有许多独到之处和对加工原料的广泛适应性。

1）真空油炸的原理

真空油炸的实质是在负压条件下，食品在食用油中进行油炸脱水干燥，使原料中的水分充分蒸发的过程。随着压力的降低，水的沸点也显著下降。在 1330～13300Pa 的真空度下，纯水的沸点为 10～55℃。假使油炸时油温采用 80～120℃，食品中水分汽化温度降低，能在短时间内迅速脱水，实现在低温低压条件下对食品的油炸。因此，真空油炸工艺可加工出优质的油炸食品。

2）真空油炸的特点

（1）温度低、营养损失少。一般常压深层油炸的油温在 160℃ 以上，有的高达 230℃以上，这样高的温度对食品中的一些营养成分具有一定的破坏作用。但真空深层油炸的油温只有 100℃ 左右，因此，食品中内外层营养成分损失较小，食品中的有效成分得到了较好的保留，特别适宜于含热敏性营养成分的食品油炸。

（2）水分蒸发快、干燥时间短。在真空状态下油炸，产品脱水速度快，能较好保持食品原有的色泽。真空油炸的油温低，故油炸食品不易褪色、变色、褐变。采用真空油炸的制品，其色泽要较一般的鲜丽，这是因为制品表面覆盖有油脂层的缘故。

（3）原料风味保留多。采用真空油炸，原料在密封状态下被油脂加热，原料中的呈味成分大多为水溶性，在油脂中并不溶出，并且随着脱水，这些呈味成分进一步浓缩。所以真空油炸制品可很好地保存原料本身具有的香气和风味。

（4）产品复水性好。在减压状态下，食品组织细胞间隙中的水分急剧汽化膨胀，体积增大，水蒸气在孔隙中冲出，对食品具有良好的膨松效果，因而，经真空深层油炸的食品具有良好的复水性。如果在油炸前，进行冷冻处理，效果更佳。

（5）油耗少。真空油炸的油温较低，且缺乏氧气，油脂与氧接触少，因此，油炸用油不易氧化，其聚合分解等劣化反应速度较慢，减少了油脂的变质，降低了油耗。

（6）产品耐藏。常压油炸产品的含油率高达 40%～50%，但真空油炸产品含油率则在 20% 以下，故产品保藏性较好。

3. 高压油炸

高压油炸是使油釜内的压力高于常压的油炸方法。由于压力提高，炸油的沸点也相应提高，从而提高了油炸的温度，缩短了油炸时间，解决了常压油炸因时间长而影响食品品质的问题。该方法温度高，水分和油的挥发损失少，产品外酥里嫩，最适合肉制品的油炸。如炸鸡、炸鸡腿、炸羊排等。但该方法要求设备的耐高压性能必须好。

二、油炸制品加工实例

（一）油炸猪排

1. 工艺流程

原料的选择与处理→腌渍→挂糊→油炸。

2. 原料配方

带肉猪肋骨和脆骨 100kg，精盐 2kg，优质酱油 32kg，白砂糖 1kg，淀粉 13kg，面粉 2.5kg，鸡蛋 1kg，大葱 2kg，鲜姜 0.8kg，味精 0.2kg，五香粉 0.2kg，植物油适量。

3. 操作要领

（1）原料的选择与处理。选用符合卫生检验要求的骨肉比为 1∶2 的新鲜带肉肋骨和脆骨，洗净后，从排骨间割开，剁成 3～4cm 的小块，用水冲洗干净，沥干水分。

（2）腌渍。将葱、姜洗净，分别榨成汁，放在盆内，再加入酱油、精盐、白砂糖混合均匀。然后放入排骨块，搅拌均匀，腌制 30min。

（3）挂糊。将鸡蛋打碎，搅匀，倒入腌好的排骨块，翻拌均匀，然后逐块在面粉中粘滚，使排骨块粘匀面粉。

（4）油炸。将植物油加热至 180～200℃，分批投入挂好糊的排骨块。待排骨块表面炸至金黄发脆时（8～10min），捞出，沥油，即为成品。

（二）油炸鸡腿

1. 工艺流程

选料→腌制液制备→注射→腌制→预煮→卤煮→上色→油炸→冷却→包装。

2. 腌制液配方（以 50kg 原料鸡腿计）

食盐 1kg，卡拉胶 40g，淀粉 100g，大豆蛋白 200g，亚硝酸钠 7.5g，山梨酸钾 22g，复合磷酸盐 44g。

3. 卤水配方（以 50kg 水计）

良姜 300g，葱 100g，花椒 150g，陈皮 100g，丁香 50g，八角 100g，草果 100g，山奈 150g，白芷 150g，胡椒 150g，姜黄 150g，冰糖 10kg（部分用作上色），白砂糖 5kg，味精 1.5kg，食盐 1kg，精炼油 4kg，猪骨 2 块。

4. 技术要领

（1）注射腌制。首先配制腌制液：用 20kg 水将腌制液配方中所列物质充分混合溶解。采用盐水注射机注射，注射后的鸡腿置于 4℃腌制 24h。

（2）预煮、卤煮。将腌制好的鸡腿放入沸水中预煮 10min 左右，以刚煮透为准，俗称"紧肉"。然后以小火卤煮预煮后的鸡腿，保持卤汤微沸状态，卤煮 1h。

（3）上色、油炸。调配柠檬黄色素液刷在鸡腿上（或用蛋清、蜂蜜、精炼油调配上色也可）。在油温 180℃时下锅，油炸 1min，迅速出锅。

（4）包装冷却后的鸡腿采用热收缩膜真空包装。

（三）真空低温油炸牛肉干

1. 工艺流程

原料选择和处理→预煮、切条→腌制后熟（加调味料）→装盘结冻→解冻→低温真空油炸→脱油→成品。

2. 原料配方（麻辣味）

牛腿肉 100kg，盐 1.5kg，酱油 4.0kg，白糖 1.5kg，黄酒 0.5kg，葱 1.0kg、姜 0.5kg，味精 0.1kg，辣椒粉 2.0kg，花椒粉 0.3kg，白芝麻粉 0.3kg，五香粉 0.1kg。

3. 操作要领

（1）原料选择和处理。选择肉质新鲜、切面致密有弹性且不带脂肪的牛肉，剔除对产品质量有不良影响的伤肉、黑色素肉、筋、腱及碎骨等。将原料分切成 500g 左右大小的块（切块需要保持均匀，以利于预煮），用清水冲洗干净。

（2）预煮、切条。将切好的肉块放入锅中，加水淹没，水肉之比约为 1.5∶1，以淹没肉块为度。煮制过程中注意撇去浮沫，预煮要求达到肉块中心无血水为止。预煮后捞出冷却，切成条状，要求切割整齐。

（3）后熟。肉切成条后，放入配好的汤料液中进行后熟。可根据不同风味要求确定配方。

（4）冻结、解冻。取出后熟的肉条装盘，沥干汤液，放入冷冻机内冷冻。冷冻 2h 后取出，再置于 5～10℃的环境条件下解冻 6h。

（5）真空油炸。解冻后的肉送入带有筐式离心脱油装置的真空油炸罐内，关闭罐门，检查密闭性。打开真空泵将油炸罐内抽真空，然后向油炸罐内泵入 120℃的植物油 200kg，进行油炸处理。泵入油的时间不超过 2min，然后使油在油炸罐和加热罐中循环，保持油温在 125℃左右。经过 25min 即可完成油炸全过程，之后将油从油炸罐中排出，将物料在 100r/min 的转速条件下离心脱油 2min，控制肉干含油率小于 13%。关闭真空泵，解除油炸罐真空，开罐取出肉干。

（6）质检、包装。油炸完成后即进行感官检测，然后进行包装。由于制品呈酥松多孔状结构，极易吸潮，因而包装环境的相对湿度应小于 40%。包装过程要求保证卫生清洁，操作要快捷，并采用复合塑料袋包装。

任务六　熏烤肉制品加工

熏烤是肉制品加工的主要手段。许多肉制品特别是西式肉制品如灌肠、火腿、培根等均需要经过熏烤，肉制品经过烟熏，不仅获得特有的烟熏味，而且使保存期延长。但随着冷藏技术的发展，熏烟防腐已降到次要位置，熏烤已成为特殊烟熏风味制品的一种加工技术。

熏烤肉制品是指原料肉经腌制（有的还需要煮制）后，再以烟气、高温空气、明火或高温固体为介质干热加工而成的肉制品。熏和烤是两种不同的加工方法，实际上熏烤肉制品应分为烟熏肉制品和烧烤肉制品两大类。

在肉品工业生产中，很多产品都要经过烟熏过程，特别是西式肉制品，差不多都要经过烟熏。烟熏肉制品种类繁多，如国外的西式生熏肉、烟熏肠、培根和中国传统名吃——北京熏猪头肉、熏鸡、新疆熏马肉等。

烧烤肉制品是由原料肉经配料、腌制，再经热空气烘烤或明火直接烧烤成熟和形成独特风味的一大类肉制品，如北京烤鸭、广东脆皮烤乳猪。此外，以盐或泥等固体为加热介质，进行煨烤而成熟的制品也归为此类，如常熟叫花鸡、江东盐焗鸡等。

一、熏烤肉制品加工原理

（一）烟熏原理及方法

1. 烟熏原理

（1）烟熏风味的形成。烟气中的许多有机化合物附在制品上，赋予特有的烟熏香味，如酚、芳香醛、酮、羰基化合物、酯、有机酸类物质。特别是酚类中的愈创木酚、4-甲基愈创木酚是最重要的风味物质，香气最强。其次，伴随着烟熏的加热，促进微生物或酶蛋白及脂肪的分解，通过生成氨基酸、低分子肽、碳酰化合物、脂肪酸等，使肉制品产生独特风味。

（2）发色。烟熏和腌制经常相互紧密地结合在一起，在生产中烟熏肉必须预先腌制。烟熏的同时对腌制肉进行加热，有利于形成稳定的腌肉色泽。烟熏成分中的羰基化合物可以和肉蛋白质或其他含氮物中的游离氨基酸发生美拉德反应；烟熏加热促进硝酸盐还原菌增殖及蛋白质的热变性，游离出半胱氨酸，从而促进一氧化氮血素原形成稳定的颜色；此外，烟熏还将促使许多肉制品表面形成棕褐色，其色泽常随燃料种类、烟熏浓度、树脂含量、温度及表面水分而不同；如用山毛榉作燃料，肉呈金黄色；如用赤杨、栎树作燃料，肉呈深黄或棕色。肉表面干燥时色淡，潮湿时色深；温度较低时呈淡褐色，温度较高时则呈深褐色；如烟熏前先用高温加热则制品表面色彩均匀而鲜明。肉制品受热后有脂肪外渗，起到润色作用。

（3）防止腐败变质。由于烟气中含有抑菌物质，如有机酸、乙酸、醛类等，随着烟气成分在肉制品中沉积，使肉制品具有一定防腐特性。熏烟的杀菌作用较为明显的是在表层，制品表面的微生物经熏制后可减少 10%。大肠埃希菌、变性杆菌、葡萄球菌对烟最敏感，3h 即死亡。同时，烟熏时制品表面干燥，即失去部分水分，能延缓细菌生长，降低细菌数。但霉菌及细菌芽孢对烟的作用较稳定，故烟熏肉制品仍存在长霉的问题。

（4）预防氧化。熏烟中许多成分具有抗氧化特性，故能防止酸败，最强的是酚类，其中以苯二酚、邻苯三酚及其衍生物作用尤为显著。试验表明，熏制品在 15℃ 保存 30d，过氧化值无变化，而未经过烟熏的肉制品的过氧化值则增加 8 倍。另外，熏烟的抗氧作用还可以较好地保护脂溶性维生素不被破坏。

（5）改善制品质地。肉制品熏烟时，为了使烟气易于附着和渗透到肉制品中，一般制品要先经过脱水干燥。肉在脱水干燥和熏烟的过程中蛋白质凝固，使制品组织结构致密，产生良好质地。同时，合理地控制干燥和熏烟温度，可以促进组织酶活动，使制品保持一定风味。

2. 烟熏方法

烟熏方法分为常规法和特殊法两大类。特殊法又称速熏法，是用非烟的液熏和电熏。

1）常规烟熏法

常规烟熏法也称标准法，是直接用烟气熏制。此法又分直接烟熏法和间接烟熏法。

（1）直接烟熏法。在烟熏室内，用直火燃烧木材直接发烟熏制。根据烟熏温度不同分为以下几种。

冷熏法：熏制温度为 15～30℃，在低温下进行较长时间（4～7d）的烟熏。用这种温度熏制，重量损失少，制品风味好。熏制前物料需要盐渍、干燥成熟。熏后制品的含水量低于 40%，可长期贮藏，并且由于增加了制品的风味。此法一般在冬季进行，而在夏季或温度较高地区，由于气温高，温度很难控制，特别当发烟少的情况下，容易发生酸败现象。常用于带骨火腿、培根、干燥香肠（如色拉米香肠、风干香肠）等的熏烟，主要用于烟熏不经过加热工序的制品。

温熏法：熏制温度为 30～50℃，烟熏时间为 5～6h，最长不超过 2～3d，否则，由于这种熏烟法的温度范围有利于微生物繁殖，如果熏烟时间过长，很容易引起肉制品腐败变质。这种方法烟熏温度超过了脂肪熔点，所以很容易流出脂肪，而且使蛋白质开始受热凝固，因此肉质变得稍硬。此法通常采用橡木、樱木和锯末熏制，放在烟熏室的格架底部，在熏材上面放上锯末，点燃后慢慢燃烧，室内温度逐步上升。这种方法用于脱骨火腿和通脊火腿的熏烟，但熏制后还需要进行蒸煮才能成为成品。

热熏法：熏制温度为 50～80℃，实际上常用 60℃ 熏制，是广泛应用的一种方法。烟熏时间不必太长，最长不超过 5～6h。因为在短时间内就会形成较好的烟熏色泽。在此温度范围内，蛋白质几乎全部凝固，其表面硬化度较高，而内部仍含有较多水分，有较好弹性。但这种方法难以形成较好的烟熏香味，而且要注意不能升温过快，合则会有发色不匀的现象。此法一般用于灌肠产品的熏烟。

（2）间接烟熏法。此法不是在熏烟室直接发烟，而是利用单独的烟雾发生装置发烟，然后将一定温度和湿度的烟导入烟熏室，对肉制品进行熏烤。这种方法不仅可以克服直接法烟气密度和温度不匀现象，而且可以将发烟温度控制在 400℃ 以下，减少有害物质的产生,因而得到广泛的应用。间接烟熏法按烟的发生方法和烟熏室内的温度条件分为以下几种。

燃烧法:是将木屑放在燃烧器上燃烧发烟,然后通过送风机把烟气送入熏烟室。烟的生成温度与直接熏烟法相同,需要通过减少空气量和通过控制木屑的湿度进行调节,但有时不能控制在400℃以内。熏烟室内温度基本上是由烟的温度及空气温度所决定的。为了防止由于空气流动将烟灰和焦油附着在制品上,可将烟道加长。

湿热分解法:是将水蒸气与空气适当混合,加热至300~400℃,使高温气体通过木屑分解而发烟。由于烟和蒸汽同时流动而成为湿的高温烟,为此事先将制品冷却,利于烟的凝结和附着,故也称凝缩法。送入熏烟室的烟的温度一般为80℃。

流动加热法:是使木屑通过压缩空气飞入反应室内,经300~400℃的热空气作用于浮动的木屑而热分解。产生的烟随气流送入熏烟室,为了防止灰随气流混入烟中,可用分离机将两者分开。

炭化法:是将木屑装入管子容器内,利用电热炭化装置调温至300~400℃,使其炭化发烟。由于缺乏空气,在低氧情况下发生的烟的状态与干馏相同。

2)特殊熏烟法(速熏法)

(1)焙熏法:是特殊的直接烟熏法,温度为90~120℃,熏烟的同时进行蒸煮或焙烤。由于温度高,熏制的同时即达到熟制目的,制品不必进行热加工就可以直接食用。但熏制时间短,制品不耐贮藏,应迅速销售食用。此法常用于烤制品生产。

(2)液熏法:是不用烟熏,而是将木材干馏去掉有害成分,保留有效成分的烟收集起来进行浓缩,制成水(油)溶性的液体或冻结成干燥粉末,作为熏制剂进行熏制。

(3)电熏法:应用静电吸附作用,将制品吊起,间隔5cm排列,相互连上正负电极,在送烟同时通上15~20kV高压直流电或交流电,使自体(制品)作为电极进行电晕放电。烟的粒子由于此电作用而带电荷,则急速地吸附在制品表面并向内部渗透,比通常熏烟法缩短1/20时间。延长贮存时间期限,制品内部甲醛含量较高,不易生霉。缺点是烟的附着不均匀,制品尖端吸附较多,技术要求和成本较高等。此法目前尚未得到普及。

(二)烤制原理及方法

1. 原理

肉类经烧烤能产生香味,这是由于肉类中的蛋白质、糖、脂肪、盐和金属等物质,在加热过程中经过降解、氧化、脱水、脱羧等一系列变化,生成醛类、酮类、醚类、内酯、呋喃、硫化物、低级脂肪酸等化合物,尤其是糖、氨基酸之间的美拉德反应,它不仅生成棕色物质,同时伴随着生成多种香味物质,从而赋予肉制品香味。蛋白质分解产生谷氨酸,与盐结合生成谷氨酸钠,使肉制品带有鲜味。

此外,在加工过程中,腌制时加入的辅料,也有增香的作用。例如,五香粉含有醛、酮、醚、酚等成分,葱、蒜含有硫化物;在烤猪、烤鸭、烤鹅时,浇淋糖水所用的麦芽糖或糖与皮层蛋白质分解生成的氨基酸发生美拉德反应,不仅起着美化外观的作用,而且产生香味物质。

烧烤前浇淋热水和晾皮，使皮层蛋白凝固、皮层变厚、干燥。烤制时，在热空气作用下，蛋白质变性而酥脆。

2. 烤制方法

烤制的方法基本有两种，即明炉烧烤法和挂炉烧烤法。

（1）明炉烧烤法。明炉烧烤法是用铁制的、无关闭的长方形烤炉，在炉内烧红木炭，然后把腌制好的原料肉，用一根长铁叉（烧烤专用的）固定好，放在烤炉上进行烤制，在烧烤过程中，将原料肉不断转动，使其受热均匀，成熟一致。这种烧烤法的优点是设备简单，比较灵活，火候均匀，成品质量较好，但费时费力。驰名全国的广东烤乳猪（又名脆皮乳猪），就是采用此种烧烤方法。此外，野外的烧烤肉制品，也属于此种烧烤方法。

（2）挂炉烧烤法。挂炉烧烤法也称暗炉烧烤法，是用一种特制的可以关闭的烧烤炉，如远红外线烤炉、家庭用电烤炉、缸炉等（前两种烤炉热源为电，缸炉的热源为木炭），在炉内通电或烧红木炭，然后将调制好的原料肉（鸭坯、鹅坯、鸡坯、猪坯或肉条）穿好挂在炉内，关上炉门进行烤制。烧烤温度和烤制时间视原料肉而定。一般烤炉温度为200～220℃，加工叉烧肉的烤制时间为 25～30min，加工鸭（鹅）的烤制时间为 30～40min，加工猪的烤制时间为 50～60min。挂炉烧烤法应用比较多，其优点是省时省力，对环境污染少，一次加工量大，但火候不易控制，成品质量比明炉烧烤逊色。

二、熏烤肉制品加工实例

（一）培根加工

培根是英文（bacon）的译音，意思是烟熏咸肋条或烟熏咸背脊肉。培根按原材料部位不同，可分为排培根、奶培根和大培根（也称丹麦式培根）三种。三种培根的制作工艺基本相同。

1. 工艺流程

选料→整形→冷藏腌制→出缸浸泡→剔骨修割→再整形→烟熏→成品。

2. 原料配方

原料肉 100kg，盐 8kg，硝酸钠 0.05kg。

3. 技术要领

1）选料

（1）大培根。坯料取白整片带皮白条肉的中段（前至第三根胸骨，后至荐椎与尾椎骨交界处，割去奶脯）。肥膘厚度要求最厚处以 3.5～4cm 为宜。

（2）排培根和奶培根（各有带皮、去皮两种）。取自白条肉前至第五根胸骨，后至荐椎骨末两节处斩下，去掉奶脯，沿距背脊 13～14cm 处斩成两部分，分别为排培根和奶培根坯料，排培根的肥膘最厚处以 2.5～3cm 为宜；奶培根的肥膘最厚处约 2.5cm。

2）整形

用开片机或大刀开割下来的坯料往往不整齐，需要用小刀修整，使肉坯四边基本成直线，并修去腰肌和横膈膜。

3）腌料的配制

"盐硝"的配制：即将硝均匀拌和于盐中。方法是将硝溶于少量水中制成液体，再加盐拌和均匀即为盐硝。

"盐卤"的配制：即将盐、硝溶于水中。方法是用配料的另一半倒入缸中，加入适量清水，用木棒不断搅拌，至盐卤浓度为 15°Bé 时为止。

4）腌制

腌制是培根加工的重要工序，决定成品口味和质量；腌制要在 0～4℃ 的冷库中进行，以防止细菌生长繁殖，引起原料肉变质。培根腌制一般分干腌和湿腌两个过程。

干腌：是腌制的第一阶段。按原料配方中盐、硝的一半量制成"盐硝"。将"盐硝"敷于肉坯上，轻轻搓擦。肉坯表面必须无遗漏地搓擦均匀，待盐粒与肉中水分结合开始溶化时，将肉坯逐块抖落盐粒，装缸置冷库内腌制 20～24h。

湿腌：是腌制的第二阶段。经过干腌的坯料随即进行湿腌。程序是缸内先倒入配制好"盐卤"少许，然后将肉坯一层一层地叠入缸内，每叠 2～3 层，须再加入盐卤少许，直至装满。最后一层皮向上，用石块或其他重物压于肉上，加"盐卤"到淹没肉的顶层为止。"盐卤"总量和肉坯重量比约为 1：3。因干腌后的坯料中带有盐料，入缸后盐卤浓度会增加。在湿腌过程中，每隔 2～3d 翻缸一次，湿腌期一般为 6～7d。

腌制成熟度的掌握：用腌制成熟期来衡量坯料是否腌好是不准确的。因影响成熟期的因素很多，如硝的种类、操作方法、冷库湿度、管理好坏等。因此，坯料是否腌好应以色泽变化为衡量标准。鉴别色泽的方法是将坯料瘦肉割开观察肉色，如已呈鲜艳的玫瑰红色，手摸不黏，则表明腌制成熟；如瘦肉部分仍是原来的暗红色，或仅有局部的鲜红色，手摸有黏手之感，表明未腌制成熟。

5）出缸浸泡

将腌制成熟的肉坯取出，浸泡在水温为 25℃ 左右水中，保持 3～4h。浸泡有三个作用：一是使肉坯温度升高，肉质还软，表面油污溶解，便于清洗和修割；二是洗去表面盐分，熏制后表面无"盐花"；三是软化后便于剔骨和整形。

6）剔骨修割

培根的剔骨要求很高，只允许刀尖划破骨面上的薄膜，并在肋骨末端与软骨交界处，用刀尖轻轻拨开薄膜，然后用手慢慢扳出。刀尖不得刺破肌肉，否则浸入生水而不耐保藏；另外，若肌肉被划破，则烟熏干缩后，产生裂缝，影响保藏。修割的要求：一是刮尽残毛，二是刮尽皮上的油污。

7）再整形

由于在腌制和翻缸过程中，肉坯的形状往往会发生改变，故须再一次整形，使四边呈直线。整形后即可穿绳、吊挂和沥去水分，经 6～8h 后即可进行烟熏。

8）烟熏

烟熏必须在密闭的熏房内进行。方法是根据熏房面积大小，先用木柴堆成若干堆，用火燃着，再覆盖锯屑，徐徐生烟，也可直接用锯屑分堆燃着。前者可提高熏房温度，使用广泛。木柴或锯屑分堆燃着后，将沥干水分的肉坯移入熏房，这样可使产品少沾灰尘。熏房温度保持在 60～70℃，烟熏过程中须适时移动肉坯在熏房中的上下位置，以便烟熏均匀。烟熏时间一般为 10h，待肉坯呈金黄色时，烟熏完成，即为成品。

9）保存

培根容易保存，挂在通风干燥处，数月不变质。

（二）熏鸡加工

1. 工艺流程

原料整理→紧缩定型→油炸→煮制→烟熏→涂油。

2. 原料配方

鸡 100kg，白酒 0.25kg，鲜姜 1kg，草果 0.15kg，花椒 0.25kg，桂皮 0.15kg，山奈 0.15kg，味精 0.05kg，白砂糖 0.5kg，精盐 3.5kg，白芷 0.1kg，陈皮 0.1kg，大葱 1kg，大蒜 0.3kg，砂仁 0.05kg，豆蔻 0.05kg，八角 1kg，丁香 0.05kg。

3. 技术要领

（1）原料整理。先用骨剪将胸部的软骨剪断，然后将右翅从宰杀刀口处插入口腔，从嘴里穿出，将翅转压翅膀下，同时将左翅转回。最后将两腿打断并将其交叉插入腹腔中。

（2）紧缩定型。将处理好的鸡体投入沸水中，浸烫 2～4min，使鸡皮紧缩，固定鸡形，捞出晾干。

（3）油炸。先用毛刷将 1∶8 的蜂蜜水均匀刷在鸡体上，晾干。然后在 150～200℃油中进行油炸，将鸡炸至棕黄色立即捞出，控油，晾凉。

（4）煮制。先将调料全部放入锅内，然后将鸡并排放在锅内，加水 75～100kg，点火将水煮沸，以后将水温控制在 90～95℃，视鸡体大小和鸡的日龄煮制 2～4h，煮好后捞出，晾干。

（5）烟熏。煮好的鸡先在 40～50℃条件下干燥 2h，目的是使烟熏着色均匀。鸡的熏制一般有两种方法。

锅熏法：先在平锅上放上铁帘子，再将鸡胸部向下排放在铁帘上，待铁锅底微红时将糖点撒入锅内，迅速将锅盖盖上，待 2～3min（依铁锅红的情况决定时间长短，否则将出现鸡体烧糊或烟熏过轻）后，出锅，晾凉。

炉熏法：把煮好的鸡体用铁钩悬挂在熏炉内，采用直接或间接熏烟法进行熏制，通常熏 20～30min，使鸡体变为棕黄色即可。

（6）涂油。将熏好的鸡用毛刷均匀地涂刷上香油（一般涂刷三次）即为成品。

（三）北京烤鸭

微课：北京烤鸭的制作

1．工艺流程

原料选择→宰杀及胴体修整［宰杀、烫毛、剥离、打（充）气、拉直肠、切口掏膛、支撑、洗膛］→烫坯→挂糖色→晾皮→挂炉烤制→成品。

2．技术要领

1）原料的选择

选用经过填肥的活重在 2.5～3kg 及以上、饲养期 50～60d 的北京填鸭。

2）宰杀及胴体修整

（1）宰杀。将鸭倒挂，用刀在鸭脖处切一小口，相当于黄豆粒大小，以切断气管、食管、血管为准，随即用右手捏住鸭嘴，把脖颈拉成斜直，使血滴尽，待鸭只停止抖动，便可下池烫毛。

（2）烫毛。水温不宜高，因填鸭皮薄，易于烫破皮，一般 61～62℃即可，最高不要超过 64℃。然后进行煺毛。

（3）剥离。将颈皮向上翻转，使食道露出，沿着食道向嗉囊剥离周围的结缔组织，然后再把脖颈伸直，以利于打气。

（4）打（充）气。用手紧握住鸭颈刀口部位，由刀口处插入打气嘴给鸭体充气，当气体充至八成满时，取下气筒，用手卡住鸭颈部，严防漏气。用左手握住鸭的右翅根部，右手拿住鸭的右腿，使鸭呈倒卧姿势，鸭脯向外，两手用力挤压，使充气均匀。

（5）拉直肠。打气以后，右手食指插入肛门，将直肠穿破，食指略向下一弯即将直肠拉断，并将直肠头取出体外。拉断直肠的作用在于便于开膛取出消化道。

（6）切口掏膛。在右翅下开一长 4cm 左右呈月牙形状的口子，随即取出内脏，保持内脏的完整，取内脏的速度要快，以免污染切口。

（7）支撑。用一根 7～8cm 长的秸秆由刀口送入腔内，秸秆下端放置在脊柱上，呈立式，但向后倾斜，一定要放稳。支撑的目的在于支住胸膛，使鸭体造型漂亮。

（8）洗膛。将鸭坯浸入 4～8℃清水中，反复清洗胸腹腔。

3）烫坯

用 100℃沸水，采用淋浇法烫制鸭体。烫坯时用鸭钩钩在鸭的胸脯上端颈椎骨右侧，再从左侧穿出，使鸭体稳定地挂在鸭钩上。先浇刀口及周边皮肤，使之紧缩，严防从刀口跑气，然后再浇其他部位。一般情况下三勺水即可使鸭体烫好。烫坯的目的：一是使毛孔紧缩，烤制时可减少从毛孔流出的皮下脂肪；二是使表皮蛋白质凝固；三是使充在皮层下的气体尽量膨胀，表皮显出光亮，使之造型更加美观。

4）挂糖色

以 1∶6 比例调制麦芽糖溶液，淋浇在鸭体上，三勺即可。挂糖色的目的：一是能使烤鸭经过烤制后全身呈枣红色；二是能使烤制后的成品表皮酥脆，食之适口不腻。

5）晾皮

晾皮又称风干。将鸭坯放在阴凉、通风处，使肌肉和皮层内的水分蒸发，使表皮和皮下结缔组织紧密地结合在一起，经过烤制可增加皮层的厚度。

6）挂炉烤制

（1）灌汤和打色。制好的鸭坯在进炉前，向腔内注入100℃的沸汤水，蒸煮肌肉和脂肪，促进快熟，即所谓"外烤里蒸"，以达到烤鸭"外焦内嫩"的特色。灌汤方法是用6～8cm的高粱秸秆插入鸭体的肛门，以防灌入的汤水外流，然后从右翅刀口灌入100℃的汤水80～100mL，灌好后再向鸭体浇淋2～3勺糖液，目的是弥补第一次挂糖色不均匀。

（2）烤制。鸭子进炉后，先挂在前梁上，先烤刀口这一侧，促进鸭体内汤水汽化，使其快熟。当鸭体右侧呈橘黄色时，再转烤另一侧，直到两侧颜色相同为止，然后用挑鸭杆挑起鸭体在火上反复烤几次，目的是使腿着色，烤5～8min，再左右侧烤，使全身呈现橘黄色，便可送到炉的后梁，这时鸭体背向炉火，经15～20min即可出炉。

（3）烤制温度和时间。鸭体烤制的关键是温度。正常炉温应在230～250℃，如炉温过高，会使鸭烧焦变黑；如炉内温度过低，会使鸭皮收缩，胸脯塌陷。掌握合适的烤制时间很重要，一般2kg左右的鸭体烤制30～50min，时间过长、火头太大，皮下脂肪流失过多，在皮下造成空洞，皮薄如纸，使鸭体失去了脆嫩的独特风味。母鸭肥度高，因此烤制时间较公鸭长。

（4）烤熟标志。鸭子烤制成熟的标志：一是鸭子全身呈枣红色，从皮层里面向外流白色油滴；二是鸭体变轻，一般鸭坯在烤制过程中失重0.5kg左右。

任务七　肉类罐头制品加工

肉类罐头制品是指以畜禽肉为原料，调制后装入罐头容器或软包装，经排气、密封、杀菌、冷却等工艺加工而成的耐贮藏食品。根据罐头内容物加工方法的不同，肉类罐头制品一般分为以下几类。

（1）清蒸类罐头：将处理后的原料直接装罐，按不同品种，仅加入食盐、胡椒、月桂叶等，经密封杀菌后制成。清蒸类罐头较好地保持了原料特有的风味。

（2）调味类罐头：将经过处理、预煮或烹调的肉块装罐后，加入调味汁液制成的罐头。有时同一种产品，因各地区消费者的口味要求不同，调味方法也有差异。成品应具有原料和配料的特有风味和香味，块形整齐，色泽较一致，汁液量和肉量保持一定比例。调味类罐头按调味方法不同又可分红烧、五香、浓汁、油炸、豉汁、茄汁、咖喱等类别。各种类别各自具有该产品的特有风味和香味。

（3）腌制类罐头：将处理后的原料肉经过以食盐、亚硝酸盐、砂糖等按一定配比组成的混合盐腌制后，再进行加工制成的罐头，如火腿、午餐肉、咸牛肉、咸羊肉等。

（4）烟熏类罐头：将处理后的原料，经过腌制烟熏后制成的罐头，如火腿蛋和烟熏肋肉等。

（5）香肠类罐头：是指肉经腌制加香料斩拌后，制成肉糜直接装入肠衣中，经烟熏预煮制成的罐头。

根据包装容器的不同，肉类罐头制品又可分为马口铁罐头、玻璃瓶罐头、铝合金罐等装制的硬罐头和复合塑料袋装、盘装等装制的软罐头等。

一、肉类罐头制品加工原理

畜禽屠宰后，因本身的酶类和污染的微生物会导致其腐败变质。组织酶的抗热性不强，通常在装罐前的热处理过程中就会失活，而微生物的耐热性一般比酶强，因此，罐藏食品的热处理杀菌对象主要是腐败微生物。杀菌的作用是杀灭罐内残留的微生物，保证罐头的安全性和食用价值，同时还能够改善食品组织及风味。

通过排气排除肉类组织内及容器内的气体，以避免加热时内容物膨胀而引起罐头的损坏，同时还可防止内容物色泽、风味的变化及减轻罐头内壁腐蚀。通过密封可以防止微生物的侵入并保持罐内真空度。如果密封不好，加热杀菌后的罐头在冷却或贮藏时会因微生物繁殖，导致食品腐败变质。因此，通过高温杀菌既能杀灭罐内的微生物，又能使组织酶失活；通过排气和密封抑制了残留微生物的繁殖和内容物的氧化，使肉类罐头具有较长的保藏期。

肉类罐头制品在加工之前，需要对空罐进行清洗和消毒。此外，罐头生产中灌装和排气也是十分重要的，可以借助电子资料了解这部分内容。

二、肉类罐头制品加工实例

（一）原汁猪肉罐头

1. 工艺流程

原料处理（剔骨、去皮、整理、分段）→切块→复验→拌料→猪皮胶或猪皮粒制备→装罐→排气密封→杀菌冷却→揩罐入库。

微课：罐头容器的清洗、罐头灌装和密封

2. 技术要领

（1）原料处理。采用检验合格的猪肉，肉肥膘不宜过厚。最好采用肥膘厚度为 1～3cm 即商品等级为一级或二级的猪肉。解冻后的肉应富有弹性，无肉汁析出，肉色鲜红，气味正常。

（2）切块、复验。将整理后的肉按部位切成长宽各为 3.5～5cm 的小块，每块重 50～70g。切块后的肉逐块进行一次复验，除去一切杂物，并注意保持肉块的完整，较小的肉块应单独分放用作搭配添称用。

（3）拌料。各部位肉块分别按以下配比进行拌料：肉块 100kg，精盐 1.3kg，白胡椒粉 0.05kg，拌匀后便可搭配装罐。

（4）猪皮胶或猪皮粒制备。原料猪肉罐头装罐时须添加一定比例的猪皮胶或猪皮粒。

① 猪皮胶熬制：取新鲜猪皮（最好是背部猪皮）清洗干净后加水煮沸 15min，取出，稍加冷却后用刀刮除皮下脂肪层及皮面污垢，并拔除毛根（毛根密集部位弃去）。

然后用温水将碎脂肪屑全部洗净，切成条，按 1∶2.5 的皮水比例在微沸状态下熬煮，熬至胶液的可溶性固形物含量达 15%，出锅以 4 层纱布过滤后备用。

② 猪皮粒制备。取新鲜猪皮，清洗干净后加水煮沸 10min（时间不宜煮得过长，否则会影响凝胶能力）。取出在冷水中冷却后去除皮下脂肪及表面污垢，拔净毛根，然后切成 5～7cm 宽的长条，在-5～-2℃中冻结 2h，取出后在孔径为 2～3mm 的绞肉机上绞碎。绞碎后置于冷藏库中备用。注意绞后的猪皮粒细度不宜超过 3mm，否则装入罐内不能完全熔化成胶。

（5）装罐。净重 397g 的 962 空罐，每罐装肉 360g，猪皮胶液 37g。为保证原汁猪肉罐头质量符合油加肥肉重不超过净重的 30%的要求，除在原料处理时控制肥膘厚度在 1cm 左右外，在装罐时须进行合理搭配。一般将后腿与肋条肉，前腿与背部大排肉搭配装罐。每罐内添称小块肉不宜过多，一般不允许超过两块。

（6）排气密封。真空密封，真空度 53.3kPa；加热排气密封应先经预封，排气后罐内中心温度不低于 65℃，密封后立即杀菌。

（7）杀菌冷却。原汁猪肉须采用高温高压杀菌，杀菌温度为 121℃，杀菌时间在 90min 左右。

（二）午餐肉罐头

1. 工艺流程

原料→解冻→拆骨加工→切块→腌制→绞肉、斩拌、加配料→真空搅拌→装罐→真空密封→杀菌、冷却→吹干、入库。

2. 技术要领

（1）拆骨加工。在拆骨加工过程中，前、后腿作为午餐肉的瘦肉原料，肋条、前夹心两者搭配作为午餐肉的肥瘦肉原料。将前、后腿完全去净肥膘，作为净瘦肉，严格控制肥膘，不超过 10%。肋条、前夹心允存留 0.5～1cm 厚肥膘，多余的肥膘应去除。

（2）切块。经拆骨后加工的瘦肉分别切成 3～5cm 条块。

（3）腌制。腌制用混合盐配方：食盐 98%，砂糖 1.5%，亚硝酸钠 0.5%。腌制方法：瘦肉和肥瘦肉分开腌制，100kg 猪肉添加混合盐 2kg，用拌和机均匀拌和，定量装入不锈钢桶或其他容器中，然后送到 0～4℃的冷藏库中，腌制时间为 48～72h。

（4）绞肉、斩拌、加配料。腌制以后的肉进行绞碎，得到 9～12mm 的粗肉粒。瘦肉在斩拌机上斩成肉糜状，同时加入其他调味料，开动斩拌机后，先将肉均匀地放在斩拌机的圆盘中，然后放入冰屑、淀粉、香辛料。斩拌时间为 3～5min。斩拌后的肉糜要有弹性，抹涂后无肉粒状。

（5）真空搅拌。将粗绞肉和斩拌肉糜均匀混合，同时抽掉半成品的空气，防止成品产生气泡、氧化作用及物理性胀罐。真空度控制在 67～80kPa，真空搅拌时间为 2min。

斩拌配比：瘦肉 80kg，肥瘦肉 80kg，玉米淀粉 11.5kg，冰屑 19kg，白胡椒粉 0.192kg，玉果粉 0.058kg，维生素 C 0.032kg。

（6）装罐。搅拌均匀后，即可取出送往充填机进行装罐。按罐型定量装入肉糜。

（7）真空密封、杀菌冷却。装罐后立即进行真空密封，真空度为 60kPa。密封后立即杀菌，杀菌温度为 121℃，杀菌时间按罐型不同，一般为 50～150min。杀菌后立即冷却到 40℃以下。

（三）油炸童子鸡软罐头

1. 工艺流程

原料鸡选择→宰前处理→宰杀放血→浸烫脱毛→净膛清水浸洗→烫皮、晾干→上色→压力油炸→卤制→灌装→真空包装→杀菌→冷却→检验→入库。

2. 技术要领

（1）上色。将晾好的光鸡全身涂匀稀释过的蜂蜜水（蜂蜜：水=3：2），晾干。

（2）压力油炸。将压力炸锅中的油温升到约 170℃，把上色好的鸡放入专用炸筐中，放入锅内，旋紧锅盖，开始定时、定温、定压炸制。一般采用 170℃，保持 2min，压力小于额定工作压力。炸制完毕后，马上关掉加热开关，开启排气阀，待压力完全排除后，开盖，提出炸筐。

（3）卤制。煮锅内加入适量水（以淹过 7～10cm 为宜）烧开，将鸡脯向上码入锅内，葱、姜洗净切大片入锅预煮。香料装入纱布袋内扎好入锅，烧开后加入酱油、盐、老汤，鸡身上压算子等加重物防滚动，文火焖制 15min，入味，出锅。

（4）真空包装。将焖制好的鸡经一皮套口装入包装袋内，这样可使鸡体不与袋口直接接触，袋口不沾上鸡汁，保证了袋口热封牢度。适量加汤，保持每袋重的均匀性。将包装袋放入真空封口机内，真空封口，控制真空度在 0.1MPa，抽气时间 40s，尽量将鸡骨中空气抽出，注意不得将汤汁抽出，检查袋口不得有漏。

（5）杀菌、冷却。将封好的软包装置于立式杀菌锅中，加盖灭菌。当升温到 100℃后，维持锅压 0.13～0.15MPa；在降温阶段，在锅内鸡体中心温度已降到 100℃以下，停止高压空气泵。在整个杀菌过程中，应注意防止胀破袋问题。

项目五 再制蛋及蛋制品的加工

关键术语

禽蛋　蛋的腐败　再制蛋　蛋制品

任务一 禽蛋加工基础知识

一、禽蛋的结构

禽蛋是由母禽生殖道产出的卵细胞，其中含有由受精卵发育成胚胎所必需的营养成分和保护这些营养成分的物质。禽蛋含有丰富的营养物质，是仅次于肉、乳的主要动物性食品。

禽蛋主要由三大部分组成，即蛋壳、蛋白和蛋黄。其中，由于禽的种类、性别、年龄、饲养状况等因素，不同的禽蛋各部分组成略有差异。一般情况下，蛋壳占蛋重的10%～13%，蛋白占蛋重的55%～66%，蛋黄占蛋重的32%～35%。

图 5.1 为禽蛋的基本结构。禽蛋一般是椭圆形，习惯上，我们把大头部位叫钝端，小头部位叫锐端。

1. 蛋壳

蛋壳（eggshell）主要由基质和间质方解石晶体组成，其中基质由交错的蛋白质纤维和蛋白质团块构成，蛋壳包括壳外膜和硬壳两个部分。

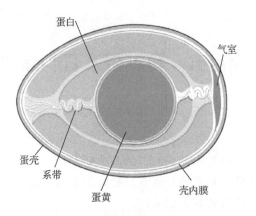

图 5.1　禽蛋的基本结构

壳外膜是覆盖在蛋壳表面的一层可溶性的黏性胶体，其成分主要为黏蛋白，其作用是防止蛋内水分过度蒸发和微生物侵入。在受潮、水洗及雨淋后容易脱落，从而失去保护作用。

硬壳的主要成分是碳酸钙（约 93%），另外还有少量的碳酸镁、磷酸镁和磷酸钙，以及 3%～6%的有机物。

蛋壳主要起到固定形状，保护蛋白、蛋黄的作用，但质脆不耐压。蛋壳的厚度随种类、品种、饲料、色泽、部位而有差异，不同禽蛋的蛋壳厚度如下：鹌鹑蛋<鸡蛋<鸭蛋<鹅<鸵鸟蛋。

蛋壳表面分布有大量微细小孔，称为气孔。气孔是蛋与外界进行物质交换的通道。在松花蛋（皮蛋）及咸蛋的加工过程中，辅料即是通过气孔进入蛋内而起作用的。气孔在蛋壳表面的分布是不均匀的。一般钝端为 300～370 个/cm^2，锐端为 150～180 个/cm^2。

气孔的主要功能是沟通蛋的内外物质和水分的交换，保证胚胎正常发育，同时具有透气性。

2. 蛋白（albumen，egg white）

1）壳下膜

壳下膜是壳内膜与蛋白膜的总称，两者均是由角质蛋白纤维交织形成的网状结构。

壳内膜是由较粗的纤维随机交织而成的六层膜，较厚，构成纤维粗，网状间隙大，微生物可直接通过。

蛋白膜是由较细的纤维垂直交织形成的三层致密薄膜，构成纤维组织致密，网状间隙小，微生物不能通过。

气室是壳内膜与蛋白膜在蛋的钝端形成的一个空间，可反映禽蛋的新鲜度。气室的形成是内容物遇冷收缩后，暂时形成一部分真空，当外界空气由气孔和壳内膜网孔进入，将蛋白膜和壳内膜分离形成一气囊，并贮有一定量气体。随着时间的延长，气囊的直径增大，因此可判断禽蛋的新鲜程度。

2）蛋白

蛋白又称蛋清或卵清，是典型的胶体物质，约占蛋重的 60%，为略带微黄色的半透明流体。蛋白层一般分为四层，即第一层是外层稀薄蛋白层，紧贴蛋白膜，占蛋白总体积的 23.2%，不含溶菌酶；第二层是中层浓厚蛋白层，占蛋白总体积的 57.3%，含溶菌酶，随着时间的延长，温度的升高，酶活力逐渐降低；第三层是内层稀薄蛋白层，约占蛋白总体积的 16.8%；第四层是系带层，是将蛋黄固定于禽蛋中央的螺旋状蛋白，占总蛋白体积的 2.7%，粗且有弹性，起到固定平衡蛋黄的作用，其大小、长短与禽蛋的新鲜度有直接关系。

3. 蛋黄

蛋黄（yolk）由蛋黄膜、蛋黄液、胚胎三部分构成，由系带固定于禽蛋的中央。蛋黄膜是蛋白与蛋黄液之间的一层透明薄膜，具有较大的弹性，禽蛋越新鲜，其弹性也越大。蛋黄膜平均厚 16μm，占蛋黄重的 2%～3%，内外两层由黏蛋白组成，中层由角蛋白组成，不含羟脯氨酸，故不含胶原蛋白。

蛋黄液是一种浓厚、黄色、不透明的半流体糊状物，是禽蛋中营养成分最丰富的部分。蛋黄由内向外可分为很多层，不同层次之间的色泽有差异，这与蛋黄在形成过程中饲料中的色素及光照有较大关系。

二、禽蛋的化学组成

（一）蛋壳的化学组成

蛋壳的主要物质是无机物，占 94%～97%，有机物占 3%～6%。其中，无机物中碳酸钙占 93%，碳酸镁占 1.0%，此外，还含有少量的磷酸钙和磷酸镁；有机物主要为胶原蛋白质，还有水分和少量脂质。

（二）蛋白的化学组成

禽蛋蛋白的水分含量为 85%～88%，蛋白质含量占 11%～12%，碳水化合物含量为 0.7%～0.8%，此外还含有少量的脂质和灰分等。

1. 水分

禽蛋蛋白中的水分大部分是以溶剂形式存在，少部分是和蛋白质结合存在的。

2. 蛋白质

禽蛋蛋白中的蛋白质约有 40 种，其中主要是卵白蛋白、卵伴白蛋白、卵类黏蛋白、卵黏蛋白和卵球蛋白等。卵白蛋白（卵清蛋白）是主要蛋白，占 54%～69%；卵球蛋白主要是 G_2 和 G_3 卵球蛋白，具有很好的发泡性，在食品加工中用作发泡剂，如蛋糕加工。

3. 碳水化合物

蛋白中的碳水化合物主要以两种形式存在,即一种与蛋白结合存在,含量约为 0.5%;另一种呈游离状态,约占 0.4%,主要以葡萄糖的形式存在。

4. 脂质

新鲜蛋白中脂质很少,约为 0.02%。

5. 灰分

蛋白中的灰分含量为 0.6%~0.8%。

6. 酶

蛋白中的酶主要是溶菌酶,此外还含有少量的过氧化氢酶和磷酸酶等。溶菌酶占蛋白部分的 3%~4%,另外其在壳下膜中含量也很高,溶菌酶可以溶解细菌细胞壁,尤其对微球菌敏感。

7. 维生素及色素

禽蛋蛋白中的维生素含量较少,主要是维生素 B_2,此外还含有少量的维生素 B_1、烟酸、维生素 A 和维生素 E。

(三)蛋黄的化学组成

蛋黄含有约 50%的干物质,主要成分为蛋白质和脂肪,二者的比例为 1∶2,此外,还含有糖类、灰分、色素、维生素、酶类等。蛋黄中的脂肪主要是真脂肪,大部分是以甘油三酯及磷脂的形式存在,呈橙色和黄色,约占 20%,半黏稠乳浊状,熔点为 16~18℃。脂肪酸中油酸含量最多,棕榈酸、亚油酸、硬脂酸次之,亚麻酸、花生四烯酸、二十二碳六烯酸含量最少。蛋黄中的蛋白质主要以脂蛋白的形式存在,主要有低密度脂蛋白、高密度脂蛋白、卵黄球蛋白、卵黄高磷蛋白等。

此外,蛋黄中还含有有助于脑组织和神经组织的发育的磷脂,其中卵磷脂约占 70%,脑磷脂约占 25%,神经磷脂占 2%~3%。类固醇含量极少,几乎都是胆固醇。

蛋黄中的碳水化合物占蛋黄重的 0.2%~1.0%,主要是葡萄糖和少量乳糖,主要以与蛋白质结合形式存在。

蛋黄中的色素较多,有脂溶性和水溶性两种。水溶性色素主要是玉米黄色素,脂溶性色素主要是胡萝卜素、叶黄素。

蛋黄中的维生素含量丰富,主要是维生素 A、维生素 E、维生素 B_1、维生素 B_2 和泛酸。

蛋黄中的酶类主要为淀粉酶、甘油三丁酸酶、胆碱酯酶、蛋白酶、肽酶、磷酸酶和过氧化氢酶等。其中,α-淀粉酶活性是否失活,是杀菌效果的判定标准。

蛋黄中的灰分占 1.0%~1.5%,以磷为最多,占灰分的 60%以上,钙次之,此外还含有铁、硫、钾、钠等物质。

三、禽蛋的品质特性

禽蛋有许多重要特性，其中与食品加工有密切关系的特性是蛋的凝固性、蛋黄的乳化性和蛋白的起泡性，这些特性使蛋在各种食品中得到广泛应用，如蛋糕、饼干、蛋黄酱、冰激凌及糖果等。

（一）蛋的凝固性

蛋的凝固性是指卵蛋白受到热、盐、酸或碱及机械作用而发生凝固。蛋的凝固是一种卵蛋白质分子结构变化的结果。这一变化使蛋液增稠，由流体（溶胶）变成半流体或固体（凝胶）状态。

蛋白、蛋黄在加热时，其凝固时间与加热的温度成正比。

在天然状态下，蛋白质分子中均含有水分，水分子填充在肽链的间隙中，稳定蛋白质的分子结构。蛋白质脱水后，蛋白质分子因内部结构发生改变而发生变性，当加热的温度过高或脱水严重时，会破坏蛋白质分子的次级键，使蛋白质分子脱水后不能恢复原来的状态和性质。

影响凝固的原因主要与含水量、pH 值及添加物有关。含水量越高，加热变性越容易，原因是加热使蛋白质分子中的水分剧烈运动，导致蛋白质分子的次级键断裂。pH 值越低，越接近蛋白质的等电点，蛋白质越易变性。添加一定浓度的钙、钠、镁等金属离子也会促进蛋白质的凝固。

（二）蛋黄的乳化性

蛋黄中含有丰富的卵磷脂，其中卵磷脂分子具有能与油脂结合的疏水基和与水分子结合的亲水基，因此具有很好的乳化性。蛋黄常应用于蛋黄酱、色拉调味料、起酥油、面团的制作。

（三）蛋白的起泡性

蛋白的起泡性又称打擦度，指搅打蛋清时，空气进入蛋液形成泡沫而具有的发泡和保持泡沫状态的性能。常用霍勃脱氏打蛋机测定蛋白的打擦度。一般用从搅拌器容器底部到达泡沫表面的高度表示。

四、衡量禽蛋品质的常用指标

（一）蛋形指数

蛋形指数是指蛋的纵径与横径之比，用来表示蛋的形状。各种禽类蛋形指数由于重量的不同有所差异。禽蛋越轻，蛋形指数越小。圆筒形蛋的耐压程度最小，球形蛋的耐压程度最大。

（二）蛋重

蛋的重量是评定蛋的等级、新鲜度和蛋的结构的重要指标。鸡蛋的国际重量标准为58g/个。外形大小相同的同种禽蛋，较轻的是陈蛋。

（三）蛋的相对密度

蛋的相对密度是间接测定蛋壳厚度的方法之一。蛋的相对密度以食盐溶液对蛋的浮力来表示。

蛋的相对密度与蛋的新鲜度有密切关系。常配成相对密度为 1.080、1.060、1.050 三种等级测定蛋的新鲜程度。相对密度在 1.080 以上的蛋为新鲜蛋；相对密度为 1.060～1.080 的蛋为次鲜蛋；相对密度为 1.050～1.060 的蛋为陈蛋；相对密度在 1.050 以下的蛋为变质腐败蛋。

（四）气室高度

气室高度也是衡量禽蛋新鲜程度的一个标志。新鲜蛋的气室很小，随着存放时间的延长及蛋壳内外的物质交换，气室高度会逐渐变大。

（五）哈夫单位

哈夫单位是根据蛋重和浓厚蛋白高度，按一定公式计算出其指标的一种方法，可以衡量蛋白品质和蛋的新鲜程度，是现在国际上对蛋品质评定的重要指标和常用方法。新鲜蛋的哈夫单位在 80 以上，当哈夫单位小于 31 时则为次等蛋。

（六）蛋黄色泽

国际上通常用罗氏比色扇的 15 种不同黄色色调等级对蛋黄色泽进行比色，即罗维朋比色法。出口鲜蛋的蛋黄色泽要求达到 8 级以上，饲料叶黄素是影响蛋黄色泽的主要因素。

除了参照上述标准外，一般在禽蛋分级时会综合考虑禽蛋的内在和外在质量。分级时，应注意蛋壳的洁净度、色泽、重量和形状，蛋白、蛋黄、胚胎的能见度及其强度和位置、气室大小等。

在禽蛋收购时一般分为三个等级标准。一级蛋：不分鸡、鸭、鹅品种，不论大小（除仔鸭蛋外），必须新鲜、清洁、完整、无破损；二级蛋：品质新鲜，蛋壳完整，沾有污物或受雨水淋湿的蛋；三级蛋：严重污壳，面积超过 50% 的蛋和仔鸭蛋。内销鲜蛋的质量标准一般按照国家卫生标准 GB 2749—2015 进行分级。

出口鲜蛋的分级标准一般也分为三级。

一级蛋，一般是刚产出不久的鲜蛋，外壳坚固完整，清洁干燥，色泽自然有光泽，并带有新鲜蛋固有的腥味；光检时气室很小，气室高度不超过 0.8cm；蛋白浓厚透明，蛋黄位于中央，无胚胎发育现象。

二级蛋，一般是存放时间略长的鲜蛋，外壳坚固完整，清洁，允许稍带斑迹；光检时气室高度不超过 1cm；蛋白略稀透明，蛋黄明显稍大，允许偏离中央，转动时略快，无胚胎发育现象。

三级蛋，一般存放时间较久，外壳较脆薄，允许有污壳斑迹；光检时气室高度超过 1cm，黄大而扁平，并显著呈红色，胚胎允许发育。

五、鲜蛋品质的鉴别方法

（一）感官鉴别法

主要靠技术经验来判断，采用看、听、摸、嗅等方法，从外观来鉴定蛋的质量。此法以蛋的结构特点和性质为基础，有一定的科学性，也有一定的经验性，只能对蛋的新陈好坏进行大概的鉴定。

（二）光照鉴别法

新鲜禽蛋的蛋白完全透明，呈橘红色；气室很小，高度在 5mm 以内，略微发暗，不移动；蛋清浓厚澄清，无杂质；蛋黄居中，蛋黄膜包裹紧凑，呈现朦胧暗影。蛋转动时，蛋黄亦随之转动；胚胎不易看出；无裂纹，气室固定，无血斑血丝、肉斑、异物。

（三）荧光鉴别法

应用发射紫外线的水银灯照射禽蛋，使其产生荧光。根据荧光产生的强度大小，鉴别蛋的新鲜度。新鲜蛋的荧光强度微弱，蛋壳的荧光反应呈深红色。在荧光鉴别过程中颜色变化过程为深红色→红色→淡红色→紫色→淡紫色。

（四）相对密度鉴别法

用盐水来测定蛋的相对密度，根据蛋的相对密度大小判别蛋的新鲜程度。蛋的相对密度大，说明贮藏时间短，水分损失少，为新鲜蛋。

相对密度在 1.080 以上的蛋为新鲜蛋；相对密度为 1.060~1.080 的蛋为次鲜蛋；相对密度为 1.050~1.060 以上的蛋为陈次蛋；相对密度在 1.050 以下的蛋为变质腐败蛋。

六、蛋的贮藏及保鲜方法

鲜蛋在贮藏过程中，会发生许多变化，概括起来可分为三个方面，蛋内容物的物理化学变化、胚胎的生理学变化及微生物引起的腐败变质。

禽蛋贮藏的基本原则和基本要求是，采用科学的贮藏方法，闭塞蛋壳气孔，防止微生物侵入，或降低贮藏温度，抑制蛋内酶和微生物的作用，并保持适宜的湿度和卫生条件。

（一）冷藏法

冷藏的基本原理是利用冷库的低温条件，抑制微生物的生长及繁殖，减缓蛋的生理变化、化学变化及酶的活动，延缓浓厚蛋白水样化的速度和减少干耗率，使蛋在较长的时间内保持蛋质量新鲜。冷藏保鲜法是通过延缓浓厚蛋白变稀并降低重量损耗，使其保鲜的方法。其贮藏方法如下。

1. 预冷

蛋在正式冷藏前应先进行预冷。预冷的温度是 3～4℃，时间是 24h。

2. 冷库管理及温湿度控制

蛋箱码放时离墙 20～30cm，各蛋箱间保留一定间隙，各堆垛间隔 10cm 左右。垛高不能超过风道的出风口，以利空气对流畅通。每批蛋进库后应挂上标有入库日期、数量、类别、产地等信息的货牌。库内空气流动速度要控制适宜。

控制冷库内温度是保证取得良好冷藏效果的关键，鲜蛋冷藏的适宜温度为 -2～-1℃，也可以稍低一些，但不能低于 -3.5℃，否则易使鲜蛋冻裂。但地域不同，温度要求也不同，北方天气寒冷、干燥，温度为 -5～1℃，相对湿度为 80%～90% 时最好。南方气候热，较潮湿，温度在 10℃ 左右，相对湿度为 80%～85% 时最好。在我国南方，当冷库温度达到 -2℃ 时，蛋就会被冻裂，当相对湿度在 90% 时，蛋就会发霉。库内温度要恒定，不能忽高忽低，温度在一昼夜内变化幅度不能超过 ±0.5℃。换气量一般是每昼夜 2～4 个库室容积。

3. 定期检查

贮藏时应定期检查鲜蛋质量，了解鲜蛋冷藏期间和出库前的质量情况，确定冷藏时间的长短，发现问题后及时采取补救措施。变质的蛋要及时出库处理，对长期贮存的蛋每隔一定时间要翻箱。翻箱是为了防止蛋产生泻黄、靠黄等现象。冷库温度在 -1～1.5℃ 时，每月翻箱一次；在 -2～-2.5℃ 时，每 2～3 个月翻箱一次；每隔 20d 用照蛋器抽检一定数量的鲜蛋，以鉴定其质量，确定以后的贮存时间。冷库内禁止同时冷藏其他物品。

4. 出库

冷藏蛋出库前要事先经过升温处理，待蛋温升至比外界温度低 3～5℃ 时才可出库，可防止蛋壳面形成水珠并避免水分渗入蛋内，影响蛋的品质。

（二）水玻璃贮藏法

水玻璃又名泡花碱，即硅酸钠，是一种不具挥发性的硅酸盐溶液。水玻璃溶液即 Na_2SiO_3 与 K_2SiO_3 的混合溶液，通常为白色，溶液黏稠、透明且易溶于水，呈碱性。水玻璃加水后生成偏硅酸或多聚硅酸。将蛋放入该溶液后，硅酸胶体会附在蛋壳表面。

（三）石灰水贮藏法

石灰水贮藏法是将石灰溶于水内，用冷却石灰水溶液贮存鲜蛋。石灰水贮藏法的原理是利用蛋内呼出的二氧化碳同石灰水中的氢氧化钙作用生成不溶性的碳酸钙微粒，沉积在蛋壳表面，闭塞气孔，阻止微生物侵入和蛋内水分蒸发。同时，由于封闭了气孔，可减少蛋内呼吸作用，减缓蛋的理化性质变化速度。另外，石灰水表面与空气中的二氧化碳接触形成碳酸钙薄层，有阻止微生物侵入蛋内和防止石灰水被污染的作用，同时石灰水本身还具有杀菌作用，从而保护蛋的质量。

用石灰水溶液贮藏鲜蛋，材料来源丰富，保管费用低，既适于大批量贮藏，也适于小批量贮藏，保存效果良好。

但用石灰水贮藏的鲜蛋蛋壳色泽差，有时会有较强的碱味。由于闭塞气孔，煮蛋时可在大头处扎一小孔，以防"放炮"。

（四）涂膜贮藏法

所谓涂膜贮藏法，就是将无毒害作用的物质涂布于蛋壳上，使气孔处于密封的状态，这样既可阻止微生物的侵入，又可减少蛋内水分蒸发。

目前所采用的涂膜剂是具有半渗透性作用的物质，可以阻止细菌、霉菌等通过，但是对水分和气体仍可以有少量的渗透性。

1. 涂膜剂要求

（1）涂膜剂在蛋壳上形成的薄膜质地致密，附着力强，不易脱落，吸湿性小，还可适当地增加蛋壳的机械强度。

（2）涂膜剂应选择价格低廉、资源充足、用量小的材料，以尽量降低涂膜成本。

（3）从安全卫生的角度考虑涂膜剂应不致癌、不致畸、不致突变，对辅助杀菌剂尽量无拮抗作用。

2. 涂膜法工艺流程

选蛋→清洗→涂膜→晾干→装盘→贮藏。

采用涂膜法贮藏鸡蛋，应选质量优良，蛋壳无破损，最好是新产的鲜蛋。涂膜前清洗消毒，尤其污壳蛋必须清洗，然后涂膜晾干。涂膜方法可采用浸泡法或喷涂法。

（五）气调保鲜法

采用氮气、二氧化碳等气体来改善蛋所贮藏的环境空间的气体部分，或完全取代空气以贮藏鸡蛋的方法，目前也有人提出用臭氧贮蛋。

利用二氧化碳贮藏鲜蛋能较好保持蛋的新鲜度，贮藏效果好。把鲜蛋贮藏在一定浓度的二氧化碳气体中，这样既可抑制蛋内自身所含二氧化碳的散发，而且环境中的二氧化碳又可渗入蛋内，使蛋内二氧化碳含量增加，从而减缓鲜蛋内酶的活性，减弱代谢速度，抑制微生物生长，保持蛋的新鲜程度。二氧化碳浓度一般控制在 $20\% \sim 30\%$。

除二氧化碳以外，使用氮气也可以收到同样的效果。采用此法贮藏蛋需要备有密闭的库房或容器，以保持一定的气体浓度，此法最好与冷藏法配合使用，效果更理想。即使贮藏 10 个月，蛋的品质也无明显下降。

七、禽蛋的腐败和变质

（一）禽蛋腐败变质的原因

1. 微生物

引起禽蛋腐败变质的微生物主要是非致病性细菌和霉菌。分解蛋白质的微生物主要有梭状芽孢杆菌、变形杆菌、假单胞菌、液化链球菌、蜡样芽孢杆菌和引起肠道出血的各种细菌、青霉菌等；分解脂肪的微生物主要有荧光假单胞菌、产碱杆菌、沙门氏菌等；分解糖的微生物有大肠埃希菌、枯草杆菌和丁酸梭状芽孢杆菌等。

2. 环境因素

引起禽蛋腐败变质的环境因素主要有以下几个方面。

（1）鲜蛋贮存场所的环境清洁度。贮存场所的清洁程度越高，鲜蛋被微生物污染的机会就越小，越有利于禽蛋的保鲜。

（2）鲜蛋贮存场所的环境温度。贮存场所的环境温度越高，越易引起禽蛋的腐败变质，最佳的存放温度为 $2\sim6℃$。

（3）鲜蛋贮存场所的环境湿度。禽蛋在高湿度环境下容易腐败变质，因为微生物的生长和繁殖除需要适宜的温度外，还必须有一定的湿度，因此禽蛋存放的相对湿度一般控制在 70%左右。

3. 禽蛋本身的特性

（1）蛋形成过程中易受微生物污染。
（2）蛋贮存过程中易受微生物污染。

（二）禽蛋腐败变质的种类

1. 细菌性腐败变质

细菌侵入蛋白后，首先使蛋白液化而产生不正常的色泽（一般多为灰绿色），并产生硫化氢（具有强烈刺激性臭味），这主要是由产生硫化氢的细菌所引起的。

有的蛋白、蛋黄相混合并产生具有人粪味的红、黄色物质，这种腐败变质主要由荧光菌和变形杆菌所引起。有的呈现绿色样物，这是由绿脓杆菌所引起的，其他如大肠埃希菌、副大肠埃希菌、产气杆菌、产碱杆菌、葡萄球菌等，均能使禽蛋发生不同程度的腐败变质。

2. 霉菌性腐败变质

霉菌性腐败变质是指由以霉菌为主的微生物引起的腐败变质，蛋中常出现褐色或其他色的丝状物，主要由腊叶芽孢霉菌和褐霉菌所引起。其他如青霉菌、曲霉菌、白霉菌，均能使禽蛋发生不同程度的腐败变质。

（三）禽蛋腐败变质中的化学反应

1. 禽蛋中蛋白质的分解

蛋白质水解产生的各种氨基酸经脱氨基、脱羟基、水解、氧化还原作用，生成肽、有机酸、吲哚、氨、硫化氢、二氧化碳、氢气、甲烷等分解产物，使蛋形成各种强烈臭气，分解产物中的胺类是有毒物质。

2. 禽蛋中脂肪的酸败

蛋黄中含有丰富的磷脂，被细菌分解生成含氮的碱性有机物质，其中主要为胆碱。胆碱无毒，但它又可被细菌作用形成有毒的化合物，如神经碱和蕈毒碱等。

3. 禽蛋中糖的分解

糖在微生物产生的糖酶作用下产生丁酸、乙醇、二氧化碳、氢和甲烷等物质。糖经微生物分解后的产物一般无毒性，但对禽蛋的腐败变质有很大的影响。

腐败变质的禽蛋首先是带有一定程度使人难以接受的感官性状，如具有刺激性的气味、异常的颜色、组织结构被破坏、有污秽感等；在化学组成方面，蛋白质、脂肪、碳水化合物被微生物分解，它的分解和代谢产物已经完全成为没有利用价值的物质；维生素也受到严重的破坏。因此，腐败变质的蛋已失去了营养价值。腐败变质的蛋由于受微生物污染严重，菌类相当复杂，菌量增多，而增加了致病菌和产毒菌等存在的机会。

任务二　松花蛋的加工

再制蛋又称制过蛋，即加工后的成品仍然保持或基本保持原有形状的蛋制品，如松花蛋、咸蛋、糟蛋及其他多味蛋等。

松花蛋，因成品蛋清上有似松花样的花纹，故得此名。又因成品的蛋清似皮胨，有弹性故又称皮蛋，松花蛋切开后可见蛋黄呈不同的多色状，故又称彩蛋，还有泥蛋、碱蛋、便蛋及变蛋之称。由于加工方法不同，成品蛋黄组织状态有异而分为溏心松花蛋和硬心松花蛋。

松花蛋的加工方法很多，所采用的原料基本相同。

微课：松花蛋
的加工

一、松花蛋的加工概述

松花蛋按蛋黄的凝固程度分为溏心松花蛋、硬心松花蛋；按加工辅料不同分为无铅松花蛋、五香松花蛋等。元代农学家鲁明善创作的《农桑撮要》记载了松花蛋的加工情况。明朝戴义在《养余月令》一书中把松花蛋叫做"牛皮蛋"。

（一）原料的选择

松花蛋加工用原料蛋必须经感官检查，用灯光透照选出新鲜、大小均匀、蛋壳完整、壳色一致的鸭蛋或鸡蛋。凡是哑子蛋（肉眼看不出裂纹，只有两蛋相撞发出沙沙声的蛋壳损伤蛋）、沙壳蛋（蛋壳厚薄不均，手触有粗糙感之蛋）、钢壳蛋（蛋壳无气孔或气孔很小的蛋）、畸形蛋等不能用作加工松花蛋的原料蛋。

1. 生石灰

生石灰主要成分为氧化钙（CaO），又名广灰、块灰、角灰、管灰，要求体轻、块大、无杂质，加水后能产生强烈气泡和热量，并迅速由大块变小块，以最后呈白色粉末的为好。生石灰中的有效钙是游离氧化钙，要求有效氧化钙含量不低于 75%。

2. 纯碱

纯碱即无水碳酸钠（Na_2CO_3），俗称大苏打、食碱、面碱。要求色白、粉细，Na_2CO_3 含量在 96% 以上。久存的 Na_2CO_3 会吸收空气中的水和二氧化碳而生成 $NaHCO_3$（小苏打），使用时效力低，因此，使用前必须测定 Na_2CO_3 含量。

3. 烧碱

烧碱即氢氧化钠（$NaOH$），又名苛性钠、火碱。固体烧碱一般纯度为 95% 以上，液体烧碱纯度为 30%～42%，烧碱易吸潮，使用前必须测定。

4. 食盐

优质食盐的 $NaCl$ 含量为 80%～90% 或以上，如果含 $MgCl_2$ 等杂质多时则易吸潮。

5. 茶叶

现已知茶叶的化学成分中有达 500 多种化合物，其中属于有机化合物的达 450 种以上。茶叶成分中大多数只能溶于热水，下面仅介绍几种与加工松花蛋有关的成分。

1）茶多酚

茶多酚与松花蛋的色、味有密切关系。茶叶分为红茶、绿茶、黑茶等。加工松花蛋常用红茶，因为加工红茶的过程中能使茶多酚氧化生成古铜色，是加工松花蛋的上等色。

茶多酚的氧化产物能与蛋白质结合而沉淀。茶多酚与含铁物质形成墨绿色物质，使松花蛋增加色彩。

2）氨基酸

茶叶中的氨基酸均具有一定的香味和鲜味，能给松花蛋的滋味、气味添美。

3）生物碱

茶叶中主要的生物碱有咖啡碱、茶叶碱、可可碱等，而以咖啡碱为多，可促使蛋白质凝固。

4）芳香物质

红茶中含有较多的醛、酮、酸、酯等芳香物质。这些物质均是在加工红茶的过程中，由酶促反应产生的物质，而绿茶中则含有较多的氮化物和硫化物，所以加工松花蛋常用红茶。

5）色素

茶叶中的色素有脂溶性色素和水溶性色素，如茶黄素、茶褐素、茶红素、花青素及黄酮素等。这些色素与松花蛋制成品的色彩有密切关系。

6）碳水化合物

碳水化合物与松花蛋具有微甜味有关。

6. 氧化铅

氧化铅（PbO），呈淡黄色细粉状，是传统法加工松花蛋的添加剂。

7. 草木灰

草木灰因含有碳酸钠，可起纯碱的作用，如果用柏枝等柴灰还有特殊气味，可提高松花蛋的风味，增进色泽。草木灰应清洁、干燥，呈无杂质的细粉状。

8. 黄土

黄土应取心土层不含腐殖质的优质干黄土。

（二）松花蛋的加工原理

松花蛋的加工方法多种多样，但其加工原理是相同的。鲜蛋加工成松花蛋的过程中起主要作用的原料是氢氧化钠，在一定的温度、湿度条件下，氢氧化钠使蛋的内容物发生一系列的变化，主要是在碱的作用下，使蛋白质分子结构遭到破坏而发生变性。禽蛋的蛋白部分蛋白质发生变性后形成具有弹性的凝胶体，蛋黄部分则因为蛋白质变性和脂肪皂化反应形成凝固体。这种变化过程是在松花蛋的成熟过程中逐渐形成的，主要分为化清、凝固、变色和成熟四个阶段。

（1）化清阶段。这是鲜蛋遇碱的第一个明显变化阶段。在此过程中，蛋白由原来的稠状态变成稀薄透明的水样液，蛋黄也有轻微的凝固现象。这种变化主要是由于在碱的作用下，蛋白质分子由中性分子变成了带负电荷的复杂阴离子，维持蛋白质分子特殊构象的次级键，如氢键、盐键、二硫键的疏水作用力、范德华力等受到破坏，使之不能完成原来的特殊构象，这样蛋白质分子产生变性，并从原来的卷曲状态变为伸直状态，原来与蛋白质分子紧密结合的结合水也变成了自由水，最终出现了化清现象。化清后的蛋白质分子只是其三级结构受到了破坏，所以它在加热时还会出现热变性凝固的现象。

（2）凝固阶段。化清后的稀薄溶液逐渐凝固变成富有弹性的无色或微黄色的透明胶状物，蛋黄在强碱的作用下凝固厚度进一步增加。在这一阶段，蛋白质分子在氢氧化钠的继续作用下，二级结构开始遭到破坏，有些原来在分子内部包藏而不易发生化学变化的侧链基团由于结构的伸展松散而暴露出来，使蛋白质分子之间产生相互作用而形成凝聚体。由于这些凝聚体形成了新的结构，吸附水的能力增强，溶液的黏度增大，当其达到最大黏度时开始凝固，直到完全凝固成弹性很强的胶状物为止。

（3）变色阶段。这一阶段的主要变化是蛋白逐渐变成深黄色透明胶状体，蛋黄凝固层厚度可达到 5～10mm，并且颜色进一步加深。除此之外，在氢氧化钠的作用下，蛋白质分子的一级结构遭到破坏,发生降解,蛋白质胶体的弹性开始下降。

(4)成熟阶段。这是松花蛋成熟的最后阶段。在这一阶段,蛋白全部变成褐色或茶褐色半透明凝胶体,并在其中形成大量呈松针状的结晶花纹。蛋黄凝固层变成墨绿色、灰绿色、橙黄色等多种色层,溏心松花蛋的蛋黄中心部分呈橙黄色半凝固状浆体。成熟后的松花蛋不仅凝固良好,色彩艳丽,具有一定弹性,还具有一定的特殊风味。

松花蛋的呈色原因较为复杂,蛋白在料液中浸泡,游离态糖的醛基与蛋白质氨基在碱性条件下发生变色反应,呈茶色、棕褐色、玳瑁色、茶红色。蛋黄在碱的作用下,含硫氨基酸分解产生硫化氢。硫化氢与蛋黄中的色素结合而呈墨绿色,与铁(茶叶中和蛋黄中均含有)结合为硫化铁呈黑绿色,与铅结合为硫化铅呈青黑色。

在碱性条件下,鲜蛋的蛋白质被酶分解为呈味氨基酸,故松花蛋有鲜味。蛋白质分解产物中有氨和硫化氢,因此松花蛋常有轻微的氨味和硫化氢味。氨基酸分解会产生酮酸,因而松花蛋略有微苦味。蛋白质分解产成的氨基酸与盐类生成混合结晶体,形成松花花纹样物质。近期有研究者认为,松花蛋的松花晶体是一种纤维状氢氧化镁水合晶体。

二、松花蛋的加工方法

优质松花蛋应蛋壳完整,无裂纹,壳面有少量或无黑斑,不贴壳;去壳后蛋清完整而呈棕褐色或茶色,有较大的弹性,有松花花纹;蛋黄呈多色样,蛋黄外层呈黑绿色或青黑色,中层呈灰绿色或土黄色,中心呈橙黄色而有溏心或硬心;优质松花蛋切开后气味清香、浓郁,口尝有轻微的辛辣味和微碱味,食后有回味并有清凉感。

(一)浸泡法(溏心松花蛋加工法)

此法是将选好的鲜蛋用配制好的料液进行浸泡而制成松花蛋,是当前加工松花蛋广泛使用的方法。

1. 原料蛋的准备

经感官检查和光照鉴定,选出蛋黄位于中央,略见暗影,蛋壳完整,颜色均匀且具有固有色泽,禽蛋大小一致的鲜蛋,经清洗、消毒、晾干备用。

2. 配制料液

根据加工蛋量确定料液需要量,红茶和食盐用量为料液的 3.5%。纯碱与生石灰的比例为 1:1 或 1:2,所制成的料液中有效氢氧化钠含量应为 5%左右。将茶叶投入耐碱性容器或缸内,加入沸水,然后放入(分多次放入)生石灰和纯碱,搅匀溶解;取少量溶液于研钵内,放入氧化铅,研磨使其溶解,而后倒入料液中,再加入食盐。充分搅匀后捞出杂质及不溶物(清除的石灰渣应用生石灰补足量),冷却后使用。

3. 料液的检定

取少量上清液进行氢氧化钠浓度检查。

4. 灌料及管理

将冷却后的料液搅匀，灌入蛋缸中，使蛋全部被淹没为止。盖上缸盖，注明日期，待其成熟。

浸泡成熟期间，蛋缸不许任意移动。室内温度以 20～25℃为佳，成熟期为 35～40d。后期应定时抽样检查，以便确定具体出缸时间。

5. 出缸

成熟的松花蛋用特制蛋捞子捞出，然后用残余上清液洗去壳面污物，沥干并经质量检查合格后即可出售。如需要存放或运输，必须进行包泥或涂膜包装。

6. 包泥

用废料液拌黄土使呈糊状对松花蛋进行包制，也可用聚乙烯醇或火棉胶等成膜剂涂膜后包装出售。

（二）硬心松花蛋加工法

1. 原料要求

原料蛋及原材料质量要求同浸泡法。硬心松花蛋加工时常采用植物灰为主要辅助材料，不加氧化铅。

2. 加工方法

1）灰料泥制备

灰料泥配方：草木灰 30kg，水 30～48kg，纯碱 2.4～3.2kg，生石灰 12kg，红茶叶 1～3kg，食盐 3～3.5kg。

将茶叶投入锅中加水煮透，加入生石灰，待全部溶解后加入纯碱和食盐，经充分搅拌后捞出不溶物。然后向此碱液中加入草木灰，再经搅均翻匀。待灰料泥开始发硬时，用铁铲将灰料泥取于地上使其冷却。为了防止散热过慢影响质量，地上灰料泥以小块为佳。次日，取灰料泥于打料机内进行锤打，直至灰料泥发黏似浆糊状为止，此时称为熟料。将熟料取出放于缸内保存待用。使用时上下翻动使含碱量均匀。

2）验料

简易验料法即取灰料泥的小块于碟内抹平，将蛋白少量滴于灰料泥上，待 10min 后进行观察。碱度正常的灰料泥，蛋白质凝固呈粒状或片状，用手摸有黏性感；无以上感觉为碱性过大；如果摸有粉末感，为碱性不足。碱性过大或不足均应调整后使用。

3）包灰料泥、装缸

每个蛋用灰料泥 30～32g，灰料泥应包得均匀而牢固，因此应用两手包蛋。包好后放入稻壳内滚动，使泥面均匀黏着稻壳，防止蛋与蛋黏着在一起。

蛋放入缸内应放平放稳，并以横放为佳。装至距缸口 6～10cm 时，停止装缸，进行封口。

4）封缸、成熟

封缸可用塑料薄膜盖住缸口，再用细麻绳捆扎好，上面再盖上缸盖，也可用软皮纸封口，再用猪血料涂布密封。

装好的缸不可移动，以防灰料泥脱落，特别在初期。成熟阶段温度以 15～25℃为宜。

5）贮存

成品用以敲为主、摇为辅的方法挑出次蛋，如烂头蛋、水响蛋、泥料干燥蛋、脱料蛋及破蛋等。优质蛋即可装箱或装筐出售或贮存。

成品贮存室应干燥阴凉、无异味，有通风设备。库温 15～25℃，这样可保存半年之久。

（三）烧碱溶液浸泡法

此法是根据松花蛋加工的原理而采用氢氧化钠溶液直接加工的一种简易方法。此法不仅工序简便，而且有利于生产管道化。推荐配方如下：清洁水 100kg，工业用烧碱 5kg，食盐 5kg，茶叶 2kg。

将以上原材料制成料液，除去残渣，进行料液碱度测定后浸泡优质鲜蛋，25d 即能成熟。成品质量与传统法生产的相似。

三、松花蛋的品质鉴定

（一）感官评定

1. 组织状态

优质松花蛋外包泥应均匀、完整、湿润、无霉变，蛋白呈凝固半透明状，有弹性。硬心松花蛋的蛋黄应凝固，中心处可有少量溏心；溏心松花蛋的蛋黄呈半黏胶状，中心处为凝固硬心。

2. 色泽

蛋白呈棕褐色、玳瑁色或棕黄色半透明状，有松花花纹。蛋黄呈深浅不同的墨绿色、茶色、土黄色和褐色。

3. 滋气味

具有松花蛋应有的滋味，无其他气味，有时会有轻度的硫化氢及氨味和不易尝出的苦辣味。

松花蛋与鲜蛋比较，其蛋壳、蛋白及蛋黄三大组成之比有显著的不同；从化学成分看，松花蛋的水分和脂肪含量相对减少，而可食部分中矿物质的含量相对增多；最大的不同点在于氨基酸的组成和含量，松花蛋中的氨基酸除不存在甲硫氨酸、脯氨酸、赖氨酸外，其他氨基酸均比鲜蛋高，氨基酸的总含量比鲜蛋高几倍。

（二）影响松花蛋质量的因素

1. 温度、湿度

加工松花蛋的温度范围为14～30℃，最适温度为20～22℃，不应低于14℃或高于30℃。

温度过低，蛋白中蛋白质结构紧密，成品蛋白呈黄色透明状，无松花蛋应有的风味；蛋黄中的粗脂肪及磷脂易凝固形成姜黄色的凝固层，称为"胚盖"，胚盖内的蛋黄由于不能与碱很好作用而有蛋腥味，胚盖外又有碱性过大、适口性差的缺点，所以加工松花蛋的温度不能过低。

温度过高，形成的胚盖薄，溏心形成得大而稀，呈黑绿色，俗称"流黑水蛋"。此类蛋能挥发出大量的氨、硫化氢及异常气体。这些气体在蛋白表面凝集成一层雾气，影响氢氧化钠等成分正常透入蛋内。这些气体如果排出壳外，被灰料泥吸收，会降低灰料泥浓度，灰料泥由原橙黄色变为灰黄色，硬度变软，此条件适于霉菌繁殖，加速蛋的变质，甚至色黑有臭味。所以加工溏心松花蛋的温度不能过高，否则破伤蛋、烂头蛋出现率也会增加。

温度与松花蛋的呈色也有密切关系。温度在适宜范围内高于16℃，成品呈全色；温度低于16℃，松花蛋呈色不全；低于8℃则不呈色，若将低于8℃的蛋迅速放在温度20℃，相对湿度95%的条件下，20d后大部分还可呈色。

加工松花蛋的相对湿度以75%～95%为宜。加工硬心松花蛋时相对湿度过低，蛋面灰料泥易干，影响碱在加工中的作用，延长成熟期，甚至蛋易变质；加工溏心松花蛋时，相对湿度过低，料液水分蒸发，浓度发生变化也影响蛋的正常成熟；成品保藏室内的相对湿度过低，蛋面泥干，甚至脱落，蛋易变质。

2. 碱浓度大小的影响

松花蛋加工时，溏心松花蛋料液中氢氧化钠浓度为3.6%～6%，最适浓度为5%左右，硬心松花蛋可稍高。但浓度过高时，碱度大，碱透入得快，可加速成熟期内蛋白质的液化和凝固。凝固后的蛋白又会迅速液化而呈次品。碱度近于3.6%，可适当延长成熟时间而制出成品，碱度低于3.6%很难加工出优质成品。

3. 原料蛋质量的影响

松花蛋成熟的过程即碱向蛋均匀、缓慢渗透作用的过程，因此，除了蛋必须新鲜，蛋的大小均匀，还要注意蛋壳要完整，否则不能生产出优质成品。

任务三　咸蛋的加工

咸蛋又名盐蛋、腌蛋或味蛋，是指以鸭蛋为原料经腌制而成的再制蛋。江苏高邮咸蛋最为著名，它具有"鲜、细、嫩、松、沙、油"

微课：咸蛋的加工

六大特点，其切面黄白分明，蛋白粉嫩洁白，蛋黄橘红油润无硬心，食之鲜美可口。

一、咸蛋的加工概述

（一）咸蛋加工原理

咸蛋加工中主要的原料是禽蛋、食盐及其他调味料。咸蛋主要用食盐腌制而成。鲜蛋腌制时，蛋外的食盐料泥或食盐水溶液中的盐分，通过蛋壳、壳膜、蛋黄膜渗入蛋内，蛋内水分也不断渗出。蛋腌制成熟时，蛋液内所含食盐浓度与料泥或食盐水溶液中的盐分浓度基本相近。高渗透压的盐分使细胞体的水分脱出，从而抑制了细菌的繁殖。同时，食盐可降低蛋内蛋白酶的活性和细菌产生蛋白酶的能力，从而减缓蛋的腐败变质。食盐的渗入和水分的渗出，改变了蛋原有的性状和风味。

1. 食盐的作用

腌制咸蛋的用盐量，因地区、习惯不同而异。用盐量过高时，因渗透压大，水分流失快，成品味过咸而口感不鲜；用盐量过低时，则防腐能力较差，同时，浸渍时间延长，成熟期推迟，营养价值降低。总之，用盐量过多，有碍成品风味，过少则达不到防腐目的。若以蛋的重量计，用盐量一般在20%左右，可根据当地习惯适当调整。

在咸蛋的腌制过程中，食盐的作用归纳如下。

（1）脱水作用。

（2）食盐降低了微生物生存环境的水分活性，具有防腐能力，可以防止蛋的腐败。

（3）食盐对微生物有生理毒害作用。

（4）高盐渗透压抑制了酶的活力。食盐可以降低蛋内蛋白酶的活性和细菌产生蛋白酶的能力，从而延缓蛋的腐败变质速度。

（5）食盐同蛋内蛋白质结合产生风味物质。

（6）食盐使蛋黄产生出油现象，形成独特的风味。由于食盐的扩散作用，在腌制过程中渗入蛋内容物中，从而使腌制成熟的咸蛋具有独特的风味。同时，由于食盐对蛋黄中的蛋白质起凝固作用，使蛋黄中的脂肪集聚于蛋的中心，使蛋黄出油，改变了蛋的胶体状态。

腌制时所用食盐的纯度会影响蛋的风味，如钙、镁离子含量在食盐中达到0.6%时，即可吃出苦味，所以制作咸蛋一般需要用纯度高的再制盐或海盐。

食盐浓度大，向蛋内渗入的速度快，蛋成熟快，腌制时间短；腌制温度高，食盐向蛋内渗入的速度快，蛋成熟快，腌制时间短。所以，腌制时用盐量多少，要根据腌制时气温高低和消费者喜好来决定，既要防止蛋的腐败，又要使消费者不感到过咸。一般情况下，浓度低于3.8%的盐溶液能促进腐生菌和一些病原菌的生长，浓度低于7%的盐溶液则防腐能力较差，因此在实际加工中，食盐的浓度一般以9%~12%为宜。

2. 鲜蛋在腌制中的变化

（1）水分含量随着腌制时间的延长而下降，蛋黄含水量下降非常明显，蛋白含水量下降不显著。

（2）蛋白中食盐含量显著增加，蛋黄中则增加不多。

（3）蛋的黏度和组织状态发生了变化。鲜蛋在腌制期间随着食盐的渗入，蛋白的黏度会变小，呈水样，蛋黄的黏度增加，呈凝固状态。

（4）pH 值发生了变化。鲜蛋蛋白的 pH 值随着腌制时间的延长逐渐下降，蛋黄的 pH 值由最初的 6.10 下降到 5.77，变化缓慢。

（5）腌制过程中蛋黄含油量发生了变化。开始时蛋黄含油量上升较快，腌制 10d 时最明显，以后则缓慢上升。

（6）腌制过程中重量发生了变化。蛋的重量略有下降，这与水分损失有关。

3. 蛋在腌制中有关因素的控制

料灰或盐溶液中盐的浓度大于蛋内盐的浓度，于是盐溶液通过气孔进入蛋内，其转移的速度与浓度和温度成正比，还和盐的纯度及盐渍方法等因素有关。如食盐中含有较多的钙盐和镁盐，则会延缓食盐向蛋内的渗透速度；盐颗粒越大，渗透速度越慢；其次，含脂肪高的蛋比含脂肪低的蛋渗透得慢。蛋质新鲜、浓厚、蛋白多的蛋成熟快，蛋白较稀薄的蛋成熟慢。此外，腌制过程中温度和湿度也影响蛋的腌制效果。

（二）咸蛋的营养价值

经过一段时间的腌制，咸蛋的营养成分发生了显著的变化，蛋白质含量明显减少，由鲜蛋的每百克含 14.7g，下降为 10.4g；脂肪含量明显增多，由鲜蛋每百克含 11.6g，上升为 13.1g；碳水化合物含量变化更大，由鲜蛋每百克含 1.6g，上升为 10.7g；矿物质保存较好，钙的含量还大大提高，由鲜蛋每百克含 55mg，上升为 512mg。

二、咸蛋的加工工艺

咸蛋的加工方法主要有四种，即提浆裹灰法、料灰包蛋法、盐泥涂布法和盐水浸渍法。

（一）提浆裹灰法

提浆裹灰法的生产工艺：原料蛋的选择、料灰的配制、打浆、提浆裹灰、捏灰、密封装坛、成熟。成熟后的咸蛋应在 25℃以下、相对湿度 85%～90%的库房中贮存，贮存期一般为 2～3 个月。各地生产咸蛋的配料标准不尽相同。在不同季节生产，其配料的标准也应做适当调整（主要是改变食盐的用量）。下面主要介绍三个具体的生产工艺。

（1）打浆：先将食盐溶于水，再将草灰加入，用打浆机搅打均匀。

（2）提浆裹灰：将挑选好的原料蛋，在灰浆中翻转，使蛋壳表面均匀地裹上一层 2mm 厚灰浆。

（3）捏灰：用手将料灰紧压在蛋上，捏灰要做到松紧适宜，薄厚均匀，表面光滑。捏灰后的蛋即可入缸。

(二) 料灰包蛋法

料灰包蛋法是将稻草灰和食盐先在容器内混合, 再加适量水并进行充分搅拌混合均匀, 使料灰成为干湿度适中的团块, 然后将料灰直接包裹于蛋的外面, 包好料灰后将蛋置于缸 (袋) 中密封储藏。

(三) 盐泥涂布法

盐泥配方: 鲜鸭蛋 1000 枚、食盐 6.0～7.5kg, 干黄土 6.5～8.5kg, 冷开水 4.0～4.5kg。

盐泥浆浓稠度检验: 取一枚蛋放入盐泥浆中, 若蛋一半沉入盐泥浆, 一半浮于盐泥浆上面, 则表示盐泥浆浓稠合适。将选好的蛋放入盐泥浆中, 使蛋壳沾满盐泥, 然后装缸或装箱, 最后将剩余盐泥倒在蛋上, 再加盖封口。

(四) 盐水浸渍法

这是目前最简单也是最方便, 工业上广泛使用的一种方法。配制一定浓度的盐溶液, 将原料蛋直接浸渍在料液中, 控制好腌制的温度进行咸蛋的加工。具体方法如下。

1. 原料蛋的选择

加工咸蛋主要用鲜鸭蛋, 对蛋进行感官鉴定, 通过照蛋、敲蛋和分级, 将蛋壳完整清洁、蛋白浓厚、蛋黄位居中心的鲜鸭蛋选为加工原料蛋, 剔除破壳蛋、钢壳蛋、大空头蛋、洗白蛋、雨淋蛋、热伤蛋、血丝蛋、贴皮蛋、散黄蛋、臭蛋、畸形蛋、异物蛋等破蛋、次蛋、劣蛋, 选出的蛋应蛋壳坚固、完整, 气室高度小于 9mm, 内容物均匀一致, 呈微红色。鲜蛋库的温度应控制在 5～10℃。

2. 清洗消毒

将挑选好的蛋放入洗蛋池中, 流水下用刷子清洗; 然后将清洗好的蛋放入消毒池中进行浸泡消毒。消毒池中可以用 84 消毒液和水以 1∶99 的比例混合, 待蛋充分浸泡 10s 后将其捡出, 放置阴凉通风处晾干。

3. 配料

咸蛋制作的主要原料是食盐和凉开水, 食盐选择加碘腌制专用盐。以 100kg 水为例, 加入 20kg 加碘盐可以腌制 120kg 的蛋。

4. 腌制

配好料后就可以将晾干后的蛋推进腌制车间进行灌料腌制了。灌料时要缓慢地倒入料液, 以免碰破鸭蛋。由于灌料后蛋会浮起来, 为了使其入味均匀, 一般在蛋表面加盖一层覆盖物。然后再在上面撒一层盐覆盖均匀, 也可以直接在上面码放一个重物。灌完料后为了便于管理, 要及时做好记录, 写清楚腌制日期和腌制数量。腌制时长和温度有很大关系, 一般夏季为 20～25d、冬季为 30～40d 即可腌制好。若腌制温度控制在 22～25℃, 那么经过 20d 后咸蛋就腌制好了, 可以随机抽查腌制情况。

5. 出缸

经检验合格的咸蛋可以出缸，将咸蛋捞出，放在清水中冲洗干净，然后将咸蛋运到煮蛋间准备煮蛋。煮蛋时要注意下锅动作要轻，避免碰破。咸蛋下锅后温度达到95℃后再煮10min就熟了。捞出煮熟的咸蛋于阴凉通风处晾干。

6. 检验包装

对晾干后的咸蛋再次进行挑选，选出不宜进行包装的咸蛋。对剩下的优质咸蛋就可以进行真空包装了，将真空包装好的咸蛋放入容器蒸20min，经过这样处理的咸蛋就可以做到无菌保藏，既安全卫生，又能有效地延长保质期。

三、咸蛋加工新方法

（一）压力容器腌制法

咸蛋传统的加工方法生产周期长，对扩大生产不利，为缩短生产周期，现在采用压力容器腌制法，即把蛋放入压力容器内，加入饱和盐水，然后对容器进行加压，经过24~48h就可腌制成熟。

（二）盐酸腐蚀腌制法

采用浓度为3%~13%的盐酸腐蚀蛋外壳，使蛋外壳成为软壳后，再加入盐水腌制，可增加咸蛋的腌制速度。

（三）注射腌制法

将盐与调味料以2∶3的比例配成卤汁，将卤汁灌入注射器后直接注入蛋内，以缩短腌制周期。

（四）浸渍腌制法

把喷洒和浸渍并撒上适度食盐的植物纤维组织或无纺布包裹于干净的咸蛋上，密封25~30d即成。

（五）蛋黄的分离腌渍技术

采用味素调制成含盐量为15%的腌渍液，鲜蛋黄放入腌制液中浸渍48h左右，就能得到成熟的咸蛋黄，但其品质比传统方法腌渍的差。也可以根据渗透压原理配制成稠状腌制液，鲜蛋黄在这种腌制液中浸泡2d就能腌制成熟。但此法很难达到卫生指标要求。

（六）咸蛋蛋白的脱盐利用

采用超滤技术对咸蛋蛋白进行脱盐处理，二次超滤处理咸蛋蛋白的脱盐率达89.2%，三次超滤处理咸蛋蛋白的脱盐率达95.77%。这种加工方法可以避免蛋白部分在腌制过程中过咸。

任务四　糟蛋的加工

糟蛋是用优质鲜蛋在糯米酒糟中糟制而成的一类再制蛋，它的品质柔软细嫩、气味芬芳、醇香浓郁、滋味鲜美、回味悠长，是我国著名的传统特产。糟蛋主要采用鲜蛋加工，我国著名的糟蛋产品有浙江的平湖糟蛋和四川的叙府糟蛋。叙府糟蛋原产于四川宜宾，至今已有一百多年的历史。该产品的蛋形饱满完整，蛋白呈黄红色，蛋黄呈油亮的红色，滋味甘美，醇香浓郁，回味悠长，在常温下能贮藏三年左右。

一、糟蛋加工概述

（一）糟制工艺的作用

1. 能使蛋白质变性

在糟制过程中，蛋内容物与醇、酸、糖等发生一系列物理和化学变化。在此过程中主要起作用的是乙醇，它既能防腐，又可使蛋白、蛋黄发生凝固变形，并使产品带有浓郁的醇香味。酒糟中的乙醇和乙酸可使蛋白和蛋黄中的蛋白质发生变性和凝固，使糟蛋蛋白呈乳白色或酱黄色的胶冻状，蛋黄呈橘红色或橘黄色的半凝固柔软状态。

2. 产生醇香味和甜味

酒糟中的乙醇和糖类（主要是葡萄糖）渗入蛋内，使糟蛋带有醇香味和轻微的甜味。

3. 产生芳香味

酒糟中的醇类和有机酸渗入蛋内后，在其长期作用下蛋内产生芳香的酯类，使糟蛋具有特殊的浓郁芳香气味。

4. 使蛋壳变软、蛋形完整

酒糟中的乙酸可使蛋壳变软，溶解脱落成软壳蛋。因为蛋壳的主要成分为碳酸钙，遇到乙酸后可反应产生易溶解的乙酸钙，所以蛋壳首先变薄、变软，后慢慢与壳内膜脱离而脱落，进而使乙醇等有机物更易渗入蛋内。蛋壳内膜的化学成分主要是蛋白质，且其结构紧密，微量的乙酸对其不易产生破坏作用，所以壳内膜完整无损。

5. 增强防腐性和提高储藏时间

糟蛋在糟渍过程中加入食盐，不仅可以赋予咸味，增加风味和适口性，还可以增强防腐能力，提高储藏性。鸭蛋在糟渍过程中，酒糟中乙醇含量较少，所用食盐也不多，所以糟蛋糟渍成熟时间长；但在乙醇和食盐长时间作用下（4～6 个月），能抑制蛋中微生物的生长和繁殖，特别是可以杀灭沙门氏菌，因此糟蛋可生食。

（二）糟蛋加工的原辅料

加工糟蛋的主要原辅料是鸭蛋、糯米、酒药、食盐、酿糟水和红砂糖等。

1）鸭蛋

加工糟蛋对鸭蛋的挑选非常严格，须经感官鉴定和灯光透视，剔除各种次蛋、劣蛋，取大弃小，选白壳弃青壳。要求 1000 枚蛋重 65kg 以上，蛋新鲜，品质优良。

2）糯米

糯米是酿糟的原料，它的质量好坏直接影响酒糟的品质。因此，应精选糯米，要求米粒大小均匀、丰满、整齐，颜色应心白、腹白（中心、腹部边缘白色不透明），无异味，杂质少，含淀粉多，脂肪及蛋白质含量少，无异味。脂肪和含氮物含量高的糯米，酿制出来的酒糟质量差。

3）酒药

酒药又叫酒曲，是酿糟的菌种，内含根霉、毛霉、酵母菌及其他菌类。它们主要起发酵作用和糖化作用。常用的酒药有三种，即绍药、甜药、糠药。

绍药有白药和黑药两种，酿糟使用白药。它是用糯米粉加入少量辣蓼草粉末及甜高粱粉末，再用辣蓼汁调制并接种陈酒药而制成的，是加工绍兴黄酒的酒药。白药酿成的酒糟色黄、香气较浓、酒精含量高，成熟时间短，但糟味较猛且带辣味。所以还须和甜药搭配，混合酿糟，以减弱酒味和辣味，增加甜味。

甜药是用面粉或米粉加一丈红的茎、叶，再加入曲菌菌种而制成的。甜药色白，做成球形，用它酿成的酒糟，酒精含量低、性淡、味甜。如单用甜药酿糟，其酒精含量过低，蛋白质难以凝固，所以须同绍药配合使用酿糟，不能单独使用。

糠药是用无锡白泥、甜高粱粉、辣蓼草及一丈红等制成的，酿成的酒糟味甜，酒性醇和，性能介于绍药和甜药之间。

目前加工糟蛋多将绍药和甜药混合使用，其用量应预先进行小型试验。酒药采用的种类及用量是否适当，应看制出的糟是否有适当的发酵力和糖化力，是否能使蛋白质很好地凝固，在糟制过程中糟应能防止杂菌的繁殖；糟应有一定的醇香味，又必须有一定的甜味。一般每 100kg 糯米用绍药 165～215g、甜药 60～100g，但酒药用量除与质量有关外，还与发酵时的温度有关，温度高，酒药用量相对少，但在任何温度条件下，甜药的用量都应少于绍药，否则糖化力强，甜味大，制出的糟易酸败。加工平湖糟蛋酿糟选用的绍药和甜药，必须色白质松、易于捏碎，具有特殊菌香味。

4）食盐

加工糟蛋的食盐应采用符合卫生标准的洁白、纯净的海盐。

5）酿糟水

酿糟水应是无色、无味、透明的洁净水，pH 值近于中性，未检出硝酸盐、氨态氮及大肠埃希菌等。有机物含量每升不多于 5mg，固形物含量每升不超过 100mg。

6）红砂糖

加工叙府糟蛋时，须用红砂糖，并应符合《食品安全国家标准　食糖》（GB 13104—2014）。

二、平湖糟蛋的加工

糟蛋加工的季节性较强，一般在每年的 3 月至端午节。端午后气温渐热，不宜加工糟蛋。加工糟蛋需要掌握好三个环节，即酿酒制糟、选蛋击壳、装坛糟制。

（一）酿酒制糟

1. 浸米

糯米是酿酒制糟的原料，投料量以 100 枚蛋用糯米 9.0～9.5kg 计算。将糯米淘净后放入缸内，加入冷水浸泡，使糯米吸水膨胀，便于蒸煮糊化。浸泡时间以气温 12℃浸泡 24h 为宜。气温每上升 2℃，减少浸泡时间 1h；气温每下降 2℃，延长浸泡时间 1h。

2. 蒸饭

把浸好的糯米从缸中捞出，用冷水冲洗一次，倒入蒸桶内，铺平米面。水烧开，将蒸桶放在蒸板上，待蒸汽从桶内透过糯米上升后，用木盖盖好。10min 左右揭开木盖，向米面上均匀地洒一点热水，以使上层米蒸涨均匀，防止上层米因水分蒸发而米粒水分不足，米粒不涨，出现僵饭。再盖上木盖蒸 15min，用木棒将米搅拌一次，再盖上木盖蒸 5min，使米粒全部蒸透。蒸饭的程度以出饭率 150%左右为宜。要求饭粒松散，无白心，透而不烂，熟而不黏。

3. 淋饭

将蒸好饭的蒸桶放于淋饭架上，用冷水浇淋使米饭冷却至 28～30℃，但温度不宜太低，以免影响菌种的生长和发育。

4. 拌酒药及酿糟

将淋水后的饭沥去水分，倒入缸中，撒上预先研成细末的酒药。酒药的用量以 50kg 米出饭 75kg 计算，需要加白药 165～215g、甜药 60～100g。加酒药后搅拌均匀，拍平、拍紧，表面再撒一层酒药，中间挖一直径 30cm 的坑，上大下小，坑穴深入缸底，坑底不要留饭，将缸体包上干草，缸口用木盖盖好，以便保温。经 20～30h，就可出酒酿。当坑内酒酿有 3～4cm 深时，应将盖撑起 12cm 高，以降低温度，防止酒糟热伤、发红而产生苦味；待满坑时，每隔 6h，将坑内的酒酿用勺泼在糟面上，使糟充分酿制。7d后，把酒糟、酒酿拌匀后灌入坛内，静置 14d，待变化完成、性质稳定时方可供制糟蛋用。

品质优良的酒糟应色白、味香、带甜，乙醇含量为 15%左右，波美度为 10 度左右。

（二）选蛋击壳

1. 洗蛋

根据原料蛋的要求进行选蛋，通过感官鉴定和照蛋，剔除次蛋、劣蛋和小蛋，整理后粗分等级。挑选好的蛋，在糟制前 1～2d，逐只用板刷清洗，除去蛋壳上的污物，再用清水漂洗，然后铺于竹匾上，置通风阴凉处晾干，如有少许的水迹也可用干净毛巾擦干。

2. 击蛋破壳

击蛋破壳是平湖糟蛋加工的特有工艺，是保证糟蛋软壳的主要措施。其目的是在糟渍过程中，使醇、酸、糖等物质易于渗入蛋内，提早成熟，并使蛋壳易于脱落和蛋身膨大。击蛋时，将蛋放在左手掌上，右手拿竹片，对准蛋的纵侧，轻轻一击使蛋壳产生纵向裂纹，然后将蛋旋转半周，用竹片照样再击一下，使纵向裂纹延伸相连成一线。击蛋时用力轻重要适当，壳破而膜不破，否则不能进行后续加工。

（三）装坛糟制

1. 蒸坛

糟制前应先检查所用的坛是否有破漏，再用清水洗净后进行蒸汽消毒。消毒时，将坛底朝上，涂上石灰水，然后倒置在蒸坛用的带孔眼的木盖上，再放于锅上，加热锅里的水至沸腾，使蒸汽通过盖孔而冲入坛内进行加热杀菌。如发现坛底或坛壁有气泡或蒸汽透出，即是漏坛，不能使用。

待坛底石灰水蒸干时，消毒即告完毕。然后把坛口朝上，使蒸汽外溢，冷却后将坛叠起，坛与坛之间用 2 张三丁纸衬垫，对最上面的坛，在三丁纸上用方砖压上，备用。

2. 落坛

取经过消毒的糟蛋坛，用酿制成熟的 4kg 酒糟（底糟）铺于坛底，摊平后，将击破蛋壳的蛋放入，蛋大头朝上，插入糟内，蛋的间隙不宜过大，以蛋四周均有糟，且能旋转自如为宜。第一层蛋排好后，在其上铺一层药糟，约 4kg，再放上第二层蛋。一般第一层放 50 多枚，第二层放 60 多枚，每坛放两层共 120 枚。第二层排满后，再用 9kg 药糟摊平盖面，然后均匀地撒上 1.6～1.8kg 食盐。

3. 封坛

封坛的目的是防止乙醇和乙酸挥发及细菌的侵入。蛋入糟后密封，标明日期、蛋数、级别以便检验。封好的坛，每四坛一叠，坛与坛之间用三丁纸垫上，排坛要稳，防止摇动而使食盐下沉。每叠最上一层用方砖压实。

4. 成熟

糟蛋的成熟期为 4.5～5 个月，糟制后一般存放于仓库里待其成熟。应逐月抽样检查，根据成熟的情况，来判别糟蛋的品质以便控制糟蛋的质量。第一个月，蛋壳带蟹青色，击破裂缝已较明显，但蛋内容物与鲜蛋相仿。第二个月，蛋壳裂缝扩大，蛋壳与壳下膜逐渐分离，蛋黄开始凝结，蛋白仍为液体状态。第三个月，蛋壳与壳下膜完全分离，蛋黄全部凝结，蛋白开始凝结。第四个月，蛋壳与壳下膜脱开 1/3，蛋黄微红色，蛋白乳白状。第五个月，蛋壳大部分脱落，或虽有少部分附着，只要轻轻一剥即脱落，蛋白呈乳白胶冻状，蛋黄呈橘红色的半凝固状。此时蛋已糟渍成熟，可以投放市场销售。

三、糟蛋的质量特征

（一）质量正常的糟蛋特征

1. 蛋壳脱落状况

蛋壳与壳内膜完全分离，蛋壳全部或大部分脱落呈软壳蛋，蛋形完整，略膨胀饱满，不起纹，呈乳白色。

2. 蛋白状况

蛋白不流散，呈液冻状，与蛋黄分清，呈乳白、光亮、洁净。叙府糟蛋整体呈酱黄色，与蛋黄可融为一体。

3. 蛋黄状况

蛋黄呈橘红色或黄色的半凝固状，与蛋白可明显分清。叙府糟蛋的蛋黄呈酱黄色。

4. 气味和滋味

具有糯米酒糟所特有的浓郁酒香和醋香味，略带甜味、咸味，无异味和酸辣味。

（二）糟蛋的质量标准

蛋壳与壳下膜完全分离，蛋白乳白光亮，洁净呈胶状；蛋黄软，呈橘红色的半凝固状，与蛋白界限分明；糟蛋具有酒糟所特有的浓郁香气，略有甜味，无酸味及其他异味。

任务五　蛋黄酱的加工

一、蛋黄酱的特点

优质的蛋黄酱是黄色的，有适当的黏度，有香味，无异味，乳化状态好，是以蛋黄及食用植物油为主要原料，添加若干种调味物质加工而成的一种乳化状半固体蛋食品，其中含有人体必需的亚油酸、维生素 A、维生素 B、蛋白质及卵磷脂等成分，是一种营养价值较高的调味品。

二、原辅料的选择

（一）蛋黄

蛋黄酱是一种天然的完全乳状液，蛋黄或全蛋就是一种天然乳化剂，在蛋黄酱中起乳化作用。在蛋中，使蛋黄具有乳化剂特性的物质主要是卵磷脂和胆固醇，卵磷脂属水包油（O/W）型乳化剂，而胆固醇则属于油包水（W/O）型乳化剂。蛋黄酱生产所用原料蛋的新鲜程度，决定水包油（O/W）型乳化体系的稳定性。此外，蛋黄中的类脂物成分对蛋黄酱的稳定性、风味、颜色也起着关键作用。

（二）植物油

蛋黄酱加工用植物油一般应选用无色或浅色的油，且硬脂含量不多于 0.125%，应优先选用橄榄油、精制豆油、玉米油、米糠油、茶子油、红花子油等，并要求其颜色清淡、气味正常、稳定性好。最常用的是精制豆油，最好是橄榄油。

油脂用量过高，易使形成的乳化体系被破坏，故蛋黄酱的油脂用量也不宜过高，一般认为油脂用量以 75%～80%较为适宜。

（三）食醋

食醋在蛋黄酱中有双重作用：一是防止因微生物引起的腐败；二是当添加量适当时，可改善制品的风味。制作蛋黄酱的食醋应无色，乙酸含量为 3.5%～4.5%。在蛋黄酱的生产中，蛋黄和植物油的用量一定的情况下，添加食醋会使产品的黏度及稳定性大幅度降低，故蛋黄酱生产中使用食醋一定要适量，或用其他有机酸和含酸较多的物料，如果汁。

（四）香辛料

香辛料的主要作用是增加产品的风味。常用的有芥末、胡椒、辣椒、味精等。其中，芥末是一种非常有效的乳化剂，可与蛋黄结合产生很强的乳化效果。蛋黄酱的乳化是依靠卵磷脂和胆固醇的作用，而其稳定性则主要取决于芥末。当加入 1%～2%的白芥末粉时，即可维持乳化体系的稳定性，且芥末粉越细，乳化稳定效率越高。研究表明，在蛋黄、植物油和食醋用量一定的情况下，添加芥末粉可使产品的稳定性提高。

（五）其他

在配料中适当添加糖和食盐等调味品能在一定程度上起到防腐、稳定产品性质的作用。但配料中食盐用量偏高会使产品稳定性下降，要将产品水相中食盐浓度控制在 1.5%左右；在配料中适当添加明胶、果胶、琼脂等稳定剂，可使产品稳定性提高。生产用水最好是软水，因硬水对产品的稳定性不利。

三、蛋黄酱的配方及加工工艺

（一）蛋黄酱原料组成

蛋黄酱的原料一般组成如下：植物油 75%～80%，食醋（乙酸含量 3.5%～4.5%）9.4%～10.8%，蛋黄 8%～10%，白砂糖 1.5%～2.5%，盐 1.5%，香辛料 0.6%～1.2%。

（二）加工工艺

1. 蛋液制备

将鲜鸡蛋先用清水洗净，再用过氧乙酸及医用酒精消毒灭菌，然后将蛋液打入预先消毒的搅拌锅内。若只用蛋黄，可用分蛋器打蛋，将分离出的蛋黄投入搅拌锅内搅拌均匀。目前主要采用加热杀菌法，对蛋液进行杀菌处理。蛋液的杀菌温度为 60℃，时间为 3～5min，杀菌完成后冷却备用。

2. 辅料处理

将食盐、糖等水溶性辅料溶于食醋中，于 60℃下保持 3～5min，然后过滤，冷却备用。将芥末等香辛料研磨成细末，再进行微波杀菌。

3. 混合乳化

先将除植物油以外的辅料投入蛋液中，搅拌均匀。然后在不断搅拌下，先缓慢加入植物油，随着植物油的加入，混合液的黏度增大，这时应调整搅拌速度，使加入的油尽快分散。在混合时应注意，向一个方向以均匀速度搅拌；添加植物油的速度特别是在初期不能太快，否则不能形成 O/W 型蛋黄酱。一般来说，适当加强搅拌可提高产品的稳定性，但搅拌过度则会使产品的黏度大幅度下降。

乳化操作温度应控制在 15～20℃，既不能太低，也不能太高。若操作温度过高，会使物料变得稀薄，不利于乳化；而当温度较低时，会使产品的品质降低，卵磷脂易被氧化，使 O/W 型乳化体系被破坏。因此，如果能在缺氧或充氮条件下操作，能适当延长产品的储藏期。

4. 均质

蛋黄酱是一种多成分的复杂体系，为了使产品组织均匀一致，质地细腻，外观及滋味均一，以及进一步增强乳化效果，可用胶体磨进行均质。胶体磨转速控制在 3600r/min 左右。

5. 包装

蛋黄酱属于一种多脂食品，为了防止其在储藏期间氧化变质，宜采用不透光材料（如铝箔塑料袋）进行真空包装。

四、影响蛋黄酱加工的因素

（一）温度

制作蛋黄酱时如果直接用从冷库中取出的凉蛋，则蛋黄中的卵磷脂不能发挥乳化作用。一般以 16～18℃条件下储存的蛋品较好，如温度超过 30℃，蛋黄颗粒硬结，会降低蛋黄酱质量。

（二）杀菌条件

因为蛋黄酱不能杀菌，所以在制作过程中应注意设备、用具的卫生，进行必要的清洗、杀菌。一些原料可预先加热到 60℃保持 2～3min，冷却后备用。

（三）香辛料的选择

常用的辛香料有芥末、胡椒等。芥末既可以改善产品的颜色和风味，又可与蛋黄结合产生很强的乳化效果。使用时应将其研磨成粉，粉越细，乳化效果越好。

（四）稳定剂

为增加产品稠度，可酌情添加适量的胶，如黄原胶、瓜尔豆胶、刺槐豆胶、果胶和明胶等。

（五）乳化剂的应用

凡油溶性的乳化剂、抗氧化剂，如单脂肪酸甘油酯，应先用少部分油溶解，加热，待完全溶化后，冷却至室温，再加入搅拌锅中。

（六）蛋黄的选择

蛋黄酱的制作应使用新鲜蛋黄，蛋黄是形成蛋黄酱色水包油（O/W）型乳化体系不可缺少的重要成分，对蛋黄酱颜色也起着重要作用。因此，蛋黄加入量不能低于 8%，全蛋液不低于 12%。

五、蛋黄酱的贮存要点

（一）控制温度

制作好的蛋黄酱应存放于 5～10℃的环境或者 0℃以上的冷藏柜中保存。温度过高，蛋黄酱易脱油；温度过低，蛋黄酱结冰后再解冻也会脱油。

（二）防止出油

存放时应加盖保存，以防止表面水分蒸发而出现脱油现象。取用时用无油器具，同时应避免强烈震动，以防止出现脱油现象。

六、蛋黄酱的加工设备和加工方法

（一）加工设备

加工蛋黄酱的常用设备主要是真空混合机和胶体磨。

真空混合机应维持慢速搅拌，以制备粗的乳状液，然后通过胶体磨达到奶油状结构。胶体磨不仅可以研磨颗粒，而且能起均质作用，从而使原料之间充分乳化。其操作原理是，物料通过高速转子和定子的环状间隙，在冲击、剪切、研磨力的作用下，达到均化、弥散效果，形成稠糊状产品。动、静磨片之间的间隙大小决定着物料乳化效果和终产品黏度。

（二）加工方法

1. 传统的蛋黄酱制作方法

将各种固体物料（蛋黄、芥末、糖、盐和香辛料等）一起研磨，然后加入少量醋（约1/3），在激烈搅拌下徐徐加入油，使其形成一很黏的"核心"，最后加入剩余的醋。

2. 蛋黄酱的连续生产工艺

生产设备由预混合进料罐和两个混合单元组成。在预混合进料罐中，混合部分的醋和其他所有的原料，然后自动流入第一混合单元，再泵入第二混合单元，最后加入剩余的醋，充分混合后成为终产品。

此外，在加工过程中如采用充氮、真空等方法隔绝氧气，能延长贮藏期。

任务六　液蛋制品的加工

液蛋（liquid whole egg）指液体鲜蛋，是鲜鸡蛋经去壳、杀菌、包装等加工处理后制成的液体蛋制品，是代替鲜蛋消费的产品。液蛋制品加工有时会进行蛋黄和蛋白分离或蛋黄和蛋白混合，基于蛋液杀菌的需要有时会加入一定量的糖或者盐。

一、液蛋制品的特点

（一）安全

经过巴氏杀菌的产品没有大肠埃希菌、沙门氏菌和其他细菌的污染。

（二）保持原有特性

液蛋产品保持了鸡蛋原有的特性，而蛋粉由于在加工过程中经过了高温处理，部分特性会被破坏。液蛋使用方便，便于贮存，同时也减少了运输成本。

二、液蛋制品的生产工艺

液蛋生产的工艺大致分为原料蛋的前处理（也称原料蛋的选择）、打蛋、过滤、分蛋（或不分蛋）、蛋液的冷却、蛋液的杀菌、液蛋的灌装和配送。

为了保证液蛋的品质，加工液蛋的鲜蛋必须新鲜、清洁而无破损。因此，进入工厂的原料蛋首先要经过严格的检验和挑选。将挑选出的合格鲜蛋逐个照检，并剔除次蛋、劣蛋，以确保产品的质量。

（一）原料蛋的前处理

鲜蛋蛋壳上经常附有很多脏物和微生物，打蛋前必须清洗干净。洗蛋方法：将蛋连同蛋篓一起放入洗蛋槽中，用毛刷逐篓洗刷干净，从排水处下篓，洗后从进水端取出。

污染严重的污壳蛋要单独清洗。通常将蛋放在漂白粉溶液中（有效氯含量 0.08%～0.12%）浸泡 5min 消毒，取出后用 60℃温水浸泡或淋洗 1～3min 洗去余氯。温水中加入 0.5%硫代硫酸钠除余氯效果更好。此外，用 0.4%氢氧化钠溶液浸泡 5min 也能起到较好的消毒效果。经温水浸泡后的鲜蛋应及时晾干水分。晾蛋时间不能太长，以免受空气中的微生物污染而影响蛋液质量。大规模生产时也可采用 46～50℃烘干隧道烘蛋 5min。

（二）打蛋、过滤

打蛋一般有两种方式：人工打蛋和机械打蛋。打蛋分为打全蛋和打分蛋两种。打全蛋就是将蛋壳打开后，把蛋黄、蛋白混装在一个容器内；打分蛋就是用打蛋器将蛋白、蛋黄分开，分别放于两个容器中。打蛋是液蛋生产中最关键的工艺，对打蛋车间、工具和工人的卫生要求很高，应尽量减少对蛋液的污染，提高产品的质量和出品率。为了使成品液蛋的组织均匀一致，收集到的蛋液需要进行搅拌混合，然后经过滤器除去其中的碎蛋壳、蛋壳膜、蛋黄膜及系带等杂物。在蛋液混合与过滤之前，要对机器进行清洗和杀菌。

（三）蛋液的冷却

混合过滤后的蛋液，应及时送至预冷罐内降温至 4℃左右，以抑制蛋液中微生物的大量生长繁殖，避免蛋液在高温下长时间存放时发生变质。

（四）蛋液的杀菌

杀菌工艺是液蛋加工中的关键工艺。未杀菌的蛋液中最常发现的细菌是大肠埃希菌，其次是沙门氏菌，葡萄球菌也常被检出。鸡粪污染的污壳蛋中沙门氏菌检出率比洁壳蛋高数倍。在液蛋加工过程中，以打蛋后的贮蛋槽检出微生物的频率最高。沙门氏菌是蛋中最重要的引起食物中毒的细菌，因此必须予以杀灭。

1. 全蛋的巴氏杀菌

巴氏杀菌的全蛋液有经搅拌均匀的和不经搅拌的普通全蛋液，也有加糖、盐等添加剂的特殊用途全蛋液，其巴氏杀菌条件各不相同。

我国一般采用的是杀菌温度为 64.5℃，保持 3min 的低温巴氏杀菌法。

2. 蛋黄的巴氏杀菌

蛋黄的巴氏杀菌温度要比蛋白液稍高。美国采用的蛋白液杀菌温度为 56.7℃，时间为 1.75min，而蛋黄杀菌温度为 60℃，时间为 3.1min；德国采用的相应参数为 56℃，5min 和 58℃，3.5min。

3. 蛋清的巴氏杀菌

1）蛋清的热处理

蛋清中的蛋白质更容易受热变性。因此，对蛋清的巴氏杀菌是很困难的。有研究指出，蛋清在 57.2℃瞬间加热，其发泡力也会下降。蛋清的 pH 值越高，蛋白热变性越大。当蛋清的 pH 值为 9 时，加热到 56.7～57.2℃时黏度增加，加热到 60℃时迅速凝固变性。对蛋清加热灭菌时要考虑流速、蛋清黏度、加热温度、时间及添加剂的影响。

2）添加乳酸和中性硫酸铝

添加乳酸和中性硫酸铝可以大大提高蛋清的热稳定性，从而可以对蛋清采用与全蛋液一致的巴氏杀菌条件，提高巴氏杀菌效果。通过添加乳酸降低 pH 值，使铁或铝盐与伴白蛋白结合而提高蛋清的热稳定性。

制备乳酸-硫酸铝溶液：将 14g 硫酸铝溶解在 16kg 的 25%乳酸中，巴氏杀菌前，在1000kg 蛋清液中加约 6.54g 该溶液。添加时要缓慢但需要迅速搅拌，以避免局部高浓度酸或铝离子使蛋白质沉淀。添加后蛋清的 pH 值应在 6.0～7.0，然后进入巴氏杀菌器杀菌。如果可能，可以在乳酸-硫酸铝溶液中加入适当的助发泡剂。这种助发泡剂先制成的浓度为 7%，最终在蛋清中的浓度为 0.05%。

3）真空加热

在加热前对蛋清进行真空处理，一般真空度为（$5.1×10^3$）～（$6.0×10^3$）Pa，然后加热蛋清至 56.7℃，保持 3.5min。真空处理可以除去蛋清中的空气，增加蛋液内微生物对热处理的敏感性，使之在低温下加热可以得到同样的杀菌效果。

（五）杀菌后蛋液的冷却

杀菌后的蛋液应迅速冷却至 4℃左右。采用片式热交换器进行巴氏杀菌时，杀菌完成以后，蛋液将从保温区进入冷却区直接实现降温。如果继续生产加工，可冷却至 15℃左右；若以冷却蛋或冷冻蛋出售，则须迅速冷却至 2℃左右，然后再充填至适当容器中。根据联合国粮食及农业组织和世界卫生组织的建议，蛋液在杀菌后急速冷却至 5℃时，可以储藏 24h，若迅速冷却至 7℃则仅能储藏 8h。

（六）液蛋的灌装和配送

1. 定量灌装

冷却液蛋一般采用马口铁罐（内衬塑料袋）灌装，马口铁罐的装量一般有 20kg、10kg和 5kg 三种。

2. 灌装容器的消毒

灌装容器使用前必须洗净并用 121℃蒸汽消毒 30min，待干燥后备用。液蛋也可采用塑料袋灌装，塑料袋的装量通常分 0.5kg、1kg、2kg、5kg 等几种规格。

3. 配送

我国液蛋的配送一般要求在 7℃以下的温度进行冷链输送。欧美国家多使用蛋液车或大型货柜运送液蛋。液蛋车备有冷却或保温槽，其内可以隔成小槽，以便能同时运送蛋白液、蛋黄液及全蛋液。液蛋车槽可以保护液蛋最低温度为 0～2℃，一般运送液蛋温度应在 12.2℃以下，长途运送则应在 4℃以下。使用的液蛋冷却或保温槽每日均需要清洗、杀菌一次，以防止微生物繁殖。

三、湿蛋制品加工

湿蛋制品是以蛋液为原料，加入不同的防腐剂而制成的一类含水量较高的液蛋制品。因防腐剂的限制，目前只有少量生产。

我国主要生产少量湿蛋黄。湿蛋黄分为无盐湿黄（加入 1.5%硼酸或 0.75%苯甲酸钠）、有盐湿黄（加入 1.5%～2%硼酸或 0.75%苯甲酸钠及 10%～12%精盐）和蜜黄（加入 10%优质甘油，烘去 1/3 水分，呈鲜橘红色）三种。

添加食盐、甘油、苯甲酸钠等添加剂的湿蛋黄可以用于食品工业，但添加硼酸的湿蛋黄只能用于食品工业以外。根据使用的防腐剂不同，湿蛋黄又可分为新粉盐黄和老粉盐黄两种。新粉盐黄以苯甲酸钠为防腐剂，老粉盐黄则以硼酸作为防腐剂。

湿蛋制品加工工艺主要包括搅拌过滤、添加防腐剂、静置与装桶、贮藏。

将蛋黄液搅拌均匀，用离心过滤器或 18、24、32 目的铜丝筛过滤除去碎蛋壳、蛋黄膜等杂质，使蛋黄液组织状态均匀、色泽一致。防腐剂随品种而定。加入防腐剂后需要在搅拌机内搅拌 5～10min，使防腐剂溶化并与蛋黄液充分混合。蛋黄液在池内静置 3～5d，使泡沫消失，精盐溶解，杂质沉淀，待蛋黄液与防腐剂、食盐完全混匀后即可装桶、密封贮藏。

湿蛋黄应在通风良好、不超过 25℃的仓库贮藏，最好在 20℃以下贮藏。贮藏期间应经常翻动，夏季一般每 5～7d 要将桶翻转一次；在低温季节，每隔 10～15d 需要翻动一次。

四、冰蛋制品加工

冰蛋制品是将蛋液杀菌后装入罐内，进行低温冷冻后的一类蛋制品，有冰全蛋、冰蛋黄、冰蛋白三种，各品种加工方法基本相同。冰蛋制品加工工艺为蛋液的制备、巴氏杀菌、冷却、罐装、冷冻、包装、冷藏。

蛋液制备：同液蛋加工。

杀菌工艺是冰蛋加工工艺的关键工序。英国、德国等欧洲国家较早将巴氏杀菌法应用于冰蛋制品的生产，多采用片式热交换器进行杀菌。全蛋液、蛋黄液的杀菌温度为 60～67℃（我国为 64.5～65.5℃），蛋白液的杀菌温度为 55～57℃，杀菌时间一般为 3～4min。有些国家为了提高杀菌的温度，在蛋液中添加了磷酸盐或明矾等金属盐，以防止杀菌温度升高后蛋液产生凝聚现象。

杀菌后的蛋液应迅速冷却至 4℃左右，如果蛋液未经巴氏杀菌，搅拌、过滤后的蛋液应迅速转入冷却罐内冷却至 4℃左右。

一般采用马口铁罐（内衬塑料袋）灌装，有 5kg、10kg 和 20kg 三种规格。灌装容器使用前必须洗净并用 121℃蒸汽消毒 30min。也可采用塑料袋灌装，塑料袋装有 0.5kg、1kg、2kg、5kg 等几种规格。

冷冻间的温度一般控制在-23℃左右，当罐（袋）内中心温度降至-15℃时即可完成冻结，一般需要60～70h；如采用-35～-45℃冷冻，16h左右即可完成冻结。

冻结完成后，马口铁罐需要用纸箱包装，塑料袋灌装的产品也应外加硬纸盒包装。

冰蛋制品要在-18℃以下的冷库中贮藏。冰蛋黄可于-8℃左右的冷库中贮藏，贮藏期一般为6个月以上。

任务七　干燥蛋制品的加工

一、干燥蛋制品概述

微课：蛋粉的加工

禽蛋中含有大量的水分，蛋黄约含50%的水分，全蛋约含75%的水分，而蛋白约含88%的水分。将含水分如此高的全蛋、蛋黄或蛋白冷藏或输送，既不经济，又易变质。干燥是贮藏蛋的很好方法。

干燥蛋制品简称干蛋品，是将鲜蛋液经过干燥脱水处理后的一类蛋制品，经干燥后的蛋制品有诸多优点。

1. 贮藏成本低

干燥蛋制品由于除去水分而体积减小，从而比带壳蛋或液蛋贮藏的空间小，成本低。

2. 运输成本低

干燥蛋制品去掉了蛋壳，并且除去了大量的水分，因此运输的成本比冰蛋或液蛋低。

3. 安全卫生

在贮藏过程中，细菌不容易侵入、繁殖，更加安全卫生。

4. 便于精确配方

干燥蛋制品成分均一，因此在食物配方中能做到准确控制配方中蛋制品的数量和质量。

5. 便于开发新产品

干燥蛋制品可用于开发很多新的方便食品。干燥蛋制品是食品、纺织、制革、医药等工业的原料，根据加工方法不同，分为干蛋片和干蛋粉两种。干蛋片主要是蛋白片；干蛋粉包括全蛋粉（或脱糖全蛋粉）、蛋白粉和蛋黄粉。干蛋粉是指用喷雾干燥法除去蛋液中的水分而加工出的粉末状产品。用来生产干蛋品的原料主要是鸡蛋，很少用鸭蛋、鹅蛋。

二、普通全蛋粉的干燥工艺

干燥是食品除去水分的一种工艺过程，是物料内部水分借助分子扩散作用从固相物料中相对或完全除去的一个过程。干燥后的物料水分含量一般为 3%～11%。经过巴氏杀菌的蛋液主要通过两种方式进行干燥，一是喷雾干燥，二是冷冻干燥。另外，也有部分干燥蛋制品使用真空干燥、浅盘干燥、滚筒干燥等。

普通干燥全蛋粉的加工工艺流程：选蛋→清洗、杀菌、晾干→照蛋→去壳→搅拌混合→过滤→巴氏杀菌→干燥→筛粉→成品贮存。

在普通全蛋粉的生产中，蛋的前处理工序及杀菌工序与液蛋的加工相同。蛋粉的干燥是加工中的关键工序。

工业上蛋粉的干燥多采用喷雾干燥的方法。喷雾干燥法是在压力或离心力的作用下，通过雾化器将蛋液喷成高度分散的雾状微粒，微粒直径为 10～50μm，从而大大增加了蛋液的表面积，提高了水分蒸发速度，微细雾滴瞬间干燥变成球形粉末，落于干燥室底部，从而得到干燥蛋粉。全部干燥过程仅需要 15～30s 即可完成。

1. 喷雾干燥中温度的控制

在保证质量的前提下，适当提高蛋粉温度，以达到杀菌目的。一般未喷雾前，干燥室的温度应在 120～140℃，喷雾后温度则下降至 60～70℃。在喷雾过程中，热风温度应控制在 150～200℃，蛋粉温度在 60～80℃，这样蛋粉的色、味正常，含水量合乎质量标准。

2. 喷雾干燥和储藏对成品质量的影响

喷雾干燥全蛋、干燥蛋黄和干燥蛋清在干燥及储存期间会发生下述化学变化和物理变化，包括溶解度或分散度下降、色泽变差、起泡能力下降和产生异味等。未经储存的喷雾干燥的全蛋粉溶解性很好（在 10% KCl 溶液中分散程度可达 95%～98%），但制作蛋糕时其起泡能力仅为新鲜全蛋的一半。

喷雾干燥的全蛋在 27℃储放 3～4 个月，产生褐色和异味，且分散度降低；在干燥之前，用酵母发酵除去全蛋中天然存在的葡萄糖会延缓变色和分散度的损失。由于脂肪酸的氧化，储存后的全蛋粉仍会产生异味。在喷雾干燥之前加入蔗糖和固体玉米糖浆，可以延缓全蛋黄制品储存期间由于干燥引起的起泡能力的丧失速度。当蔗糖增加到 5% 或固体玉米糖浆增加到 10% 时，会渐渐改善风味的稳定性。在糖的含量更高时（10%～15%），异味也会逐渐产生。

喷雾干燥蛋黄的起泡能力比天然蛋黄低。蛋黄在 13℃储藏 4 个月会产生异味。喷雾干燥的蛋黄能产生抑制起泡的脂类。当加入蔗糖的浓度增加至 15% 时，复水的喷雾干燥蛋黄的起泡能力有所增加，在喷雾干燥过程中，蛋清的功能性质无明显的改变。然而，在储存期间，干燥蛋白发生褐变，溶解性也降低，在制作蛋糕时保持体积的能力下降。

如果干燥之前除去葡萄糖，那么，在正常储藏的过程中不再出现上述的变化。

3. 喷雾干燥蛋品优点

喷雾干燥法生产的蛋粉具有以下优点：干燥速度快，蛋白质受热时间短，不易使蛋白质发生变性，对其他成分影响极微；蛋粉复原性好，色正，味好；喷雾干燥在密闭条件下进行，粉粒小，不必粉碎，可保证产品的卫生质量；易实现机械化、自动化连续生产。

三、干燥蛋白粉的加工工艺

与普通干燥蛋粉加工工艺不同，为了保证产品的良好色泽，一般在干燥之前进行脱糖加工，除去蛋白质中的糖类物质，防止在干燥过程中因高温作用引起美拉德反应而使产品颜色褐变。

蛋白粉的生产工艺：选蛋→清洗、杀菌、晾干→照蛋→去壳→搅拌混合→过滤→巴氏杀菌→脱糖→干燥→筛粉→成品贮存。其中，脱糖工序是关键工艺。原料蛋的前处理、混合、杀菌与液蛋的加工工艺相同。

蛋中含有游离葡萄糖，如蛋黄中约含 0.2%，蛋白中约含 0.4%，全蛋中约含 0.3%。如果直接把蛋液干燥，在干燥后贮藏期间，葡萄糖的羰基与蛋白质的氨基发生美拉德反应。另外，还会和蛋黄内磷脂（主要是卵磷脂）反应，使干燥后的产品出现褐变、溶解度下降、变味及质量降低。因此，蛋液（尤其是蛋白液）在干燥前必须除去葡萄糖，俗称脱糖。

（一）自然发酵法脱糖

该法只适用于蛋白的脱糖，不适用于全蛋液和蛋黄液的脱糖。该法就是依靠蛋白液所存有的发酵细菌（主要是乳酸菌），在适宜的温度下进行繁殖，使蛋白液中的葡萄糖分解而生成乳酸等，从而达到脱糖。

（二）细菌发酵法脱糖

细菌发酵方法一般只适用于蛋白发酵。它是用纯培养的细菌在蛋白中进行增殖而达到脱糖的一种方法。所使用的细菌有产气杆菌、乳酸链球菌、粪肠球菌、弗氏埃希氏菌、阴沟肠杆菌。

细菌发酵的速度是初期稍缓慢，然后变快至葡萄糖分解。这是因为初期细菌数少；蛋白液的 pH 值高，蛋白液内存在溶菌酶等抗菌性物质抑制了细菌的繁殖。

随着发酵进行，蛋液的 pH 值逐渐降低，而当 pH 值达 5.6～6.0 时，则认为发酵完毕。过度发酵时，细菌把葡萄糖全部分解后还会分解禽蛋中的蛋白质，从而影响蛋品的质量。

（三）酵母发酵脱糖

酵母发酵可用于蛋白发酵，也可用于全蛋液或蛋黄液发酵。常用的酵母有面包酵母和圆酵母。酵母发酵脱糖只需数小时即可，但它不具备分解蛋白的能力，所以蛋制品中常含有黏蛋白的白色沉淀物，且酵母不具备发酵分解脂肪的能力，制成的干燥蛋白通常起泡力较低。

酵母发酵的产率较高，但产品有酵母味，因此其应用受到一定的限制。酵母的分解力虽强，但它不具备蛋白分解力和脂肪分解力，所以用酵母发酵法制成的干燥蛋白的发泡力低。

（四）酶法脱糖

该法完全适用于蛋白液、全蛋液和蛋黄液的发酵，是一种利用葡萄糖氧化酶把蛋液中葡萄糖氧化成葡萄糖酸而脱糖的方法。

葡萄糖氧化酶的 pH 值为 3～8，因此一般在最适宜 pH 值范围 6.7～7.2 时加入该酶进行除糖。目前使用的酶制剂主要含有葡萄糖氧化酶和过氧化氢酶。酶法脱糖应先用 10%有机酸调整蛋白液（蛋黄液或全蛋液可不必加酸）的 pH 值至 7.0 左右，然后加 0.01%～0.04%葡萄糖氧化酶，用搅拌机进行缓慢搅拌，同时加入 0.35%过氧化氢（其浓度为 7%），之后随着发酵的进行，每小时加入同等量的过氧化氢。

通常蛋白的酶法发酵除糖需要 5～6h 方可完成，蛋黄可在 3.5h 内完成除糖。全蛋液调整 pH 值达 7.0～7.3 后，约在 4h 内完成除糖。

项目六 乳的成分及性质

学习目标

☐ **知识目标**

1. 了解乳的概念、组成及重要成分的化学性质。
2. 掌握乳的物理性质及应用。
3. 了解异常乳的概念、分类及产生原因。

☐ **技能目标**

1. 学会乳的密度、酸度等理化性质的测定方法。
2. 学会如何鉴别异常乳的方法。

☐ **素质目标**

提升查阅乳制品性质相关资料的能力。

关键术语

蛋白质 脂肪 乳糖 微生物 异常乳

任务一 乳的组成和分类

一、乳的组成

乳是哺乳动物为哺育幼崽从乳腺分泌的一种白色或稍带黄色的不透明的具有胶体性质的生物学液体。它含有幼崽生长发育所需要的全部营养成分，是哺育动物出生后最适于消化吸收的全价食物，包括初乳、末乳、常乳和异常乳。乳的组成十分复杂，其中至少含有上百种化学成分，主要包括水分、脂肪、蛋白质、乳糖、盐类，以及维生素、酶类、气体等多种化学成分。

二、乳的分散体系

在物理构成上，乳是一种复杂的分散体系，其中水是分散剂，其他各种成分如脂肪、蛋白质、乳糖、无机盐等为分散质，分别以不同的状态分散在水中，共同形成一种复杂的分散体系，见表 6.1。

（一）呈乳浊液与悬浮液状态分散在乳中的物质

分散质粒子的直径在 0.1μm 以上的液体可分为乳浊液和悬浮液两种。其中，分散质是液体的为乳浊液。牛乳的脂肪在常温下为液态，以微小脂肪球分散在乳中，脂肪球的平均直径为 3μm，可以在显微镜下明显地看到，所以牛乳中的脂肪球即为乳浊液的分散质。

表 6.1　牛乳的分散体系

成分	平均含量/%	W/O 型乳浊液	胶体溶液	真溶液
水分	87.5			
脂肪	3.8	√		
乳糖	4.6			√
蛋白质	3.4		√	
无机盐	0.7			√

若将牛乳或稀奶油进行低温冷藏，则最初是液态的脂肪球凝固成固态，即成为分散质为固态的悬浮液。用稀奶油制造奶油时，需要将稀奶油在 5～10℃ 条件下进行成熟，使稀奶油中的脂肪球从乳浊态变成悬浮态。这在制造奶油时，是一项重要的操作过程。

（二）呈乳胶态与悬浮态分散在乳中的物质

分散质粒子的直径为 1nm～0.1μm 的分散体系称为胶态。胶态的分散体系也称为胶体溶液。胶体溶液中的分散质叫作胶体粒子，乳中属于胶态的有乳胶态和悬浮态。

分散质是液体或者即使是固体，但粒子周围包有液体皮膜的都称为乳胶体。分散在牛乳中的酪蛋白的粒子直径为 5～15nm，乳白蛋白的粒子直径为 1.5～5nm，乳球蛋白的粒子直径为 2～3nm，这些蛋白质都以乳胶态分散。此外，脂肪球中凡直径在 0.1μm以下的也称乳胶体，牛乳中二磷酸盐、三磷酸盐等磷酸盐的一部分，也以悬浮态分散于乳中。

（三）呈分子或离子状态（溶质）分散在乳中的物质

凡粒子直径在 1nm 以下，形成分子或离子状态存在的分散体系称为真溶液。牛乳中以分子或离子状态存在的溶质有磷酸盐的一部分、无机盐类和柠檬酸盐、乳糖及钾、钠、氯等。

牛乳是多种成分的混合物，具有多变性和易变性（表 6.2）。这种多变性和易变性不仅受乳牛品种等遗传因素的影响，而且同一品种的乳牛产的奶也受饲料、饲养条件、季节、泌乳期及乳牛年龄和健康条件等的影响。

表 6.2　牛乳的成分

主要成分			含量/%	平均含量/%
水分			85.5～89.5	87.5
总乳固体		脂肪	2.5～5.5	3.8
	非脂乳固体	蛋白质	2.9～4.5	3.4
		乳糖	3.6～5.5	4.6
		无机盐	0.6～0.9	0.7

1. 奶牛个体因素

1）品种

牛乳的成分因品种的遗传性而异。表 6.3 为一些主要乳用品种奶牛所产乳汁的组成成分。

表6.3　主要乳用品种奶牛所产乳汁的组成成分

品种	脂肪/%	非脂乳固体/%	蛋白质/%	乳糖/%	灰分/%
荷斯坦牛	3.7	8.5	3.1	4.6	0.73
瑞士褐牛	4.0	9.0	3.5	4.8	0.72
爱尔夏牛	3.9	8.5	3.3	4.6	0.72
更赛牛	4.6	9.0	3.6	4.8	0.75
娟姗牛	4.9	9.2	3.8	4.7	0.77

2）个体与体型

即使同一品种，不同个体间的产乳量及乳汁成分也是有差异的。一般随着年龄的增长，母牛体重增加，体型大的母牛比体型小的母牛产乳多。但体型大小几乎不影响乳脂率，而且产乳量并不是与体重成正比，体型大 1 倍的母牛通常约多产乳 70%而不是 100%。

3）年龄

母牛产乳量受年龄与胎次的影响较大，可相差 15%～20%，一般荷斯坦牛 6～7 岁达到产乳量最高峰，成年母牛要比 2 岁的青年母牛多产乳 20%。然而，乳汁成分与此相反，其中乳脂率与非乳脂固体、全乳固体随着年龄、胎次的增长而略有下降。

4）营养状况

从乳脂率和乳蛋白率的高低可以看出奶牛的营养状况，如果乳脂率低可能是瘤胃功能不正常、代谢紊乱、日粮组成不合理或粗饲粉碎太细等原因。如果产犊后 100d 内乳蛋白率太低，可能是因为母牛在干乳期日粮欠佳、产犊时膘情差、泌乳早期日粮中碳水化合物不足、蛋白质含量低、可溶性蛋白质或非蛋白质氮含量高、可消化蛋白质与不可消化蛋白质比例不平稳等原因。喂料不足的奶牛，不仅产乳量显著降低，脂肪率也随之下降。如果长期营养不良，当恢复营养后，乳中的大部分成分可以恢复到原有水平，但蛋白质很不容易完全恢复。

2. 环境因素

1）气温

最适合奶牛泌乳的温度是 10～15℃，高于或低于这一温度，其泌乳量都会减少，牛乳的成分也会发生变化。

2）噪声、日照及空气污染

噪声及突发事件能引起奶牛神经过敏，使泌乳量降低。最常见的是相同间隔时间内奶牛白天的产乳量低于夜晚的产乳量，这是夜间安静而白天嘈杂所致。

对奶牛而言，因受阳光照射程度不同，如照射时间的长短对泌乳量及牛乳的成分有一定的影响。奶牛在环境被污染的地区饲养，如受尘埃及亚硫酸毒气影响，比在没有受污染地区饲养的奶牛，每头牛每天的产乳量要减少 5%～10%。

3. 管理因素

1）挤乳次数和间隔时间

母牛每天挤乳 3 次比挤乳 2 次的产乳量增加 10%～25%，每天挤乳 4 次能再增加 5%～10%。但也并不是挤乳次数越多，泌乳量越多。多次挤乳，使牛受到过分干扰，且多次挤乳劳务费用也大，影响经济效益。挤乳间隔时间越长，泌乳量就越多，但单位时间获得的乳量减少，乳脂率会降低。

2）挤乳方法

在一次挤乳过程中，从最初到最后不可能获得同一组成的牛乳，最初挤得的乳的乳脂率低，随后逐渐增加，最后挤得的乳的乳脂率最高。挤乳间隔越长，差异就越大，但同一次挤乳中不同阶段乳的非脂乳固体、蛋白质、乳糖、灰分的含量变化不大。挤乳方法优良，不仅挤得量多，乳脂率也高。从开始挤乳到最后一滴乳都应该充分地、尽快地挤完。

3）疾病与药物

奶牛一旦患病，其泌乳量会减少，乳成分也会发生变化，受影响程度因疾病种类不同而不同。如母牛患乳房炎，其泌乳量会减少 10%～20%，乳中乳清蛋白、免疫球蛋白、氯及钠量增加，非脂乳固体、酪蛋白、乳白蛋白、乳糖、钾及磷含量减少，pH 值升高，乳中细菌数、白血球及上皮细胞数增加。乳房炎乳不宜做乳制品的原料乳，对人体健康有害。如果母牛患上全身性疾病，体温上升，泌乳量急剧下降，乳脂率有升高趋势，而非脂乳固体含量减少。应用抗生素、激素、杀虫剂治疗奶牛疾病，药物能进入乳中，这样的乳应该废弃，以防药物在乳中的残留。

4）饲料

饲料与遗传一样，是影响牛乳产量和成分组成的重要因素。饲料给量不足与饲料的配比不恰当，都会引起乳产量下降和乳成分的变化，特别是对非脂乳固体影响明显。

当精饲料用量过多，过度粉碎或进行蒸煮，粗饲料不足时，会引起瘤胃发酵过程发生变化，使低级脂肪酸组成比例发生变化，牛乳乳脂率随之下降。若配合饲料中能量饲料不足，泌乳量、乳脂率、非脂乳固体及蛋白质含量就会下降。饲料中可消化蛋白质不足，对牛乳产乳量影响较大，对非脂乳固体略有影响但不显著；相反，蛋白质过多时对产乳量及非脂乳固体都不能起到提高的作用。

三、乳的分类

（一）常乳

产犊 7d 以后至停止泌乳前一周内所产的乳，为乳制品常规加工的原料乳。

（二）异常乳

1. 概念

常乳的成分和性质基本稳定，当乳牛受到饲养管理、疾病、气温及其他因素的影响时，乳的成分和性质往往发生变化，这种乳称作异常乳（abnormal milk），不适于加工优质的产品。

2. 分类

异常乳可分为生理异常乳、化学异常乳、微生物污染乳及病理异常乳等几大类。

1）生理异常乳

生理异常乳是由于生理因素的影响，而使乳的成分和性质发生改变，主要有初乳、末乳及营养不良乳。

（1）初乳。初乳是指乳牛分娩后一周之内所分泌的乳，呈黄褐色，有异臭、苦味、咸味，黏度大；脂肪含量高，蛋白质特别是乳清蛋白含量很高，乳糖含量低，矿物质特别是钾和钙含量高。初乳中铁含量为常乳的 3～5 倍，铜含量约为常乳的 6 倍。初乳中维生素 A、维生素 D、维生素 E 及水溶性维生素含量比常乳高。初乳中还含有大量抗体和过氧化物酶。

由于初乳的化学成分和物理性质与常乳差异较大，酸度高，且其中乳清蛋白含量高，对热稳定性差，遇热易形成凝块，所以初乳不能作为乳制品的加工原料。但初乳具有丰富的营养价值，含有大量的免疫球蛋白，能给予牛犊抵抗疾病的能力。

（2）末乳。末乳是指母畜停乳前一周所分泌的乳，其成分除脂肪外，均较常乳高，有苦而微咸的味道，含脂酶多，常有油脂氧化味。一般泌乳期乳的 pH 值达到 7.0 左右，细菌数明显增加，每毫升乳中可达 250 万个，所以，末乳也不能作为加工乳制品的原料。

（3）营养不良乳。营养不良乳是指饲料喂养不足、营养不良的乳牛所产的乳。此种乳在皱胃酶添加时几乎不能凝固，所以这种乳不能制作干酪，但当饲料供足即会恢复。

2）化学异常乳

化学异常乳是指由于乳的化学性质发生变化而形成的异常乳，包括酒精阳性乳、低成分乳、高酸度乳、混入异物乳和风味异常乳等。

（1）酒精阳性乳。乳品厂检验原料乳时，一般先用 68%或 70%酒精进行检验，凡产生絮状凝块的乳称为酒精阳性乳。酒精阳性乳主要包括高酸度酒精阳性乳、低酸度酒精阳性乳和冷冻乳。

高酸度酒精阳性乳是指滴定酸度增高（18°T 以上），与 70%酒精混合产生凝固的乳。主要是在挤乳过程中，由于挤乳机管道污染、挤乳罐消毒不严，挤奶场环境卫生不良，牛奶保管、运输不当及未及时冷却，细菌繁殖、生长，乳糖分解成乳酸，乳酸浓度升高，蛋白变性等所致。

低酸度酒精阳性乳是指滴定酸度为 11～18°T，加 70%酒精可产生细小絮状凝块的乳，加热不凝固。这种乳刚从乳房挤出来就会出现酒精阳性反应。低酸度酒精阳性乳产生的原因，常与以下几方面因素有关：一是饲养管理，当饲料不足或摄入腐败饲料，长期饲喂单一饲料，食盐摄入过多时均会出现低酸度酒精阳性乳。二是环境影响，当气温急剧变化时，容易出现低酸度酒精阳性乳。一般初冬季节和夏季盛暑期易出现这种乳，春季在青草旺盛时会自然转好。三是代谢机能影响，当与产乳机能有关的内分泌（如发情激素、甲状腺素、副肾上腺皮质素等）发生紊乱时，也易出现低酸度酒精阳性乳。总之，与常乳成分比较，当盐类含量不正常及与蛋白质间的平衡不匀称时，易产生低酸度酒精阳性乳。

（2）低成分乳。由于乳牛品种、饲养管理、营养素配比、高温多湿及病理等因素的影响而产生的乳干物质含量过低的牛乳，称为低成分乳。但这种酒精阳性乳的耐热性要比由其他原因引起的酒精阳性乳高。

（3）高酸度乳。牛乳的酸度分为自然酸度和发酵酸度，这两种酸度相加即为总酸度。自然酸度来源于乳中的蛋白质、柠檬酸盐、磷酸盐及二氧化碳等酸性物质。新鲜牛乳的自然酸度为 16～18°T。发酵酸度来源于牛乳中微生物繁殖分解乳糖产生的酸度。高酸度乳是乳中的乳酸菌、丙酸菌、大肠埃希菌、微球菌等微生物的大量繁殖而引起的酸败乳，主要性状是酸度高、酒精试验凝固、发酵产气，有酸臭味，加工工程中易凝固，风味差，生产干酪时产生酸败和膨胀。

（4）混入异物乳。混入异物乳中含有随摄取饲料而经机体转移到乳中的污染物质或有意识地掺杂到原料乳中的物质。这些物质主要是由于牛舍不清洁，牛体管理不良，挤乳用具洗涤不彻底，工作人员不卫生而混入的；为促进牛体生长和治疗疾病，对乳牛使用激素和抗生素，或乳牛采食被农药或放射性物质污染的饲料和水，这些激素、抗生素、放射性物质和农药会通过牛机体进入牛乳中，对牛乳造成污染。此外，异物还包括为了增加重量而人为掺的水、为了中和高酸度乳而添加的中和剂、为了保持新鲜度而添加的防腐剂、非法增加含脂率和无脂干物质含量而添加的异种成分（异种脂肪、异种蛋白）等。

（5）风味异常乳。乳的风味异常主要是指通过机体转移及挤乳后被外界污染，或从外界吸收而来异味，以及由酶作用而产生的脂肪分解臭等。异常风味主要有生理异常风味、脂肪分解味、氧化味、日光味、蒸煮味和苦味等。此外，由于杂菌污染，有时还会产生麦芽味、不洁味和水果味等；由于对机械设备清洗不严格往往产生石蜡味、肥皂味和消毒剂味等。

3）微生物污染乳

微生物污染乳是指因挤奶污染、牛奶挤完后没有及时冷却、装奶器具等清洗不彻底等原因，被微生物污染而导致乳中微生物数量大幅增加的牛乳。

通常，在挤乳卫生条件良好的情况下，刚刚挤出的鲜乳中细菌含量约为 300～1000 个/mL，这些细菌主要是从乳头进入乳层的。如果挤乳卫生条件差时，挤出的鲜乳中细菌含量可达 1 万～10 万个/mL，这种乳在贮藏和运输过程中，细菌数量显著增加，会导致牛乳会质。

4）病理异常乳

病理异常乳是指由于病菌污染而形成的异常乳，主要包括乳房炎乳、其他病牛乳。

这种乳不仅不能作为加工原料，而且对人体健康有危害。

（1）乳房炎乳。由于外伤或者细菌感染，使乳房发生炎症，这时乳房所分泌的乳称为乳房炎乳。常见的乳房炎疾病主要是由缺乳链球菌引起的慢性乳房炎和葡萄球菌或大肠埃希菌等引起的急性乳房炎。患了乳房炎的牛，其牛乳的理化性质和营养成分都将发生改变；乳汁中的病原体及其毒素和残留的抗生素均威胁乳制品的安全，损害消费者的身体健康。因此，准确、及时地检测乳房炎乳，对于奶牛健康状况和奶源质量的监控是十分必要的。

（2）其他病牛乳。其他病牛乳是指主要由患口蹄疫、布氏杆菌病等的乳牛所产生的乳，乳的质量变化大致与乳房炎乳相类似。另外，患酮体过剩、肝机能障碍、繁殖障碍等的乳牛，易分泌酒精阳性乳。

任务二　乳　的　性　质

一、乳的化学性质

（一）水分

水分是乳的主要组成部分，占85.5%～89.5%，主要以游离水和结合水的形式存在。

1. 游离水

游离水又叫自由水，占水分总量的97%左右。游离水与自然界中水的性质相同，作为乳的介质存在，是化学反应的场所，以溶剂状态存在，溶解有机质、矿物质和气体。

2. 结合水

结合水占水分总量的2%～3%，通过氢键和蛋白质的亲水基与乳糖、盐类结合存在。结合水失去了溶解其他物质的能力，在常压下不能除去，只有加热到150～160℃才能除去。

3. 结晶水

结晶水占水分总量的0.2%左右，以化学键形式与乳中某些化学成分牢固结合。例如，奶粉、炼乳、乳糖产品使乳糖结晶时，乳糖就含有一分子的结晶水（$C_{12}H_{22}O_{11}\cdot H_2O$）。

（二）乳中干物质

将乳干燥到恒重时所得到的残渣称为乳干物质。牛的常乳中干物质含量为11%～13%。

$$T=0.25L+1.2F\pm K \tag{6.1}$$

式中，T——干物质（%）；

F——脂肪（%）；

L——牛乳密度计的读数；

K——系数（根据各地情况试验求得，中国轻工业标准规定为 0.14）。

1. 乳脂肪

乳脂肪（milk fat or butter fat）是牛乳的主要成分之一，对牛乳风味起重要的作用，在乳中的含量一般为 3%～5%。乳脂肪不溶于水，呈微细球状分散于乳中，形成乳浊液。

乳脂肪球的大小依乳牛的品种、个体、健康状况、泌乳期、饲料及挤乳情况等因素而异，通常直径为 0.1～10μm，其中以 0.3μm 左右者居多。每毫升的牛乳中有 20 亿～40 亿个脂肪球。脂肪球的直径越大，上浮的速度就越快，故大脂肪球含量多的牛乳，容易分离出稀奶油。当脂肪球的直径接近 1nm 时，脂肪球基本不上浮。所以，生产中可将牛乳进行均质处理，得到长时间不分层的稳定产品。乳脂肪以中性脂肪形态存在，组成包括：甘油三酯、甘油二酯、甘油单酯、脂肪酸、甾醇、胡萝卜素（脂肪中的黄色物质）、维生素（A、D、E、K）、磷脂和一些痕量物质。乳中脂类物质的含量如表 6.4 所示。

表 6.4 乳中脂类物质的含量

脂类	质量分数/%
甘油三酯	97～98
甘油二酯	0.3～0.6
甘油单酯	0.02～0.04
游离脂肪酸	0.1～0.4
甾醇（胆固醇、羊毛甾醇等）	0.2～0.4
磷脂	0.2～1.0

与其他动植物脂肪相比，乳中的脂肪酸可分为三类：第一类为水溶性挥发性脂肪酸，如丁酸、乙酸、辛酸、己酸和癸酸等；第二类是非水溶性挥发性脂肪酸，如十二碳酸（月桂酸）等；第三类是非水溶性不挥发性脂肪酸，如十四碳酸、十六碳酸、十八碳酸、二十碳酸，十八碳烯酸和十八碳二烯酸等。乳脂肪的脂肪酸组成受饲料、营养、环境、季节等因素的影响。一般夏季放牧期间乳脂肪中不饱和脂肪酸含量升高，而冬季舍饲期不饱和脂肪酸含量降低，所以夏季加工的奶油其熔点比较低。牛乳脂肪中含有 C20～C23 的奇数碳原子脂肪酸，也发现有带侧链的脂肪酸。乳脂肪的不饱和脂肪酸主要是油酸，占不饱和脂肪酸总量的 70% 左右。

乳脂肪的营养价值涉及的内容很广，乳脂肪是脂溶性维生素（维生素 A、维生素 D、维生素 E、维生素 K 等）的含有者和传递者，含有相当数量的必需脂肪酸，较其他动物性脂肪易于消化。

2. 乳蛋白质

乳蛋白质（milk protein）是乳中最重要的营养成分。牛乳的含氮化合物中 95% 为乳蛋白质。蛋白质在牛乳中的含量为 3.0%～3.5%，分为酪蛋白（casein，CN）和乳清蛋白（whey protein，WP）两大类，另外还有少量脂肪球膜蛋白。乳清蛋白中有对热不稳定的各种乳白蛋白和乳球蛋白，以及对热稳定的脲及胨。除了乳蛋白质外，还有约 5% 非蛋白态含氮化合物,如氨、游离氨基酸、尿素、尿酸、肌酸及嘌呤碱等。这些物质基本上是机体蛋白质代谢的产物,通过乳腺细胞进入乳中。另外,还有少量微生物态氮。

3. 乳糖

乳糖(lactose)是哺乳动物乳汁中特有的糖类。牛乳中含有 4.6%～5.2% 的乳糖,全部呈溶解状态。乳糖为 D-葡萄糖与 D-半乳糖以 β-1,4 糖苷键结合而成,又称为 1,4-半乳糖苷葡萄糖,属还原糖。

乳糖有 α-乳糖和 β-乳糖两种异构体,其中 α-乳糖很容易与一分子结晶水结合,变为 α-乳糖水合物(α-lactose monohydrate),所以乳糖实际上共有三种构型。甜炼乳中的乳糖大部分呈结晶状态,结晶的大小直接影响炼乳的口感,而结晶的大小可根据乳糖的溶解度与温度的关系加以控制。

4. 乳中的无机物

牛乳中的无机物也称为矿物质,是指除碳、氢、氧、氮以外的各种无机元素,主要有磷、钙、镁、氯、钠、硫、钾等,此外还有一些微量元素。通常牛乳中无机物的含量为 0.35%～1.21%,平均为 0.7% 左右。牛乳中无机物的含量随泌乳期及个体健康状态等因素而异。牛乳中主要无机物的含量见表 6.5。

表 6.5 牛乳中的主要无机物的含量 　　　　　　(单位:mg/100mL)

元素	K	Ca	Na	Mg	P	Cl	S
含量	158	109	54	14	91	99	5

牛乳中的盐类含量虽然很少,但对乳品加工,特别是对热稳定性起着重要作用。牛乳中盐类平衡,特别是钙、镁等阳离子与磷酸、柠檬酸等阴离子之间的平衡,对于牛乳的稳定性具有非常重要的意义。当受季节、饲料、生理或病理等因素影响,牛乳发生不正常凝固时,往往是由于钙、镁离子过剩,盐类的平衡被打破的缘故。此时,可向乳中添加磷酸及柠檬酸的钠盐,以维持盐类平衡,保持蛋白质的热稳定性。生产炼乳时常常利用这种特性。

5. 乳中的维生素

牛乳含有几乎所有已知的维生素,包括脂溶性维生素(如维生素 A、维生素 D、维生素 E、维生素 K)和水溶性维生素(如维生素 B_1、维生素 B_2、维生素 B_6、维生素 B_{12}、维生素 C)等两大类。牛乳中维生素 B_2 含量很丰富,维生素 D 的含量不多,作为婴儿食品时应予以强化。

牛乳中的维生素,有的来源于饲料中,如维生素 E;有的要靠乳牛自身合成,如 B 族维生素(由瘤胃微生物合成)。

乳中维生素含量因贮存和加工中损失而大大改变。维生素 A、维生素 D、维生素 B_2 及尼克酸对热是稳定的,热处理中损失并不大。此外,在生产酸乳制品时,由于微生物的作用能使一些维生素含量提高。所以,酸乳是一类维生素含量丰富的营养食品。在干酪及奶油加工中，脂溶性维生素被转移到制品中而得到充分利用，而水溶性维生素则残留于酪乳、乳清及脱脂乳中。维生素 B_1 及维生素 C 等会因光照而分解。所以，应用避光容器包装乳及乳制品以减少光引起的维生素损失。此外，由铜、铁、锌等制成的加工器具也会破坏维生素 C，所以乳品加工设备应尽可能采用不锈钢设备。

6. 乳中的酶类

牛乳中的酶类有三个来源：乳腺分泌、微生物和白细胞。牛乳中的酶种类很多，但与乳品生产有密切关系的主要为水解酶类和氧化还原酶类。

1）水解酶类

（1）脂酶。牛乳中的脂酶至少有两种：一是只附在脂肪球膜间的膜脂酶，它在常乳中不常见，但在末乳、乳房炎乳及其他一些生理异常乳中常出现；另一种是与酪蛋白相结合的乳浆脂酶（plasma lipase），存在于脱脂乳中。

脂酶的相对分子质量一般为 7000～8000，最适温度为 37℃，最适 pH 值为 9.0～9.2。钝化温度至少 80℃。钝化温度与脂酶的来源有关，来源于微生物的脂酶耐热性高，已经钝化的酶有恢复活力的可能。乳脂肪在脂酶的作用下水解产生游离脂肪酸，从而使牛乳带有脂肪分解的酸败气味，这是乳制品，特别是奶油生产中常见的问题。

（2）磷酸酶。牛乳中的磷酸酶有两种：一种是酸性磷酸酶，存在于乳清中；另一种是碱性磷酸酶，吸附于脂肪球膜处。其中，碱性磷酸酶的最适 pH 值为 7.6～7.8，经 63℃、30min 或 71～75℃、15～30s 加热后可使其钝化，故可以利用这一性质来检验低温巴氏杀菌法处理的消毒牛乳的杀菌程度是否完全。

（3）蛋白酶。牛乳中的蛋白酶存在于 α-乳酪蛋白中，最适 pH 值为 8.0，经 80℃、10min 可使其钝化，但灭菌乳在贮藏过程中蛋白酶有恢复活性的可能。蛋白酶能分解蛋白质生成氨基酸。灭菌乳中的蛋白酶，在贮藏中恢复活性，对 β-酪蛋白有特异作用。牛乳中的蛋白酶分别来自乳本身和污染的微生物。乳中蛋白酶多为细菌性酶，细菌性的蛋白酶使蛋白质水解后形成蛋白胨、多肽及氨基酸。其中，由乳酸菌形成的蛋白酶在乳中，特别是在干酪中具有非常重要的意义。蛋白酶在高于 75℃ 的条件下即被破坏。在 70℃以下时，可以稳定地耐受长时间的加热。在 37～42℃时，蛋白酶在弱碱性环境中作用最大，在中性及酸性环境中作用减弱。

（4）乳糖酶。乳糖酶可催化乳糖水解为半乳糖和葡萄糖，在乳糖的消化吸收过程中起重要作用。先天性或继发性乳糖酶缺乏者，其乳糖消化吸收不良。

2）氧化还原酶类

氧化还原酶主要包括过氧化氢酶、过氧化物酶和还原酶。

（1）过氧化氢酶。牛乳中的过氧化氢酶主要来自白细胞的细胞成分，特别在初乳和乳房炎乳中含量较多。所以，利用对过氧化氢酶的测定可判定牛乳是否为乳房炎乳或其他异常乳。经 65℃、30min 的加热，95%的过氧化氢酶会钝化；经 75℃、20min 的加热，则会 100%钝化。

（2）过氧化物酶。过氧化物酶是最早从乳中发现的酶，它能促使过氧化氢分解产生活泼的新生态氧，从而使乳中的多元酚、芳香胺及某些化合物氧化。过氧化物酶主要来自白细胞的细胞成分，其数量与细菌无关，是乳中固有的酶。过氧化物酶作用的最适温度为 25℃，最适 pH 值是 6.8，钝化温度和时间为 76℃、20min，77～78℃、5min，85℃、10s。通过测定过氧化物酶的活性可以判断牛乳是否经过热处理或判断热处理的程度。

（3）还原酶（reductase）。还原酶是由挤乳后进入乳中的微生物代谢产生。还原酶能将甲基蓝还原为无色。乳中还原酶的含量与微生物的污染程度呈正相关，因此可通过测定还原酶的活力来判断乳的新鲜程度。

7. 乳中的其他成分

1）乳中的有机酸

乳中的有机酸主要是柠檬酸等。乳中柠檬酸的含量为 0.07%～0.40%，平均含量约 0.18%，此外还有微量的乳酸、丙酮酸及马尿酸等有机酸。在酸败乳中，乳酸的含量由于乳酸菌的活动而增高。在发酵乳或干酪中，在乳酸菌的作用下，马尿酸可转化生成苯甲酸。

乳中有机酸以盐类形式存在。除了酪蛋白胶粒成分中的柠檬酸盐外，还存在着离子态及分子态的柠檬酸盐，主要是柠檬酸钙。

柠檬酸对乳的盐类平衡及乳在加热、冷冻过程中的稳定性均起重要作用。同时，柠檬酸还是乳制品芳香成分丁二酮的前体。

2）气体

乳中的气体主要为二氧化碳、氮气和氧气，占鲜牛乳的 7%（体积分数）左右。在挤乳及贮存过程中，二氧化碳由于逸出而减少，而氧气、氮气则因与大气接触而增多。牛乳经冷却处理后，可使气体组成比例发生变化。二氧化碳含量减少，而略使乳的酸度降低，一般降低 1°T 左右。

3）体细胞

乳中所含的体细胞成分主要是白细胞和一些乳房分泌组织的上皮细胞，也有少量红细胞。牛乳中细胞的多少是衡量乳房健康状况及牛乳卫生质量的指标之一。正常乳中体细胞数不超过 50 万个/mL。

二、乳的物理性质

乳是一类含有脂肪乳化分散相和水性胶体连续相的复杂胶体分散系，其物理性质与水相似，但由于在连续相中含有多种溶质及分散相，其性质又有所不同。乳的物理性质对选择正确的工艺条件、鉴定乳的品质具有重要意义。

（一）乳的色泽

正常的新鲜牛乳一般呈不透明的乳白色或稍呈淡黄色，乳白色是乳的基本色调，这是酪蛋白酸钙、磷酸钙胶粒及脂肪球等微粒对光不规则反射的结果。乳中脂溶性的胡萝卜素和叶黄素使乳略带淡黄色，而水溶性的核黄素使乳清呈荧光性黄绿色。

（二）乳的滋味和气味

乳中含有挥发性脂肪酸及其他挥发性物质，这些物质是牛乳气味的主要构成成分。这种香味随温度的升高而加强，乳经加热后香味强烈，冷却后香味减弱。乳中羰基化合物，如乙醛、丙酮、甲醛等均与牛乳风味有关。牛乳除固有的香味之外，还很容易吸收外界的各种气味。所以，挤出的牛乳如在牛舍中放置时间太久，会带有牛粪味或饲料味，储存器不当时则产生金属味，消毒温度过高则产生焦糖味。所以每一个处理过程都必须保持周围环境的清洁，以避免各因素的影响。

纯净的新鲜乳滋味稍甜，这是由于乳中含有乳糖。乳中因含有氯离子而稍带咸味。常乳中的咸味因受乳糖、脂肪、蛋白质等调和而不易觉察，但异常乳如乳房炎乳中氯的含量较高，故有浓厚的咸味。乳中苦味来自 Mg^{2+}、Ca^{2+}，而酸味是由柠檬酸及磷酸所产生。

（三）乳的相对密度

乳的密度和相对密度受多种因素的影响，如乳的温度、脂肪含量、无脂干物质（solid nonfat，SNF）含量、乳挤出的时间及是否掺假等。乳的相对密度受温度的影响较大，温度升高则测定值下降，温度下降则测定值升高，因此在乳的相对密度测定中，必须同时测定乳的温度，并进行必要的校正。乳脂肪的密度较低，所以乳脂率越高，则乳的相对密度越小；相反，SNF 的密度较大，故 SNF 含量越高，则乳的相对密度越大。乳的相对密度在挤乳后 1h 内最低，随后逐渐上升，最后可升高 0.001 左右，这是气体的逸散、蛋白质的水合作用及脂肪的凝固使容积发生变化的结果，故不宜在挤乳后立即测试相对密度。在乳中掺固形物，往往使乳的相对密度提高，这也是一些掺假者的主要目的之一；而在乳中掺水，则乳的相对密度下降，通常每掺入 10%的水，乳的相对密度下降 0.003。因此，在乳的验收过程中通过测定乳的相对密度可以判断原料乳是否掺水。

乳的相对密度与乳中所含的乳固体含量有关。乳中各种成分的含量大体是稳定的，其中乳脂肪含量变化最大。如果脂肪含量已知，只要测定相对密度，就可以按下式计算出乳固体的近似值。

$$T=1.2F+0.25L\pm C \tag{6.2}$$

式中，T——乳固体（%）；

　　　F——脂肪（%）；

　　　L——牛乳密度计（15℃/15℃）的读数；

　　　C——校正系数，约为 0.14。

（四）乳的酸度

乳蛋白质的分子中含有较多的酸性氨基酸和自由的羧基，而且易受磷酸盐等酸性物质的影响，所以乳是偏酸性的。酸度是反映牛乳的新鲜度和热稳定性的重要指标。

1. 乳的滴定酸度

乳品生产中经常需要测定乳的酸度。乳的酸度有多种表示形式。乳品生产中常用的酸度，是指以标准碱溶液用滴定法测定的"滴定酸度"。

滴定酸度有多种测定方法及表示形式。我国滴定酸度用吉尔涅尔度表示，简称°T；或用乳酸质量分数（%）来表示。

滴定酸度（°T）是以酚酞为指示剂，中和100g乳所消耗浓度为0.1mol/L氢氧化钠溶液的体积（mL），如消耗18mL即为18°T。正常的新鲜牛乳的滴定酸度为14～20°T，一般为16～18°T。

用乳酸质量分数表示时，滴定后可按下列公式计算：

$$乳酸质量分数 = \frac{0.1mol/L的NaOH溶液的毫升数 \times 0.009}{测定乳样的质量（g）} \times 100\% \quad (6.3)$$

正常新鲜牛乳的滴定酸度用乳酸质量分数表示为0.13%～0.18%，一般为0.15%～0.16%。

若从酸的含义出发，酸度可用氢离子浓度的负对数值即pH值来表示。pH值可称为离子酸度或活性酸度。正常新鲜牛乳的pH值为6.4～6.8，一般酸败乳或初乳的pH值在6.4以下，乳房炎乳或低酸度乳的pH值在6.8以上。因此，牛乳的酸度是反映牛乳质量的一项重要指标。

2. 乳中酸度的来源

刚挤出的新鲜乳的酸度可称为固有酸度或自然酸度。固有酸度来源于乳中固有的各种酸性物质。若牛乳酸度以乳酸质量分数计为0.15%～0.18%，则其中来源于酪蛋白的为0.05%～0.08%，来源于白蛋白的约为0.01%，来源于二氧化碳的为0.01%～0.02%，来源于柠檬酸盐的为0.01%～0.02%，其余的则多来源于磷酸盐。非脂乳固体含量越多，固有酸度就越高。挤出后的乳，在微生物作用下进行乳酸发酵，导致酸度逐渐升高，由于发酵产酸而升高的这部分酸度称为发酵酸度。

固有酸度和发酵酸度之和称为总酸度。一般情况下，乳品工业中所测定的酸度就是总酸度。

3. 乳中酸度升高的危害

原料乳的酸度越高，则热稳定性越差。牛乳的酸度与凝固温度的关系见表6.6。

表6.6　牛乳的酸度与凝固温度的关系

酸度/°T	凝固的条件	酸度/°T	凝固的条件
18	煮沸时不凝固	40	加热至65℃时凝固
22	煮沸时不凝固	50	加热至40℃时凝固
26	煮沸时能凝固	60	22℃时自行凝固
28	煮沸时能凝固	65	16℃时自行凝固
30	加热至77℃时凝固		

此外，乳的酸度升高，降低了乳的溶解度，降低了乳品质量和乳的保存性。因此，鲜乳挤出后必须迅速冷却，并低温保存，以防止酸度升高。

4. 乳酸度的测定

乳酸度应依据《食品安全国家标准 食品酸度的测定》（GB 5009.239—2016）进行乳和乳制品酸度的测定。

5. pH 值

活性酸度（pH 值）反映了乳中处于电离状态的所谓的活性氢离子的浓度。但测定滴定酸度时，氢氧根离子不仅和活性氢离子相作用，同时也和潜在的，也就是在滴定过程中电离出来的氢离子相作用。乳挤出后，在存放过程中由于微生物的作用使乳糖分解为乳酸。乳酸是一种电离度小的弱酸。乳是一个缓冲体系，其中蛋白质、磷酸盐、柠檬酸盐等物质具有缓冲作用，可使乳保持相对稳定的活性氢离子浓度，所以在一定范围内，虽然产生了乳酸，但乳的 pH 值并不相应地发生明显的变化。测定滴定酸度时，按照质量作用定律，随着碱液的滴加，乳酸也继续电离，由乳酸带来的活性的和潜在的氢离子陆续与氢氧根离子发生中和反应，可见滴定酸度可以反映出乳酸产生的程度。而 pH 值则不呈现规律性的对应关系，因此加工上广泛地以测定滴定酸度来间接掌握原料乳的新鲜度。乳的酸度越高，乳的热稳定性就越低。

（五）乳的热学性质

牛乳的热学性质主要有冰点、沸点及比热容。按照拉乌尔定律，牛乳在溶质的影响下，表现出冰点下降与沸点上升的特征。

1. 冰点

牛乳的冰点一般为 $-0.525 \sim -0.565℃$，平均为 $-0.540℃$。

作为溶质的乳糖和盐类是冰点下降的主要因素。它们的含量较稳定，所以正常新鲜牛乳的冰点是物理性质中较稳定的一项。由于乳脂肪球、酪蛋白和乳清蛋白分子粒子大或质量大，对冰点变化不产生影响，而乳糖对冰点的变化影响最大。乳糖、氯化物和其他盐类对乳的冰点降低的贡献率分别为 55%、25% 和 20%。如果在牛乳中掺水，可导致冰点回升。掺水 10%，冰点约上升 0.054℃。

2. 沸点

牛乳的沸点在 101.33kPa（1 个大气压）下约为 100.55℃。乳在浓缩过程中沸点继续上升；浓缩到原容积的一半时，沸点约上升到 101.05℃。牛乳的总固形物含量高，沸点也会上升。

3. 比热容

比热容是指使 1kg 物质温度升高 1K 所需要的热量。一般牛乳的比热容约为 3.89kJ/

(kg·K)，为乳中各成分比热容权重之和。乳中主要成分的比热容分别是：乳脂肪 2.09kJ/(kg·K)，乳蛋白质 2.42kJ/（kg·K），乳糖 1.25kJ/（kg·K），盐类 2.93kJ/（kg·K）。乳的比热容与其主要成分的比热容及含量有关。牛乳的比热容随其所含的脂肪含量及温度的变化而异。当牛乳的温度为 14～16℃时，乳脂肪的一部分或全部还处于固态，加热的热能一部分要消耗在脂肪融化的潜热上，故在此温度范围内，其脂肪含量越多，使温度上升 1℃所需的热量就越大，比热容也相应增大。在其他温度范围内，因为脂肪本身的比热容小，故脂肪含量越高，乳的比热容越小。

（六）乳的黏度与表面张力

1. 乳的黏度

一定条件（中等剪切速率，脂肪含量在 40%以下，温度在 40℃以上，脂肪呈液态）下，乳、脱脂乳和稀奶油呈牛顿流体特征。当温度为 25℃时，常乳的黏度为 0.0015～0.002Pa.s，牛乳的黏度随温度升高而降低。黏度对牛乳的加工处理（如脱脂、均质和杀菌等）影响较大，在乳制品加工方面具有重要的意义。例如，在乳浓缩阶段，黏度过低或过高都是不正常的。在生产奶粉时，黏度过高可能妨碍雾化效果，产生喷雾不全或水分蒸发不良的现象。

2. 乳的表面张力

牛乳的表面张力与牛乳的起泡性、乳浊状态、微生物的生长发育、热处理、均质作用及风味等有密切关系。测定表面张力的目的是鉴别乳中是否混有其他添加物。

牛乳表面张力在 20℃时为 0.04～0.06N/cm。牛乳的表面张力随温度上升而降低，随含脂率的减少而增大。乳经均质处理后，脂肪球表面积增大，由于表面活性物质吸附于脂肪球界面处，从而增加了表面张力。但如果均质前不先经过加热处理使脂肪酶钝化，均质处理后的乳中脂肪酶活性增加，使乳脂水解生成游离脂肪酸，使表面张力降低，而表面张力与乳的泡沫性有关。表面张力减小有助于溶液起泡性能的增强。加工冰激凌或搅打发泡稀奶油时希望有浓厚而稳定的泡沫形成，但运送乳、净化乳、稀奶油分离、杀菌时则不希望形成泡沫。

任务三　乳中的微生物

乳与乳制品是一类营养丰富的食品，是各种微生物良好的培养基。如果在生产与加工过程中受到微生物的污染，这些微生物在适宜条件下，就会迅速繁殖，影响乳和乳制品的质量。乳中常见的微生物主要包括细菌、病毒、真菌等。

一、乳中微生物的来源

（一）内源性污染

内源性污染是指污染微生物来自牛体内部，即牛体乳腺患病或污染有菌体、泌乳牛体患有某种传染性疾病或局部感染而使病原体通过泌乳排至乳中造成的污染，如布氏杆菌、结核杆菌、放线菌、口蹄疫病毒等病原体。

一般在健康乳牛的乳房内的乳汁中含有 500～1000 个/mL 的细菌是比较普遍的。在奶牛患有乳房炎等疾病的情况下，细菌数会增加到 5×10^5 个/mL 以上。

导致乳腺炎的病原微生物常有金黄色葡萄球菌、酿脓链球菌、停乳链球菌、大肠埃希菌等，因此对人体健康具有一定的危险性。

（二）外源性污染

原料乳外源性污染主要来自牛体、牛舍、挤乳器具及操作人员、储藏运输过程中等的污染。

1. 来源于牛体的污染

乳房周围和牛体皮肤表面，由于常与空气接触，很容易被附着在尘埃上的微生物污染。同样，乳房周围也带有大量细菌，挤乳时很容易对乳造成污染。因此，挤乳前必须用温水清洗乳房和腹部，以尽量减少对乳的污染。

2. 来源于牛舍的污染

牛舍中的饲料、粪便、地面土壤、空气中尘埃等，都是牛乳污染的主要来源。饲料和粪便中含有大量微生物，尤其是粪便，每克粪便中含有 $10^9 \sim 10^{11}$ 个细菌。据测定，当 10L 乳中掉入 1g 含 10^9 个细菌的粪便时，则会使每毫升乳中增加 10^4 个细菌。当牛舍不清洁且干燥时，许多饲料和粪便的微粒就会成为尘埃分散在牛舍空气中，对空气造成污染。当在牛舍中饲喂、清洗牛体或打扫牛舍时，牛舍空气中的细菌数可达 $10^3 \sim 10^4$ 个/L。而在清洁的牛舍中，每升空气中细菌数只有几十至几百个。所以，一般牧场都是在挤乳后才进行饲喂和清扫，挤乳前也要给地面洒水、通风，尽量减少空气中尘埃及微生物的数量，降低因乳与空气接触而造成的污染。

3. 来源于挤乳器具及操作人员的污染

盛乳桶、挤乳器、输乳管、过滤布等挤乳器具，在挤乳前如果不进行清洗消毒，也会对乳造成污染。据试验，若乳桶只用清水清洗而不杀菌，装满牛乳后，每毫升乳中的细菌数可高达 250 多万个；而用蒸汽杀菌后再盛乳，则每毫升乳中的细菌数只有 2×10^4 个左右。所以，一般在挤乳前均要对挤乳时所用的各种器具进行清洗杀菌，挤乳完成后也要用热碱水对其进行清洗。挤乳操作人员的手、工作衣帽及其健康状况，也都有可能对乳造成污染。

4. 来源于储藏运输过程中的污染

牛乳挤出后，在未消毒加工之前的这一阶段中，如果储藏运输方法不当、器械不清洁也会对乳造成污染。一般在储乳时，要将乳收集到比较大的容器中，所用容器必须要清洗杀菌。乳每转换一次容器均要进行过滤，过滤纱布要定期更换、清洗、消毒。当一容器装满后要将盖子盖严，尽量减少与空气接触时间。运输工具也要清洁卫生，经常清洗。挤出的乳要尽快送到乳品厂，减少存放时间。

二、乳中微生物的种类

（一）原料乳中的病原菌

乳与乳制品是微生物良好的培养基，同样也成为致病菌的温床。一般牛乳与乳制品常见的致病菌有葡萄球菌、链球菌、沙门氏菌、大肠埃希菌、炭疽菌、肉毒杆菌及布鲁菌等。这些病原菌进入牛乳和乳制品中，会使牛乳的风味、色泽、形态发生变化，并引起食物中毒或传染疾病。

1. 葡萄球菌

葡萄球菌是常见的致病菌，经葡萄球菌污染的乳品等食品，在条件适合时其生长代谢物含有毒素，人们食用后即可引起食物中毒，其中金黄色葡萄球菌的致病力最强。葡萄球菌能使牛乳中的乳蛋白发生胨化。

2. 链球菌

链球菌是奶牛患乳腺炎的重要病原菌，能产生可溶性的溶血素。常存在于奶牛的口腔、皮肤、乳头及牛乳中。

3. 沙门氏菌

牛乳及乳制品中的沙门氏菌通常来自患有沙门氏菌病的乳牛粪便排泄物、乳头或被污染的乳房清洗水及人为操作过程。

（二）原料乳中的腐败微生物

鲜牛乳的腐败变质，导致乳及乳制品质量的改变，主要是由于其中有一些能够分解蛋白质和脂肪的微生物，产生蛋白质分解酶所致。在牛乳及乳制品中常见的腐败微生物有革兰氏阴性无芽孢杆菌、革兰氏阳性杆菌、芽孢杆菌、棒状杆菌、一些乳酸菌、酵母菌和霉菌等。这些腐败微生物通常通过粪尿、饲草、污水等污染牛乳及乳制品。

1. 大肠菌群

大肠菌群很容易从母牛的肠道中分离得到，所以检测原料乳和乳制品大肠菌群的作用是非常有限的。为了检验巴氏杀菌的效果，一般在巴氏消毒乳、奶油和其他乳制品中检测是否残留大肠菌群和磷酸酶。若两者都显阳性，则说明巴氏杀菌操作不当；若大肠菌群结果为阳性，而磷酸酶的结果为阴性，则说明产品在巴氏消毒后被污染了。通常认为大肠菌群主要直接或间接来自人与动物的粪便。

2. 假单胞菌

假单胞菌广泛存在于自然界中，能产生各种荧光色素，发酵葡萄糖和乳糖。假单胞菌属多数菌能使乳制品蛋白质分解而变质，如荧光极性鞭毛杆菌除了能使牛乳胨化外，还能分解脂肪，使牛乳产生酸败。

3. 黄杆菌

黄杆菌多数情况下来自自然环境中的水、土壤、乳品厂废弃物及污水，其嗜冷性强，能够在较低的温度域中生长。黄杆菌在4℃引起鲜牛乳变黏和酸败，是原料乳和其他冷藏食品酸败变质的主要细菌之一。

4. 乳酸菌

乳酸菌是乳制品加工中利用较普遍的有益微生物。但是当原料乳或一些未经发酵生产的乳制品中污染大量的乳酸菌时，会造成不希望发生的风味和组织缺陷，如酸化、变黏或凝块等变质现象。

（三）原料乳中的有益微生物

原料乳中除了含有引起腐败变质、降低其质量的微生物和一些致病菌之外，常常混有对人类机体有一定有益生理作用和对鲜牛乳的保藏有有利影响的微生物。这些微生物包括乳酸菌、双歧杆菌、丙酸杆菌等细菌。

乳酸菌是对能够发酵糖类并产生大量乳酸的细菌的惯用叫法，并不是细菌分类学上名称。已知的细菌被分类为数百个属，其中与乳酸菌相关的属就有10多种。

1. 乳杆菌属

乳杆菌分布极广，自然界的土壤、水源、食品、牛乳，以及人和动物肠道是它们的主要栖息场所。乳杆菌对人类和动植物无致病性。

乳杆菌属中许多菌株被用于发酵乳制品、酿酒和泡菜等发酵食品的生产及工业乳酸的发酵等领域。其中，保加利亚乳杆菌、嗜酸乳杆菌、干酪乳杆菌、瑞士乳杆菌和植物乳杆菌等在酸乳、干酪、乳酸菌饮料和保健食品的生产中应用较多。

保加利亚乳杆菌是应用极广泛的乳杆菌之一，菌体呈杆状，有时呈长丝状、链状排列。最适生长温度为35～42℃，在培养基中加入酵母浸出物或牛乳成分时生长良好，在牛乳中有很强的产酸能力，能分解牛乳蛋白质生成氨基酸。该菌常与嗜热链球菌配伍作为发酵乳发酵剂而应用较多。

嗜酸乳杆菌是被人类认识较早的肠道乳杆菌之一，具有在人和动物肠道中繁殖生长的能力，也是肠道微生物菌群中的主要组成菌株，可从幼儿和成人粪便中分离出。菌体呈细长形、单个或呈短链状排列。该菌耐酸性很强，但在牛乳中产酸能力较弱，最适生长温度为37℃。

乳杆菌是与人类生活密切相关的一类细菌，在食品发酵、工业乳酸发酵及医疗保健等领域应用广泛。

2. 乳球菌属

乳球菌通常分布于生乳和乳制品中，在粪便和土壤中未有分离的报道。该属的菌株对人类是安全的，尚未有临床病例的报道。

乳酸乳球菌乳酸亚种和乳酸乳球菌乳脂亚种常被用作奶酪的发酵剂菌株，对这两株的遗传学特性研究比较多，尤其是其菌体抗性和质粒特性研究在干酪制品的制造中具有重要意义。

3. 链球菌属

链球菌通常最适生长温度为 37℃，在 25～45℃都能生长。葡萄糖发酵的主要产物是乳酸，不产气，属同型乳酸发酵。

嗜热链球菌是酸牛乳发酵剂菌株，普遍用于各种酸牛乳的生产。其中，有些菌株在牛乳中能够生成荚膜和黏性物质，能增加酸牛乳的黏度，常用于高黏度搅拌型牛乳或凝固型牛乳的生产。

4. 双歧杆菌属

双歧杆菌的最适生长温度为 37～41℃，最低生长温度为 25～28℃，最高生长温度为 43～45℃；起始生长最适 pH 值为 6.5～7.0；在 pH 值低于 5.0，或 pH 值高于 8.0 时不生长。

三、鲜乳贮存期间微生物的变化

（一）牛乳在室温贮存时微生物的变化

新鲜牛乳在杀菌前期都有一定数量的不同种类的微生物存在，如果放置在室温（10～21℃）下，乳液会因微生物的活动而逐渐变质。室温下微生物的生长过程可分为以下几个阶段。

1. 抑制期

新鲜乳液中均含有多种生化机制不同的天然抗菌或抑菌物质，其杀菌或抑菌作用在含菌少的鲜乳中可持续 36h（在 13～14℃）；若在污染严重的乳液中，其作用可持续 18h 左右。在此期间，乳液的含菌数不会增高，若温度升高，则抗菌物质的作用增强，但持续时间会缩短。另外，维持抑菌的时间长短也与乳中微生物含量有直接关系，细菌数越多则持续时间越短。因此，鲜乳放置在室温环境中，一定时间内不会发生变质现象。

2. 乳酸链球菌期

鲜乳中的抗菌物质减少或消失后，存在乳中的微生物即迅速繁殖，占优势的细菌是乳酸链球菌、乳酸杆菌、大肠埃希菌和一些蛋白分解菌等。这些细菌能分解乳糖并产酸，有时产气，并伴有轻度的蛋白质水解，这一反应又促使乳球菌大量繁殖，酸度不断升高，其中以乳酸链球菌生长繁殖特别旺盛。由于乳的酸度不断上升，就抑制了其他腐败菌的生长。当升高至一定酸度时（pH 值为 4.5），乳酸链球菌本身生长也受到抑制，并逐渐减少，这时有乳凝块出现。

3. 乳酸杆菌期

当牛乳的 pH 值下降至 6.0 左右时，嗜酸性的乳酸杆菌的活力逐渐增强。当 pH 值继续下降至 4.5 以下时，由于乳酸杆菌耐酸力较强，尚能继续繁殖并产酸。在此阶段乳液中可出现大量乳凝块并有大量乳清析出。同时，一些耐酸性强的丙酸菌、酵母菌和霉菌也开始生长，但乳酸杆菌仍占优势。

4. 真菌期

当酸度继续升高，pH 值降至 3.5～3.0 时，绝大多数微生物被抑制甚至死亡，仅酵母菌和霉菌尚能适应高酸性的环境，并能利用乳酸及其他一些有机酸。由于酸被利用，乳液的酸度会逐渐降低，使乳液的 pH 值不断上升并接近中性。此时优势菌种为酵母菌和霉菌。

5. 胨化菌期

乳液中的乳糖大量被消耗后，残留量已很少。此时 pH 值已接近中性，蛋白质和脂肪是主要的营养成分，适宜分解蛋白质和脂肪的细菌的生长繁殖。同时乳凝块被消化，乳液的 pH 值不断提高，逐渐向碱性方向转化，并有腐败的臭味产生。这时的腐败菌大部分属于芽孢杆菌、假单胞菌及变形杆菌。

上述各阶段的区分不是十分明显，是没有严格界限的持续发展过程，具体变化见图 6.1。

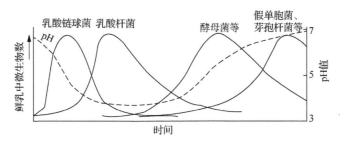

图 6.1　牛乳在室温下贮存期间微生物的变化情况

（二）微生物对鲜乳品质的影响

刚挤出的鲜乳中细菌含量较高，特别是前几把乳中细菌数很高，但随着牛乳不断被挤出，乳中细菌含量逐渐减少。然而，挤出的牛乳在进入乳槽车或贮乳罐时经过了多次的转运，期间又会因接触相关设备、操作人员及暴露在空气中而多次污染。在此过程中若不及时冷却还会导致乳被细菌大量污染。鲜乳中细菌数量为 10000～100000 个/mL，运到工厂时可上升到 100000～1000000 个/mL。在不同条件下，牛乳中微生物的变化规律是不同的，主要取决于其中含有的微生物种类和牛乳固有的性质。

　　牛乳挤出后应在 30min 内快速冷却到 0～4℃，并转入具有冷却和良好保温性能的保温缸内贮存。在冷藏条件下，鲜乳中适合于室温下繁殖的微生物的生长被抑制；而嗜冷菌却能生长，但生长速度非常缓慢。这些嗜冷菌包括假单胞杆菌属、产碱杆菌属、无色杆菌属、黄杆菌属、克雷伯氏杆菌属和小球菌属。

　　冷藏乳变质的主要原因在于乳中的蛋白质和脂肪的分解。多数假单胞杆菌属中的细菌均具有产生脂肪酶的特性，这些脂肪酶在低温下活性非常强并具有耐热性，即使在加热消毒后的乳中，还残留脂酶活性。低温条件下促使蛋白分解胨化的细菌主要为产碱杆菌属和假单胞杆菌属。

项目七　原料乳的验收和预处理技术

学习目标

⚓ **知识目标**

1. 掌握原料乳各项验收技术的原理。
2. 掌握原料乳各项预处理技术的原理。

⚓ **技能目标**

1. 掌握原料乳的各项检验方法。
2. 掌握原料乳的各项预处理技术。

⚓ **素质目标**

1. 提升正确对待原料乳验收的意识。
2. 提升查阅和辨别预处理技术的意识。

关键术语

感官　理化　净化　冷却　均质　标准化

任务一　原料乳的验收技术

一、原料乳的质量标准

原料乳应符合无公害生鲜牛乳的行业标准，同时也要结合《食品安全国家标准 生乳》（GB 19301—2010）。食品安全国家标准给出了生乳的定义："从符合国家有关要求的健康奶畜乳房中挤出的无任何成分改变的常乳。产犊后七天的初乳、应用抗生素期间和休药期间的乳汁、变质乳不应用作生乳。"此标准也规定了生乳的主要质量标准，包括感官要求、理化指标、污染物限量、真菌毒素限量、微生物限量、农药残留限量和兽药残留限量。

（一）感官要求

原料乳的感官评定项目包括色泽、滋气味和组织状态等三项，见表7.1。

表7.1　原料乳的感官要求

项目	要求
色泽	呈乳白色或微黄色
滋气味	具有乳固有的香味，无异味
组织状态	呈均匀一致液体，无凝块，无沉淀，无正常视力可见异物

（二）理化指标

原料乳的理化指标详见表 7.2。

表 7.2　原料乳的理化指标

项目		要求
冰点 [a,b]/℃		−0.500～−0.560
相对密度/（20℃/4℃）		≥1.027
蛋白质/（g/100g）		≥2.8
脂肪/（g/100g）		≥3.1
杂质度/（mg/kg）		≤4.0
非脂乳固体/（g/100g）		≥8.1
酸度/（°T）	牛乳 [b]	12～18
	羊乳	6～13

a 挤出 3h 后检测。
b 仅适用于荷斯坦奶牛。

（三）污染物限量

原料乳污染物限量应符合《食品安全国家标准 食品中污染物限量》（GB 2762—2017）的规定：铅≤0.05mg/kg，汞（以总汞计）≤0.01mg/kg，砷（以总砷计）≤0.1mg/kg，铬≤0.3mg/kg，亚硝酸盐（以 $NaNO_2$ 计）≤0.4mg/kg。

（四）真菌毒素限量

原料乳真菌毒素限量应符合《食品安全国家标准 食品中真菌毒素限量》（GB 2761—2017）的规定：黄曲霉毒素 M_1≤0.5μg/kg。

（五）微生物限量

原料乳的微生物限量见表 7.3。

表 7.3　原料乳的微生物限量

项目	限量 [CFU/g（mL）]	检验方法
菌落总数	≤2×10⁶	GB 4789.2

（六）农药残留限量和兽药残留限量

农药残留量应符合《食品安全国家标准 食品中农药最大残留限量》（GB 2763—2021）及国家有关规定和公告。兽药残留量应符合国家有关规定和公告。

二、原料乳的验收

我国原料乳的验收步骤包括原料乳的采集、感官检验、理化检验、微生物检测及掺假检验。

（一）原料乳的采集

采集乳样是原料乳验收过程中的第一步，也是非常重要的一步，要求所采的样品必须具有代表性，能代表被检验产品的特性。否则，即使以后的样品处理及检测无论怎样严格、精确，也将毫无价值。

1. 采样的准备工作

1）采样人员

正规的乳制品分析实验室，应确定专门的人员进行采样，其他化验室也应配有具备一定经验的采样人员。采样人员需要接受专门培训，学习有关知识并熟练地掌握采样操作技术。有条件时应实行双人平行采样。

2）样品的封装与标贴

采好的样品要密封包装，贴上标签。标签上应注明样品名称、来源、数量、采样日期和编号等内容。

3）采样报告

正规的乳制品分析实验室中应备有采样报告，报告中要记录样品来源、采样要求和采样条件等内容。

4）采样用具

用于化学分析的采样用具必须洗净后干燥。用于微生物检验的器具，必须清洗后灭菌。灭菌方法根据不同材料与质地，采用国家标准中指定的适当灭菌法。作感官评定的样品可按上述方法之一处理，但用具不应给样品增加滋气味。通常要求采样用具为不锈钢制品或玻璃器具。

5）采样容器

应使用清洁干燥、不透水、不透油，能承受灭菌对象的适当形状、容积的容器作为液体样品的容器。固体样品同上述要求，但一般使用广口瓶。采样容器要密封，最好采用真空包装。如果采样容器是复合材料并用黑色包装材料，则是最理想的，因为氧气的进入或光照都可能改变样品中的某些成分。

2. 采样技术

每个样品采两个样，一个为分析样品，另一个为保存样品。当发现分析样品测定有误时，可用保存样品重新测定。

采样前必须用搅拌器在乳中充分搅拌，使乳的组成均匀一致。因为乳脂肪的密度较小，当乳静止时乳的上层较下层富于脂肪。如果乳表面上形成了紧密的一层乳油，应先将附着于容器上的脂肪刮入乳汁中，然后再搅拌。如果有一部分乳已冻结，必须使其全部溶化后再搅拌。

取样数量取决于检查的内容，一般只测定酸度和脂肪度时取 50mL 即可，如做全分析应取乳 200~300mL。

可采用直径 10mm 的镀镍金属管取样，其长度应比盛乳容器高。若用玻璃管采样，需要小心使用，防止玻璃片落入乳中。

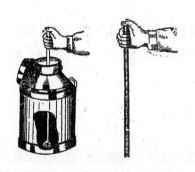

采样时应将采样管慢慢插入容器底部,在不同深度取样,然后用大拇指紧紧掩住采样管上端的开口,把带有乳汁的采样管从容器内抽出,将采得的检样注入带有瓶塞的干燥而清洁的玻璃瓶中,并在瓶上贴上标签,注明样品名称、编号等。乳样采集法如图 7.1 所示。

图 7.1 用采样器或玻璃管采取乳样的方法

（二）感官检验

1. 牛乳颜色的检验

新鲜正常的牛乳呈不透明的白色或淡黄色，称为乳白色，这是乳的基本色调，其中白色是由于乳中的酪蛋白酸钙-磷酸钙胶粒及脂肪球等微粒对光的不规则反射所产生的，牛乳中的脂溶性胡萝卜素和叶黄素使乳略带淡黄色，而水溶性的核黄素使乳清呈荧光性黄绿色。

牛乳颜色的检验方法：取适量试样于 50mL 烧杯中，在自然光下观察其色泽和组织状态，并依据标准给出评定结果。

2. 滋气味检验

因为乳中含有挥发性的脂肪酸及其他挥发性物质，所以牛乳具有一种特有的奶香，味微甜，并且其香味在加热后增强，在冷却后减弱。此外，由于牛乳中含有氯离子，因此牛乳稍带咸味，但正常牛乳因乳糖、脂肪、蛋白质等成分的调和作用，咸味被掩盖而不易察觉。

由于受个体、饲料及各种外界因素的影响，牛乳的风味可能会出现异常，大致有以下几种。

1）强烈的乳牛臭味

牛乳中二甲硫醚含量过高时，会使牛乳产生一种强烈的乳牛臭味，患有酮病的乳牛生产的牛乳也具有这种浓厚的乳牛臭味。

2）饲料味

因冬季、春季牧草减少而以人工饲养时易产生饲料味，产生饲料味的饲料主要是各种青贮料、芜菁、卷心菜、甜菜等。另外，挤奶后若牛乳未及时过滤冷却送出牛舍，乳中脂肪极易吸收牛舍、饲料及粪便等臭味。

3）杂草味

杂草味主要由乳牛摄食大蒜、韭菜、苦艾、毛茛、甘菊等产生。

4）脂肪分解味

由于乳脂肪被脂酶水解，乳中游离的低级挥发性脂肪酸多而产生脂肪分解味。

5）氧化味

氧化味是由乳脂肪氧化而产生的不良风味。产生氧化味的主要因素有重金属、抗坏血酸、光、氧、贮藏温度，以及饲料、牛乳处理和季节等，其中尤以铜的影响最大。此外，抗坏血酸对氧化味的影响很复杂，也与铜有关。如果把抗坏血酸含量增加3倍或全部破坏均可防止氧化味的发生。另外，光所诱发的氧化味与核黄素有关。

6）日光味

牛乳在阳光下照射10min后，由于乳清蛋白受阳光照射而变性，可产生类似焦臭味和毛烧焦味的日光味。日光味的强度与VB_2和色氨酸的破坏有关，日光味的成分为乳蛋白质-VB_2的复合体。

7）蒸煮味

蒸煮味的产生主要是乳清蛋白中的β-乳球蛋白，因加热而产生硫氢基，致使牛乳产生蒸煮味。例如，牛乳在76～78℃，加热3min或在70～72℃，加热30min均可使牛乳产生蒸煮味。

8）浓厚的咸味

末乳和乳房炎乳因氯离子含量较高，可能会出现浓厚的咸味，也不排除人为加入盐类所致。

9）由微生物引起的异常风味

由于牛乳在贮存过程中，受各种微生物污染，而造成风味出现异常。

滋气味的检验方法：取乳样50mL于250mL三角瓶中置电炉上煮沸，冷却至70～80℃，保持瓶口与鼻子之间的距离在10cm左右，用手煽动瓶口上方的气体，闻其气味，并依据标准给出评定结果。乳样冷却至25℃时，用温开水漱口后，品尝样品的滋味，并依据标准给出评定结果。

（三）理化检验

原料乳理化检验的项目较多，本书就一般乳品厂必测的干物质、蛋白质、脂肪、乳糖、酸度、酒精试验、杂质度等几项做简单介绍。

1. 乳干物质

将牛乳干燥到恒重时所得到的残余物叫作乳干物质，也称为乳总固形物或全乳固体，是正常乳中除水以外的物质的总称，其含量为10.5%～14.5%，平均为12.5%。乳干物质的含量随乳牛生理、病理、饲养条件等因素的改变而变化，尤其是乳脂肪含量不太稳定，对乳干物质的含量影响很大，因此在实际中常用无脂干物质（非脂乳固体，即干物质中除去脂肪的部分）作为指标。干物质含量是衡量乳营养价值的一项指标。

乳干物质的测定方法有干燥法和仪器法，其中干燥法执行《食品安全国家标准 乳和乳制品中非脂乳固体的测定》（GB 5413.39—2010），仪器法可依不同的乳成分分析仪而采取相应的测定步骤。

2. 乳蛋白质

牛乳中的蛋白质含量为 2.7%～4.5%，由于其含有人体所需的全部必需氨基酸，故乳蛋白质是优质蛋白质，具有很重要的营养学意义。牛乳中的蛋白质主要包括酪蛋白和乳清蛋白两大类，其质量比约为 80∶20，在特性上有很大的区别。

测定原料乳中蛋白质的含量，既是保证产品质量的要求，又为乳品厂收购牛乳时按质论价提供依据。我国原料乳中蛋白质的测定方法执行《食品安全国家标准 食品中蛋白质的测定》（GB 5009.5—2016）。本书只介绍其中的凯氏定氮法，其原理是：牛乳中的蛋白质与硫酸和催化剂一同加热消化，使蛋白质分解，其中碳、氢形成二氧化碳及水逸去，分解产生的氨与硫酸结合成硫酸铵，然后碱化蒸馏使氨游离，用硼酸吸收后，再以硫酸或盐酸的标准溶液滴定，根据酸的消耗量得到样液中氮的含量，乘以换算系数，即为蛋白质的含量。

3. 乳脂肪

乳脂肪是乳脂质的主要成分，占乳脂质的 97%～99%，在牛乳中的含量为 3%～5%，是乳中主要的能量物质和重要的营养成分，也赋予了乳制品丰润圆熟的风味和柔润滑腻的组织状态。

目前，我国原料乳中脂肪测定的标准为《食品安全国家标准 食品中脂肪的测定》（GB 5009.6—2016），该标准对于原料乳中脂肪的测定给出了两个方法。第一法原理：用乙醚和石油醚抽提样品中的碱水解液，通过蒸馏或蒸发去除溶剂，测定溶于溶剂中的抽提物的质量。第二法原理：在乳中加入硫酸破坏乳胶质性和覆盖在脂肪球上的蛋白质外膜，离心分离脂肪后测量其体积。第一法操作简便，是常用方法，第二法虽用时较长，但在校准乳全组分分析仪或盖勃乳汁计时必须用此法。

4. 乳糖

乳糖是乳汁中特有的一种碳水化合物，属于双糖，即由一分子葡萄糖和一分子半乳糖构成，在牛乳中的含量为 4.2%～5.2%。

乳糖可在乳糖酶的作用下，分解成单糖。分解成单糖后如果通过酵母菌的作用，可生成乙醇，这便是制造奶酒的依据；如果通过细菌的作用，可生成乳酸、丙酸、醋酸及 CO_2 等，这便是干酪和多种酸乳制品制造的依据。因此，乳糖的这些特性在乳品工业中具有重要的意义，但同时也是乳品加工中引起乳与乳制品变质的一个十分重要的问题。

我国乳糖测定标准执行《食品安全国家标准 婴幼儿食品和乳品中乳糖、蔗糖的测定》（GB 5413.5—2010），其原理为：试样经除去蛋白质后，在加热条件下，以次甲基蓝为指示剂，直接滴定已标定过的费林氏液，根据样液消耗的体积，计算乳糖含量。

5. 乳的酸度

正常牛乳的酸度一般为 16～18°T，不新鲜的牛乳中微生物大量繁殖会导致酸度上升。具体乳的酸度的检测方法详见项目六任务二中"二、乳的物理性质"部分。

（四）微生物检测

原料乳中的微生物主要包括细菌、病毒、真菌等，以细菌为主。常见的有乳酸菌、胨化细菌、丁酸菌、产气菌、产碱菌、脂肪分解菌、酵母菌和霉菌等。

我国原料乳的微生物检测指标为菌落总数小于等于 200 万，但一般企业的微生物检测项目除菌落总数外，还有嗜冷菌、芽孢、耐热芽孢、大肠菌群等。

（五）掺假检验

原料乳掺假主要是通过一定方式将与乳中所含成分相似的物质加入乳中，使之通过感官等一般手段不易被发现，而获取不正当利益。目前原料乳的掺假可以分为以下五类。

第一类是为增加牛乳重量或干物质指标而向牛乳中加入某些物质，此类物质主要有水、糊精、淀粉、糖类、脂肪粉、乳清粉、水解蛋白、三聚氰胺、铵盐、尿素、钠盐、钾盐等。

第二类是为防止微生物生长繁殖而向牛乳中加入防腐类物质，此类物质主要有苯甲酸盐、山梨酸盐、双氧水、亚硝酸盐、硝酸盐、硫代硫酸钠、焦亚硫酸钠、硫氰酸钠等。

第三类是针对酸度高的牛乳，加入酸中和剂，以降低酸度，此类物质主要有火碱、纯碱、小苏打等。

第四类是针对有抗生素的牛乳，加入抗生素分解酶，以分解抗生素。

第五类是为实现上述目的，而向牛乳中同时加入多种物质。

任务二 原料乳的预处理技术

原料乳的预处理技术即初步加工技术，主要包括过滤与净化、冷却与贮存、脱气、标准化和均质。

一、原料乳的过滤与净化

牛乳中常含有杂质，因此必须进行净化。目前采用离心或过滤净化，在去除杂质的同时可减少微生物数量。

（一）原料乳的过滤

在奶牛场中挤乳时，乳容易被大量粪屑、饲料、垫草、牛毛和蚊蝇所污染，因此挤下的乳必须及时进行过滤。另外，凡是将乳从一个地方送到另一个地方，从一个工序送到另一个工序，或者由一个容器送到另一个容器时，都应进行过滤。

乳的过滤方式有常压（自然）过滤、加压过滤等。常压过滤多使用滤孔比较粗的纱布、人造纤维等材料，所用设备主要有单联过滤器和双联过滤器；加压过滤可采用膜技术（如微滤），所用设备主要是板框压滤机等。

1. 纱布过滤法

在过去的牧场中，常用纱布过滤原料乳，即将消毒过的纱布折成 3～4 层，并保持纱布的清洁，否则会使过滤出来的杂质与微生物重新浸入乳中，成为微生物污染的来源之一。

所以，在牧场中要求纱布的一个过滤面过滤牛乳不超过 50kg。使用后的纱布，应立即用温水清洗，并用 0.5%的碱水洗涤，然后再用清洁的水冲洗，最后煮沸 10～20min 杀菌，并存放在清洁干燥处备用。

目前牧场中一般采用尼龙或其他类化纤滤布过滤，既干净、容易清洗，又很耐用，过滤效果好。

除用纱布过滤外，也可以用过滤器进行过滤。例如，管式过滤，其设备简单，并备有冷却器，过滤后，可以马上进行冷却。适用于收乳站和小规模工厂的收乳间，或用于原料乳进入贮乳罐之前的过滤。另有双联过滤器，适用于工厂的前处理。

2. 管道过滤器法（加压过滤）

管道过滤器备有冷却器,过滤后马上进行冷却使用时,应控制进出口压力差 $7N/cm^2$,否则会产生跑滤现象。工厂常采用双联过滤器，每个筒可连续过滤 5000～10000L 牛乳，过滤后清洗一次过滤布。

（二）原料乳的净化

原料乳经过数次过滤后，虽然除去了大部分的杂质，但是乳中仍残留很多极为微小的机械杂质、细菌细胞、白细胞和红细胞等，难以用一般的过滤方法除去，需要用离心式净乳机进一步净化。

乳的净化是指利用机械的离心力，将肉眼不可见的杂质去除的一种方法，可使乳达到净化的目的。

离心净乳就是利用乳在分离钵内受强大离心力的作用，将大量的机械杂质留在分离钵内壁上，而使乳被净化。乳温在 30～32℃时，净化效果较好。

现代乳品工厂，多采用离心净乳机，但普通的净乳机在运转 2～3h 后需要停机排渣，故目前大型乳品工厂采用自动排渣净乳机械或三用分离机（乳油分离、净乳、标准化），对提高乳的质量和产量起了重要的作用。老式分离机操作时须定时停机、拆卸和排渣。新式分离机多能自动排渣。三用分离机应设在粗滤之后，冷却之前。使用分离机时，温度：中温为 40℃，可连续运转 6h；低温 4～10℃，连续运转 8h；高温 60℃，连续运转 4h。工厂一般设两台分离机交替使用。注意，中高温净乳后，若不加工应迅速冷却到 4～6℃。

二、原料乳的冷却与贮存

净化后的乳最好直接加工，如果要进行短期储藏，必须及时进行冷却，以保持乳的新鲜度。

（一）原料乳的冷却

1. 冷却的原因

新挤出的乳迅速冷却到低温可以使其抗菌特性保持较长的时间（表7.4）。另外，原料乳污染越严重，抗菌作用时间越短。例如，当乳温在10℃时，挤乳时严格执行卫生制度的乳样，其抗菌期是未严格执行卫生制度乳样的2倍。因此，刚挤出的乳迅速冷却，是保证鲜乳较长时间保持新鲜度的必要条件。

表7.4　乳的冷却与乳中细菌数的关系　　　　　　　　（单位：个/mL）

贮存时间	细菌数		贮存时间	细菌数	
	冷却乳	未冷却的乳		冷却乳	未冷却的乳
刚挤出的乳	11500	11500	12h 以后	7800	114000
3h 以后	11500	18500	24h 以后	62000	1300000
6h 以后	6000	102000			

2. 冷却的意义

将乳迅速冷却是获得优质原料乳的必要条件。刚挤出的乳，温度在36℃左右，是微生物繁殖最适宜的温度。若不及时冷却，则侵入乳中的微生物就会迅速繁殖，乳的酸度迅速增高，不仅降低乳的质量，甚至会使乳凝固变质，故挤出后的乳应迅速冷却，以抑制乳中微生物的繁殖，保持乳的新鲜度。由于乳中存在抗菌体系，即 $H_2O_2+酶→H_2O+[O]$，当乳温较低时，反应速度慢，抗菌作用持续时间长。当乳受细菌污染程度大时，原料乳抗菌作用持续时间短，故通过冷却还可以提高原料乳的抗菌力。

3. 冷却的要求

刚挤出的乳立即降至 10℃以下，可以抑制微生物的繁殖；若温度降至 2~3℃时，微生物几乎不繁殖。不立即加工的原料乳应降至 5℃以下贮藏，即短期贮存温度为 5~10℃，长期贮存温度为 5℃以下，最好为 2~3℃。

4. 冷却的方法

1）水池冷却

将装乳桶放在水池中，用冷水或冰水进行冷却，可使乳温度冷却到比冷却水温度高3~4℃。为了加速冷却，需要经常进行搅拌，并按照水温进行排水和换水。池中水量应为冷却乳量的 4 倍，水面应达到奶桶颈部，有条件的可用自然长流水冷却（进水口在池下部，冷却水由上部溢流）。每隔 3d 清洗水池一次，并用石灰溶液进行消毒。水池冷却的缺点是冷却缓慢，消耗水量较多，劳动强度大，不易管理。此法适于小规模加工厂及乳牛场使用。

2）冷却器和板式热交换器冷却

乳流过冷却器与冷剂（冷水或冷盐水）进行热交换后流入贮乳槽中。这种冷却器，构造简单，价格低廉，冷却效率也比较高，目前许多乳品厂及奶站都用板式热交换器对乳进行冷却。板式热交换器克服了表面冷却器因乳液暴露于空气而容易污染的缺点，用冷盐水作冷媒时，可使乳温迅速降到 4℃左右。

3）冷却罐和浸没式冷却器冷却

浸没式冷却器可以插入贮乳槽或奶桶中以冷却牛乳。浸没式冷却器中带有离心式搅拌器，可以调节搅拌速度，并带有自动控制开关，可以定时自动进行搅拌，故可使牛乳均匀冷却，并防止稀奶油上浮，适用于奶站和较大规模的牧场。

在较大规模的乳牛场冷却牛乳时，为了提高冷却器的效率，节约制冷机的动力消耗，一般可先用板式预冷器将 36℃的乳冷却至 18℃（用 15℃的水），再用浸没式冷却器进一步冷却至 4℃。

（二）原料乳的贮存

1. 贮存要求

为了保证工厂连续生产的需要，必须有一定的原料乳贮存量。一般工厂总的贮乳量应根据各厂每天牛乳总收纳量、收乳时间、运输时间及运输能力等因素决定。一般贮乳罐的总容量应为日收纳总量的 2/3～1，而且每只贮乳罐的容量应与每班生产能力相适应。每班的处理量一般相当于两个贮乳罐的乳容量，否则用多个贮乳罐会增加调罐、清洗的工作量和牛乳的损耗。贮乳罐使用前应彻底清洗、杀菌，待冷却后贮入牛乳。

每罐须放满，并加盖密封。如果只装半罐，会加快乳温上升，不利于原料乳的贮存。贮存期间要定时搅拌乳液，防止乳脂肪上浮而造成分布不均匀。24h 内搅拌 20min，乳脂率的变化在 0.1%以下。冷却后的乳应尽可能保持低温，以防止温度升高而保存性降低。贮乳设备一般采用不锈钢材料制成，并配有适当的搅拌机构。10t 以下的贮藏罐多装于室内，分为立式或卧式；大罐多装于室外，带保温层和防雨层，均为立式（图 7.2）。贮乳罐外面有绝缘层（保温层）或冷却夹层，以防止罐内温度上升。贮罐要求保温性能良好，一般乳经过 24h 贮存后，乳温上升不得超过 2～3℃。罐中配有搅拌器、液位指示器、温度指示器、各种开口、不锈钢爬梯、视镜和灯孔、手孔或入孔。罐中配有适当的搅拌结构，可以定时搅拌乳液，防止脂肪上浮而造成分布不均匀。此外，脂肪含量较高的乳，如果在泵送与加工过程中遭受较激烈的机械力，还易使部分脂肪球膜破裂而导致脂肪球集结形成奶油，在杀菌及灌装后漂浮于奶瓶的顶部，影响产品的质量。液位指示器主要用于指示乳的液位高低，防止乳装得太满而溢出，或乳被抽完后泵未停机，导致空气被泵抽入乳中。

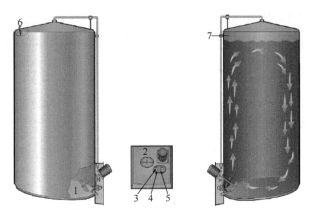

1—搅拌器；2—探孔；3—温度指示器；4—低液位电极；5—气动液位指示器；6—高液位电极；7—搅拌器。

图 7.2　立式贮乳罐

2. 乳在贮存过程中的变化

原料乳的成分组成、特性及质量的变化会直接影响加工过程及最终产品的组成和质量，乳在一个大的贮存罐中混合会发生以下变化。

1）微生物的繁殖

乳在奶罐中微生物数量变化主要取决于嗜冷菌的生长。生产之前，如果乳中细菌数超过 $5×10^5$ 个/mL 时，就说明嗜冷菌已产生了足够的耐热酶，即脂酶和蛋白酶，这些酶能破坏产品质量。

2）酶活性

虽然乳中其他酶（如蛋白酶和磷酸酶）也会引起乳的变化，但是脂酶对鲜乳质量的影响更为突出。因此，在 5～30℃时，应避免温度反复波动以防止破坏脂肪球。

3）化学变化

应避免乳受到阳光曝晒，阳光曝晒会导致乳变味，应避免冲洗水（引起稀释）、消毒剂（氧化）的污染，特别是铜（起触媒作用引起油脂氧化）的污染。

4）物理变化

以下是贮存过程中乳发生的主要物理变化。

（1）在低温条件下原料乳或预热乳脂肪会迅速上浮，通过有规律的搅拌（如每小时搅拌 2min）能避免稀奶油层的形成。也可以用通入空气的方法来完成，但所用空气必须是无菌的。

（2）脂肪球的破坏主要是由于空气的混入和温度的波动引起的。温度的波动使一些脂肪球熔化和结晶，能导致脂肪分解加速。如果脂肪球是液态的，就会导致脂肪球的破坏；如果这种脂肪部分是固体（10～30℃），就能致使脂肪球结块。

（3）在低温条件下，部分酪蛋白（主要是 β-酪蛋白）就会由胶束溶解于乳清中。这种溶解是一个缓慢的过程，大约经过 24h 才能达到平衡。一些酪蛋白的溶解增加了乳清的黏度，约增加10%，从而降低了这种乳的凝乳能力。凝乳能力的降低部分是由于钙离子活力的变化。将乳暂时加热至50℃或更高温度可使其凝乳能力全部恢复。

三、原料乳的脱气

牛乳刚刚被挤出后含5.5%～7%的气体；经过贮存、运输和收购后的空气含量在10%以上，而且绝大多数为非结合的分散气体。

1—安装在缸里的冷凝器；
2—切线方向的牛乳进口；
3—带水平控制系统的牛乳。

图7.3 真空脱气罐

（一）脱气工序安排

需要设置三次脱气工序。第一次，要在乳槽车上安装脱气设备，以避免泵送牛乳时影响流量计的准确度。第二次，是在乳品厂收乳间流量计之前安装脱气设备。但是上述两种方法对乳中细小的分散气泡是不起作用的。因此在进一步处理牛乳的过程中，还应第三次使用真空脱气罐，以除去细小的分散气泡和溶解氧。图7.3为牛乳和空气在带有冷凝器的真空脱气罐里的流动示意图。

（二）脱气的工艺要求

工作时，将牛乳预热至68℃后，泵入真空脱气罐，则牛乳温度立刻降到60℃，这时牛乳中空气和部分牛乳蒸发到罐顶部，遇到罐冷凝器后，蒸发的牛乳冷凝回到罐底部，而空气及一些非冷凝气体（异味）由真空泵抽吸除去。

综上所述，一般原料乳预处理工艺安排：60℃条件下脱气→分离→标准化→均质→进入杀菌机杀菌。

四、原料乳的标准化

为了使产品符合要求，乳制品中脂肪与无脂干物质含量要求保持一定比例。但是原料乳中脂肪与无脂干物质的含量随乳牛品种、地区、季节和饲养管理等因素不同而有较大的差别。因此，必须调整原料乳中脂肪和无脂干物质之间的比例关系，使其符合制品标准的要求，一般把该过程称为原料乳的标准化。

微课：原料乳的标准化

当原料乳中脂肪含量不足时，应添加稀奶油或分离一部分脱脂乳；当原料乳中脂肪含量过高时，则可添加脱脂乳或提取一部分稀奶油。小批量的标准化操作可在贮乳罐内分批进行，其原理如图7.4所示；大批量的则在标准化机中连续进行，如图7.5所示。

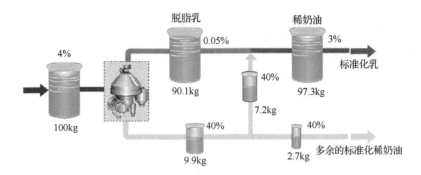

图 7.4 小批量标准化操作原理

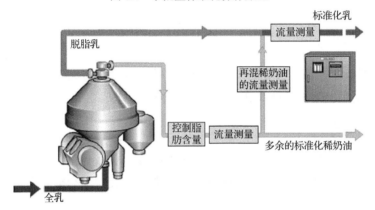

图 7.5 大批量标准化操作原理

标准化的原理及方法如下。

设原料乳中的含脂率为 p（%）；脱脂乳或稀奶油的含脂率为 q（%）；标准化后乳中的含脂率 r（%）；原料乳的数量为 x；脱脂乳或稀奶油量为 y（$y>0$ 为添加，$y<0$ 为提取），则形成如下关系式：$px+qy=r(x+y)$，即

$$\frac{x}{y} = \frac{r-q}{p-r}$$

式中，若 $p>r$，表示需要添加脱脂乳或提取部分稀奶油；若 $p<r$，表示需要添加稀奶油或提取部分脱脂乳。

例：试处理 1000kg 含脂率 3.6% 的原料乳，要求标准化乳中脂肪含量为 3.1%。①若稀奶油脂肪含量为 40%，则应提取稀奶油多少千克？②若脱脂乳脂肪含量为 0.2%，则应添加脱脂乳多少千克？

解：按关系式 $\dfrac{x}{y} = \dfrac{r-q}{p-r}$ 得

① $$\frac{x}{y} = \frac{3.1-40}{3.6-3.1} = \frac{-36.9}{0.5} = -73.8$$

已知 $x=1000\text{kg}$，则

$$y = \frac{1000}{-73.8} \approx -13.6 \text{ kg}（负号表示提取）$$

即需要提取脂肪含量为 40% 的稀奶油 13.6kg。

②
$$\frac{x}{y} = \frac{3.1-0.2}{3.6-3.1} = \frac{2.9}{0.5} = 5.8$$

则
$$\frac{1000}{y} = 5.8，\quad y \approx 172.4 \text{kg}$$

即需要添加脂肪含量为 0.2% 的脱脂乳 172.4kg。

五、原料乳的均质

微课：均质及
高压均质机的
工作原理

（一）均质的概念

在强力的机械作用下（16.7～20.6MPa），将乳中大的脂肪球破碎成小的脂肪球，均匀一致地分散在乳中，这一过程称为均质。

（二）均质目的

（1）防止脂肪上浮或其他成分沉淀而造成的分层。为了做到这一点，脂肪球的大小应被大幅度地降低到 1μm。另外，均质能减少颗粒的沉淀，减少酪蛋白在酸性条件下的凝胶沉淀。

（2）提高微粒聚集物的稳定性，即通过减小均质脂肪球的直径使表面积增大，从而增加了脂肪球的稳定性。此外，微粒聚沉尤其在稀奶油层中易发生，经均质过的制品中形成的微粒聚沉非常缓慢。总之，防止微粒聚沉通常是均质的最重要的目的。

（三）均质机的工作原理

均质机由一个高压泵和均质阀组成。工作原理是在一个适合的均质压力下，料液通过窄小的均质阀而获得很高的速度，导致形成了剧烈的湍流，形成的小涡流中产生了较高的料液流速梯度引起压力波动，打散许多颗粒，尤其是液滴。

均质作用是由三个因素协调作用而产生的（图 7.6）。

（1）牛乳以高速度通过均质头中的窄缝对脂肪球产生巨大的剪切力，此力使脂肪球变形、伸长和粉碎。

（2）牛乳液体在间隙中加速的同时，静压能下降，可能降至脂肪的蒸汽压以下，这就产生了气穴现象，使脂肪球受到非常强的爆破力。

（3）当脂肪球以高速冲击均质环时会产生进一步的剪切力。

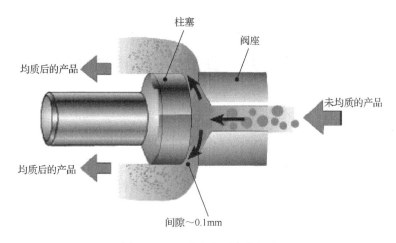

图 7.6　脂肪球在均质中的状态

（四）均质的特点

均质前后脂肪球大小的变化如图 7.7 所示。

牛乳在放置一段时间后，有时上部分会出现一层淡黄色的脂肪层，称为"脂肪上浮"。其原因主要是乳脂肪的相对密度小（0.945）、脂肪球直径大，且大小不均匀，约 1～10μm，一般为 2～5μm，容易聚结成团块，影响乳的感官质量。经均质，脂肪球直径可控制在 1μm 左右，这时乳脂肪表面积增大，浮力下降，乳可长时间保持不分层，可防止脂肪球上浮，不易形成稀奶油层脂肪。

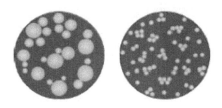

图 7.7　均质前后的脂肪球

均质使不均匀的脂肪球形成数量更多的较小的脂肪球颗粒而均匀一致地分散在乳中，脂肪球数量的增加，增加了光线在牛乳中折射和反射的机会，使均质乳的颜色更白。另一方面，经均质后的牛乳脂肪球直径减小，脂肪均匀分布在牛乳中，其他的维生素 A 和维生素 D 也呈均匀分布，促进了乳脂肪在人体内的吸收和同化作用。

（五）均质的工艺要求

均质前需要进行预热，达到 60～65℃。均质方法一般采用二段式，即第一段均质使用较高的压力（16.7～20.6MPa），目的是破碎脂肪球；第二段均质使用低压（3.4～4.9MPa），目的是分散已破碎的小脂肪球，防止粘连。

项目八　乳与乳制品的加工

关键术语

巴氏杀菌乳　超高温灭菌乳　酸乳　搅拌型酸乳　凝固型酸乳　全脂乳粉　喷雾干燥　干酪　凝乳酶　冰激凌　稀奶油　压炼　炼乳　结晶

任务一　液态乳的加工

一、液态乳的分类和营养价值

（一）液态乳的分类

液态乳是由健康奶牛所产的鲜乳汁，经加热杀菌处理后，包装销售的牛乳。根据国际乳品联合会（International Dairy Federation，IDF）的定义，液体乳是巴氏杀菌乳、灭菌乳和酸乳三类乳制品的总称。

液态乳按组成成分可以分为全脂牛乳（乳脂肪含量在 3.1% 以上）、强化牛乳（添加多种维生素、矿物质等的牛乳，如添加维生素 A、B_1、B_2、B_6 或钙等）、低脂牛乳（乳脂肪含量在 1.0%～2.0%的牛乳）、脱脂牛乳（乳脂肪含量在 0.5%以下的牛乳）、花色牛乳（在牛乳中加入咖啡、可可、果汁等）。

液态乳按杀菌方式可以分为以下几种。

1. 低温长时间杀菌牛乳

低温长时间杀菌牛乳又称保持式杀菌消毒牛乳，是牛乳在 62～65℃保持 30min，再经冷却、包装后的产品。

2. 高温短时间杀菌牛乳

高温短时间杀菌牛乳又称巴氏高温杀菌牛乳，是牛乳在 72～75℃保持 15～16min；或在 80～85℃保持 10～15min，再经冷却、包装后的产品。

3. 超高温灭菌乳

超高温灭菌乳是牛乳在 130～150℃保持 0.5～4s，再经冷却、包装后的产品。

4. UHT 蒸汽直接喷射法超高温灭菌牛乳

灭菌条件大致与超高温灭菌乳相同，牛乳与高温蒸汽直接接触，在喷射过程中瞬间即达到灭菌的效果，经无菌包装后即为灭菌乳。

5.（罐装）灭菌牛乳

牛乳经装瓶（罐）密封后，于密闭容器中加压灭菌。根据加工过程中采用的杀菌工艺和灌装工艺的区别，液态乳可以分为巴氏乳和灭菌乳两大类（即巴氏奶与常温奶）。但目前在我国乳品行业，液态乳杀菌工艺存在着三种：巴氏杀菌乳（pasteurization），超巴氏杀菌乳和灭菌乳（sterilization）；灌装工艺有无菌（aseptic）灌装和非无菌灌装两大类。

（二）液态乳的营养价值

液态乳中的蛋白质主要是酪蛋白、白蛋白、球蛋白、乳蛋白等，含有 20 多种氨基酸，其中含有人体必需的 8 种氨基酸。乳蛋白是全价蛋白质，它的消化率高达 98%。乳脂肪是高质量的脂肪，品质好，消化率在 95%以上，乳脂肪中含有大量的脂溶性维生素。乳中的糖类主要是半乳糖和乳糖，是最容易消化吸收的糖类。乳中的矿物质和微量元素都是溶解状态，而且各种矿物质的含量比例，特别是钙、磷的比例较合适，易于消化和吸收。因此，液态乳是容易消化吸收、物美价廉、食用方便的一种食品，是较理想的天然食品之一。

二、巴氏杀菌乳的加工

巴氏杀菌乳是指以新鲜牛（羊）乳为原料，经净化、标准化、均质、巴氏杀菌等处理，以液体鲜乳状态直接供消费者饮用的商品乳。生产巴氏杀菌乳的原料只能采用新鲜牛乳或羊乳，不得使用复原乳，一般不添加其他辅料，并采用巴氏杀菌加工而成。巴氏杀菌的温度较低，可以较好地保留鲜乳原有的营养及风味，因而巴氏杀菌乳是最大程度接近于鲜乳的一类乳制品。但产品中残留有一定数量的非致病菌，因此须在冷藏条件下贮藏以抑制微生物的繁殖。

巴氏杀菌乳生产工艺因不同国家的法规、不同的产品而有所差别，即便是相同产品，不同的乳品厂之间也不尽相同。例如，产品因脂肪含量不同可分为全脂乳、高脂乳、低脂乳、脱脂乳等；脂肪标准化可以是预标准化、后标准化或者直接标准化；均质可以是全部均质或者部分均质，也有一些国家不进行均质，因为"乳脂线"被认为是优质乳的标志；脱气是在牛乳中空气含量较高及产品中存在挥发性异常气味（如当乳牛吃了含洋葱属植物的饲料）的情况下使用。现将典型巴氏杀菌乳的加工工艺介绍如下。

（一）巴氏杀菌乳加工工艺流程

原料乳的验收→净乳→标准化→预热均质→巴氏杀菌→冷却→灌装→封口→装箱→冷藏。

一般全脂巴氏杀菌乳加工生产线应配备巴氏杀菌机、缓冲罐和包装机等主要设备，而复杂的生产线可同时生产全脂乳、脱脂乳、部分脱脂乳和含脂率不同的稀奶油。

原料乳先通过平衡槽，然后经泵送至板式热交换器，预热后通过流量控制器流入分离机，以生产脱脂乳和稀奶油。其中，稀奶油的脂肪含量可通过流量传感器、密度传感器和调节阀确定并保持稳定。稀奶油一部分通过阀与均质机相联，以确保巴氏杀菌乳的脂肪含量，多余的稀奶油进入稀奶油处理线。此外，进入均质机的稀奶油的脂肪含量不得高于10%，所以既要精确地计算均质机的工作能力，又要使脱脂乳混入稀奶油进入均质机，并保证其流速稳定。均质的稀奶油与脱脂乳混合，使物料的脂肪含量稳定在3%，并送至板式热交换器和保温管进行杀菌。然后通过回流阀和动力泵使杀菌后的巴氏杀菌乳在杀菌机内保证正压。这样就可避免由于杀菌机的渗漏，导致冷却介质或未杀菌的物料污染杀菌后的巴氏杀菌乳。当杀菌温度低于设定值时，温度传感器将指示回流阀，使物料回到平衡槽。巴氏杀菌后，杀菌乳继续通过杀菌机热交换段与流入的未经处理的乳进行热交换，然后再进入另一冷却段，用冷水和冰水冷却，冷却后先通过缓冲罐，再进行灌装。

（二）巴氏杀菌乳加工要点

1. 原料乳验收及预处理

我国及世界上的大部分国家对生产巴氏杀菌乳的原料要求使用新鲜乳，而不能使用复原乳或再制乳。原料乳的质量对产品的质量有很大的影响，乳品厂收购鲜乳时必须选用质量优良的原料乳。检验的内容包括感官指标、理化指标和微生物指标等，具体要求及检验方法参照本书项目七任务一的内容。

1）过滤、净乳、冷却

原料乳验收后必须过滤、净化，以去除乳中的机械杂质并减少微生物数量。过滤是在受乳槽上装过滤网并铺上多层纱布，也可在乳的输送管道中连接一个过滤套或在管路的出口一端安装一布袋进行过滤，或使用双联过滤器。乳品的进一步净化则需要使用离心净乳机，离心净乳机能除去乳中的乳腺体细胞和某些微生物，此方法可以显著提高净化效果，净化后的乳应迅速冷却到2～4℃贮存。

2）脱气

在牛乳处理的不同阶段进行脱气是非常必要的，而且带有真空脱气罐的牛乳处理工艺是更合理的。工作时，将牛乳预热至68℃后，泵入真空脱气罐，则牛乳温度立即降到60℃，这时牛乳中的空气和部分水分蒸发到罐顶部，遇到罐冷凝器后，蒸发的水分冷凝回到罐底部，而空气及一些非冷凝气体（异味）由真空泵抽吸排除。脱气后的牛乳在60℃条件下进行分离、标准化、均质，然后进入杀菌工序。

3）标准化

原料乳中脂肪与无脂干物质的含量随乳牛品种、地区、季节和饲养管理等因素不同而有较大的差别。因此，必须调整原料乳中脂肪和无脂干物质之间的比例关系，使其符合产品的要求，该过程称为标准化。当原料乳中脂肪含量不足时，应添加稀奶油或分离一部分脱脂乳；当原料乳中脂肪含量过高时，则添加脱脂乳或提取一部分稀奶油。标准化在贮乳罐中进行或在标准化机中连续进行。

2. 均质

原料乳一般要通过均质处理，经过均质可减小乳中脂肪球的半径，均质后的脂肪球的直径大部分在1.0μm以下。均质效果与温度有关，高温下的均质效果优于低温。如果采用板式杀菌装置进行高温短时或超高温瞬时杀菌工艺，则均质机应装在预热段后、杀菌段之前。牛乳进行均质时的温度宜控制在50～65℃，在此温度下乳脂肪处于熔融状态，脂肪球膜软化，有利于提高均质效果。一般采用二段式均质机时，第一段均质压力为16.7～20.6MPa，第二段均质压力为3.4～4.9MPa。

均质可以是全部的，也可以是部分的。部分均质指的是仅对标准化时分离出的稀奶油进行均质（因为对脱脂乳进行均质没有太大的意义），是比较经济的方法。

生产中最常用的均质设备是高压均质机，其次是超声波均质机、胶体磨等。

3. 巴氏杀菌

巴氏杀菌是通过杀死微生物和钝化酶的活性，来保证产品的食用安全性和提高产品的货架期。巴氏杀菌操作时，加热温度和时间是灭菌工序的关键点，温度和时间组合的选择必须考虑微生物的杀灭效果和产品质量两个方面，应依照牛乳的质量和所要求的保质期等进行精确选择以达到最佳效果。

连续式预杀菌，一般采用63～65℃保持15s；间歇式低温长时巴氏杀菌一般采用63℃保持30min；连续式高温短时巴氏杀菌一般采用72～75℃保持15～20s；连续式超巴氏杀菌一般采用125～138℃保持2～4s。与低温长时巴氏杀菌法相比，高温短时巴氏杀菌法占地面积小、节省空间、热效率高、加热时间短，牛乳的营养成分破坏小、无蒸煮味，可连续化进行，操作方便、卫生，不必经常拆卸，加之设备可直接用酸、碱液进行自动就地清洗（CIP 清洗），因而被广泛采用。

4. 冷却

虽然杀菌后的牛乳中大部分微生物已被杀灭，但在后续的操作中仍有被污染的可能，因此应尽快冷却至 4℃，冷却速度越快越好，从而抑制残存细菌的生长繁殖，延长牛乳的保质期。

5. 灌装

灌装的目的主要是为了便于销售，防止外界杂质混入成品中，防止微生物再污染，保存风味，防止吸收外界气味而产生异味，防止维生素等成分损失。包装形式主要有玻璃瓶、塑料瓶、塑料袋和涂塑复合纸袋、纸盒等。目前市场上较常见的包装形式有以下几种。

（1）玻璃瓶。玻璃瓶是传统的巴氏杀菌乳包装形式，具有环保、能重复使用、成本较低的特点，但是不方便携带、分量重、易漏乳、易破碎，只能在乳品生产企业本地区附近使用。

（2）塑料瓶。塑料瓶有多层共挤和单层材质两种结构的高密度聚乙烯瓶及聚丙烯瓶，具有易携带、保质期长、易贮存的特点。

（3）塑桶。塑桶是大容量包装，适合家庭消费，具有价格优势，是一种有前景的包装形式。

（4）复合塑膜袋。此种包装的品种多，性能各异，占据了主要的中、低端乳品包装市场。百利包、芬包、万容包等均是此类产品。三层黑白膜包装袋，价格低，保质期短；五层黑白膜包装袋，价格较高，保质期长；PVDC 涂布膜（K 膜）包装袋，价格适中，保质期长；镀铝复合膜袋，价格较低，保质期长。

（5）纸杯。纸杯（新鲜杯）包装与瓶装、袋装相比，优点是产品更卫生。特点是美观时尚，容量较小，适合一次喝完；材料易降解，撕去盖膜，可微波加热；在 10℃ 以下可保存 5d，是一种保鲜包装。

（6）屋顶盒。典型产品为国际纸业生产的新鲜屋，为纸塑结构。屋顶型纸盒包装有其独到的设计、材质及结构，可防止氧气、水分的进出，对外来光线有良好的阻隔性；可保持盒内牛乳的鲜度，有效保存牛乳中丰富的维生素 A 和 B 族维生素。近年来，在国内冷链系统不断完善的基础上，屋顶型保鲜包装系统在我国市场的销售量有了大幅度的提升。屋顶盒包装的产品的保质期为 7~10d，需要冷藏，其卫生及环保性好，货架展示效果好，便于开启和倒取。

（7）爱克林包装（新鲜壶）。由瑞典爱克林公司生产，又称为爱壳包。材质为 70% $CaCO_3$ 和 30% PP、PE 的复合材料，在阳光下能够逐步降解，绿色环保。对于巴氏乳和酸乳的保鲜效果非常好，包装阻隔性能优越，有效隔光、隔热，抵抗微生物的渗透。另外，爱克林包装还有独特的充气把手设计，使牛乳携带更加便利；具有独有的针对巴氏乳直接微波炉加热功能。

6. 冷藏

灌装好的产品应贮存于 2～6℃的冷库内。在巴氏杀菌乳的贮存和分销过程中，必须保持冷链的连续性，尤其是从乳品厂至终端的运输过程及产品销售的过程必须有冷链的呵护。一般选用保温密封车或者冷藏车运输，运输时间不宜超过 3h，且注意避免剧烈振动。

三、超高温灭菌乳的加工

超高温（ultra-high temperature，UHT）灭菌乳是指以生鲜牛（羊）乳为原料，添加或不添加复原乳，在连续流动的状态下，加热到至少 132℃并保持很短时间的灭菌，以完全破坏其中可以生长的微生物和芽孢，再经无菌包装等工序制成的液体产品。因产品呈商业无菌状态，无须冷藏，可以在常温下长期保存（1～8 个月）。超高温灭菌乳生产中最主要的环节是超高温灭菌处理过程，在实际生产中主要有以下两种处理方法。

1）直接蒸汽加热法

直接蒸汽加热法是指牛乳在灭菌阶段与蒸汽在一定的压力下直接混合，蒸汽释放出的潜热将牛乳快速加热至灭菌温度，直接加热系统加热料液的速度比其他任何间接加热系统都要快。灭菌后，料液经膨胀蒸发，经冷凝器除去冷凝水，水分蒸发时吸收相同的潜热使料液瞬间被冷却。在工艺及设备设计时，控制冷凝水量与蒸发量相等，则乳中干物质含量可以保持不变。生产工艺流程如下：

原料乳→预热至 80℃→蒸汽直接加热至 135～150℃→保持 4s→冷却至 76℃→均质（压力 15～25MPa）→冷却至 20℃→无菌贮罐→无菌包装。

2）间接蒸汽加热法

用间接蒸汽加热法灭菌时，牛乳的预热、加热灭菌及冷却在同一个板式或管式热交换器的不同交换段内进行，牛乳不与加热或冷却介质接触，可以保证产品不受外来物质污染。进乳加热和出乳冷却进行换热，回收热量达 85%，可大大节省能源及冷却用水。生产工艺流程如下：

原料乳（5℃）→预热至 66℃→加热至 137℃（保持 4s）→水冷却至 76℃→进乳冷却至 20℃→无菌贮罐→无菌包装。

（一）超高温灭菌乳加工要点

1. 原料乳的选择

用于生产灭菌乳的原料乳的质量要求较高，即牛乳蛋白质能经得起更高条件的热处理而不变性。检验时，牛乳必须在至少 75%的乙醇中保持稳定。以下牛乳由于热稳定性较低，不能用于灭菌乳的生产。

① 酸度偏高。

② 盐类平衡不适当。

③ 含有过多的乳清蛋白（如初乳）。

2. 灭菌

超高温灭菌法是英国于 1956 年首创，在 1957～1965 年通过大量的基础理论研究和细菌学研究后才用于生产超高温灭菌乳。在实际生产中，有直接蒸汽加热法和间接蒸汽加热法两种灭菌方法。

1）直接蒸汽加热法

直接蒸汽加热法是一板式热交换器直接蒸汽加热系统。大约 4℃的料液经过平衡槽通过离心泵进入板式热交换器的预热段，在预热至 80℃左右时，料液经泵加压约 0.4MPa，然后流动至环形嘴蒸汽喷射头，蒸汽注入料液中，并迅速将料液温度提升至 135～150℃。料液在此高温下在保温管中保持几秒钟，随后在装有冷凝器的蒸发室中闪蒸冷却。一般由真空泵控制系统的真空度，再由泵把灭菌后的料液送入无菌均质机中进行均质，然后再进入板式热交换器，冷却段将料液冷却至 20℃，并直接连续送入无菌灌装机灌装或无菌罐进行中间贮存待包装。为了保证蛋白质和脂肪稳定，均质处理一般放在加热灭菌之后。

2）间接蒸汽加热法

间接法和直接法一样，工艺条件必须有严密的控制。牛乳从料罐泵送至超高温灭菌设备的平衡槽，再由乳泵泵至板式热交换器的预热段与高温乳进行热交换，使其预热到约 66℃，经预热的乳在 15～25MPa 的压力下进行均质。牛乳经预热及均质后，进入板式热交换器的加热段，被热水系统加热至 137℃，热水温度由喷入热水中的蒸汽量控制（热水温度为 139℃）。然后，137℃的热乳进入保温管中保温 4s。离开保温管后，灭菌乳进入无菌冷却段，被水冷却。从 137℃降温至 76℃，最后进入热回收段，被 5℃的进乳冷却至灌装温度 10～15℃。

3. 无菌贮藏

经超高温灭菌及冷却后的灭菌乳应立即在无菌条件下被连续地从管道内送往包装机。为了平衡灭菌机与包装机生产能力的差异，并保证在灭菌机或包装机中间停机时不致产生相互影响，可在灭菌机和包装机之间装一个无菌贮罐，起缓冲作用。无菌乳进入贮罐，不允许被细菌污染。因此，进出贮罐的管道及阀、罐内同乳接触的任何部位，必须一直处于无菌状态。罐内空气必须是经过滤后的无菌空气。如果灭菌机及无菌包装机的生产能力选择恰当，也可不装无菌贮罐，因为灭菌机的生产能力有一定伸缩性，且可调节少量灭菌乳从包装机返回灭菌机。

4. 无菌包装

无菌包装系统是生产 UHT 灭菌产品所不可缺少的，是指将灭菌后的牛乳，在无菌状态下自动充填到灭菌过的容器内并自动封合，使包装的产品在常温下能长时间保持不变质的包装方式。无菌包装的优点表现在以下几方面。

（1）无须冷藏或添加任何化学防腐剂就可进行长期保存。

（2）在保证无菌的前提条件下，食品原有的色、香、味及营养能最大程度得以保留。

（3）无菌包装生产的自动化程度高，单位成品能耗低，简化包装工艺，降低了工艺成本。

（4）无菌包装材料主要为纸、塑料、铝箔等，故具有质轻、低廉、便于运输等优点。

无菌包装必须符合以下要求：

（1）封合必须在无菌区域内进行，灌装过程中产品不能受到任何来自设备表面或周围环境等的污染。

（2）包装容器和封合方法必须适合无菌灌装，并且封合后的容器在贮存和分销期间必须能够阻挡微生物透过，同时包装容器应能阻止产品发生化学变化。

（3）容器和产品接触的表面在灌装前必须经过灭菌。

（4）若采用盖子封合，封合前必须灭菌。

根据包装材料的不同，无菌包装系统主要分为两大类，即复合纸无菌包装系统和复合塑料膜无菌包装系统。目前，无菌包装主要采用两大系统：一是以加拿大的百利包和芬兰的芬包为代表；二是瑞典 Tetra Pak 公司生产的纸盒无菌包装。一条完整的无菌包装生产线包括物料杀菌系统、无菌包装系统、包装材料的杀菌系统、自动清洗系统、无菌环境的保证系统、自动控制系统等。按其所起的作用不同可分为物料杀菌、灌装环境无菌保证、包装材料杀菌三大部分。

无菌包装机的灭菌由以下两个方面保证。

（1）机器的灭菌。在无菌包装开始之前，所有直接或间接与无菌料液相接触的机器部位都要进行无菌处理。

（2）包装材料的灭菌。包装材料引入后即通过一充满 35%双氧水溶液（温度约 75℃）的深槽，其停留时间根据灭菌要求可预先设定。包装材料经过双氧水深槽灭菌后，再经挤压拮水辊和空气刮刀，除去残留的双氧水，然后进入灭菌腔。

（二）超高温灭菌乳常见质量问题及控制方法

1. 褐变及焦糖化

正常 UHT 灭菌乳应为乳白色或稍带黄色。当乳色泽较深时，则可能发生了不同程度的褐变。褐变主要是由于乳中乳糖和某些氨基酸发生了美拉德反应，正常的 UHT 灭菌条件（135~140℃，3~4s）一般不会导致乳明显褐变。新鲜牛乳只有在灭菌温度过高或时间过长时，才会有明显的褐变现象。另外，控制牛乳的新鲜度在一定程度上也会提高牛乳的抗褐变能力。

2. 蛋白质凝固包或苦包

1）蛋白质凝固包
开包后在盒底部有凝固物，但牛乳没有苦味或酸味。

2）苦包
开包后的牛乳有苦味，一般是贮存一段时间（约 2 个月）后才会出现，并且苦味会随着贮藏时间延长而加重（通常为批量问题）。

3. H_2O_2 的残留

无菌包装机的灌注头一般使用 H_2O_2 杀菌，刚开始 H_2O_2 分解不彻底，产品中会有残留，所以刚生产出的几袋乳是不能留用的，废弃的袋数应根据生产实践来定。

4. 乳脂肪上浮

成品的脂肪上浮一般出现在生产后几天到几个月内，上浮的严重程度一般与贮存及销售的温度有关，温度越高，上浮速度越快，严重时在包装的顶层可达几毫米厚。原因主要有以下几方面。

（1）均质效果不好。

（2）低温下均质。

（3）过度机械处理。

（4）前处理不当，混入过多空气。

可以采取的控制措施如下：

（1）提高原料乳质量。

（2）均质设备要在生产前进行检查。

（3）要严格按照生产要求进行操作。

（4）进行必要的质量监督。

5. 乳风味的改变

除了微生物和酶能引起乳风味改变外，还有由于环境、包装膜等因素引起的乳风味的变化。乳是一种非常容易吸味的物质，如果包装容器隔味效果不好或其本身或环境有异味，乳一般呈现非正常的风味，如包装膜味、汽油味、菜味等。有效的措施就是采用隔味效果好的包装容器，并对贮存环境进行良好的通风及定期的清理。

另外，UHT 灭菌乳长时间放在阳光下，会加速产生日晒味及脂肪氧化味，因此 UHT 灭菌乳不应该放在太阳直接照射的地方。

任务二 酸乳的加工

酸乳是发酵乳制品的一种。发酵乳制品泛指以乳为主要原料，经过乳酸菌发酵或乳酸菌、酵母菌共同发酵而制成的产品。在保质期内，该产品中的特征菌必须大量存在，并具有活性，包括酸乳、开菲尔、发酵酪乳、酸奶油、奶酒（以马奶为主）等。这类产品在发酵过程中，乳中部分乳糖转化成乳酸，同时还形成了 CO_2、醋酸、丁二酮、乙醛、乙醇等其他物质，用于制作开菲尔和奶酒的微生物还能产生乙醇，从而使产品具有独特的滋味、香气及保健功效。

一、酸乳的分类和营养价值

联合国粮食与农业组织、世界卫生组织与国际乳品联合会于 1977 年对酸乳做出如下定义：酸乳就是在保加利亚杆菌和嗜热链球菌乳的作用下，使添加（或不添加）乳粉（或脱脂乳粉）的乳（杀菌乳或浓缩乳）进行乳酸发酵而得到的凝固乳制品，最终产品中必须含有大量的、相应的活性微生物。

（一）酸乳的分类

通常可根据成品的组织状态、加工工艺、口味等将酸乳进行分类。

1. 按成品的组织状态分类

（1）凝固型酸乳。原料乳经均质、杀菌、接种后灌装入小包装容器中，在容器中进行独立发酵，最终成品呈凝乳状态。

（2）搅拌型酸乳。原料乳经均质、杀菌、接种后在发酵罐中集中发酵，发酵后的凝乳在灌装前搅碎成黏稠状组织。

2. 按产品配料及口味分类

（1）酸乳。以生牛（羊）乳或乳粉为原料，经杀菌、接种嗜热链球菌和保加利亚乳杆菌（德氏乳杆菌保加利亚亚种）发酵制成的产品。

（2）风味酸乳。以 80%以上生牛（羊）乳或乳粉为主要原料，再添加其他辅料，经杀菌、发酵后 pH 值降低，发酵前或后添加或不添加食品添加剂、营养强化剂、果蔬、谷物等制成的产品，如果粒酸乳、谷物酸乳等。

3. 按成品是否含活菌分类

（1）含活菌型产品。即普通凝固型酸乳或搅拌型酸乳，产品发酵后不再有任何杀菌处理，成品中含有大量活性乳酸菌($>10^6$CFU/mL)。此类产品的贮存和销售必须在 2～6℃冷链下进行，并且保质期一般不超过 21d。

（2）后杀菌型产品（不含活菌型产品）。这类产品是最近几年市场才出现的新型搅拌型酸乳制品。即酸乳在搅拌后、灌装前再进行一次巴氏杀菌，将其中的乳酸菌及其他微生物杀死。这种产品中不含活性乳酸菌，营养价值会有一定降低。但如后续结合无菌灌装，产品保质期能长达 6 个月之久，贮存和销售也可在常温下进行。

（二）酸乳的营养价值及保健功效

1. 酸乳的营养价值

酸乳除具备鲜乳的营养成分外，在发酵过程中还会产生许多其他营养成分，使酸乳更有营养和更容易消化吸收。

由于在发酵过程中，乳酸菌发酵产生蛋白质水解酶，使原料乳中部分蛋白质水解，从而使酸乳含有比原料乳中更多的肽和比例更合理的人体所需必需氨基酸。另外，发酵产生的乳酸使乳蛋白形成细微的凝块，使酸乳中的蛋白质比牛乳中的蛋白质在肠道中释放的速度更慢、更稳定，这样能使蛋白质分解酶在肠道中充分发挥作用，使蛋白质更容易被人体利用，所以酸乳蛋白质具有更高的生理价值。

酸乳在发酵过程中产生大量的 B 族维生素（维生素 B_1、维生素 B_2、维生素 B_6）和少量脂溶性维生素。其中，维生素的含量主要取决于原料乳，但与菌株种类关系也很大，如 B 族维生素就是乳酸菌生长代谢的产物之一。

发酵后乳酸还可以与乳中的 Ca、P、Fe 等矿物质形成易溶于水的乳酸盐，大大提高了 Ca、P、Fe 的吸收利用率。

2. 酸乳的保健功效

（1）缓解"乳糖不耐症"。在酸乳的生产过程中，大部分乳糖在乳酸菌的作用下转换成乳酸，减少了乳糖量，对"乳糖不耐症"患者十分有利，同时乳酸可促进胃液的分泌和胃肠的蠕动，帮助消化，并防止便秘的发生。

（2）调节人体肠道中的微生态平衡，抑制肠道有害菌生长。在正常情况下，有益菌（主要是双歧杆菌）在数量上占明显的优势，使细菌种群之间和细菌与人体之间保持着一种共生关系和动态平衡。常饮用酸乳制品，则可增加肠道内有益菌，抑制有害菌的繁殖生长。

（3）降低胆固醇水平。研究表明，乳酸和 3-羟-3-甲基戊二酸可明显降低血液中胆固醇的含量，所以长期进食酸乳可以降低人体胆固醇水平，从而预防心血管疾病的发生。

（4）合成某些抗生素，提高人体抗病能力。在生长繁殖过程中，乳酸链球菌能产生乳酸链球菌素，这些抗生素能抑制和消灭多种病原菌，从而提高人体对疾病的抵抗能力。

二、发酵剂的选择与制备

发酵剂是指生产酸乳制品时所用的特定微生物培养物，它含有高浓度乳酸菌，能够促进乳的酸化过程。传统酸乳发酵剂的菌种主要由嗜热链球菌与保加利亚杆菌组成，但因为它们不是人体肠道内的原始寄生菌，在消化道内高酸度环境下难以成活，所以影响了这类微生物的保健效果。

近几年，科学界又提出了"益生菌"的概念。把能够在人体肠道内定殖并促进肠道菌群生态平衡，从而有利于宿主健康的微生物统称为益生菌。益生菌酸乳的开发生产已成为发酵乳研究的一个新热点。益生菌类保健食品必须安全可靠，即食用安全，无不良反应；生产用菌种的生物学、遗传学、功效学特性明确和稳定，目前已公布的可用于保健食品的益生菌主要有两歧双歧杆菌、婴儿双歧杆菌、长双歧杆菌、短双歧杆菌、青春双歧杆菌、德氏乳杆菌保加利亚种、嗜酸乳杆菌、干酪乳杆菌干酪亚种、嗜热链球菌、罗伊氏乳杆菌等。

（一）发酵剂的选择

不同的发酵剂在产生黏度、酸度、香气等方面不尽相同，因此在生产中应根据不同酸乳的要求来选择合适的发酵剂。

选择发酵剂一般应从以下几方面考虑。

1. 产酸能力

不同发酵剂的产酸能力有很大不同。产酸能力强的发酵剂在发酵过程中容易导致产酸过度和后酸化过强，所以在生产中一般选择产酸能力中等或较弱的发酵剂。

2. 后酸化能力

后酸化是指酸乳生产中终止发酵后，发酵剂菌种在冷却和冷藏阶段仍继续缓慢产酸的过程。酸乳生产中应尽可能选择后酸化能力较弱的发酵剂，以便控制产品的质量。

3. 产香能力

一般酸乳发酵剂产生的芳香物质为乙醛、丁二酮、丙酮和挥发性酸。通过测定挥发性酸的含量来判断芳香物质的产生量。挥发性酸含量越高就意味着产生的芳香物质越多。乙醛是形成酸乳的典型风味，不同发酵剂产生乙醛的能力不同，因此乙醛的生成能力是选择优良发酵剂的重要指标之一。

4. 黏性物质的产生

某些乳酸菌在发酵过程中产生胞外多糖，有助于改善酸乳的组织状态和黏稠度，特别是在原料乳干物质含量不太高时显得尤为重要。但一般情况下产黏发酵剂往往对酸乳的发酵风味会有不良影响，因此选择这类发酵剂时最好和其他发酵剂混合使用。

5. 蛋白质的水解活性

乳酸菌的蛋白质水解活性一般较弱，如嗜热链球菌在乳中只表现很弱的蛋白水解活性，而保加利亚杆菌则有比较高的蛋白水解活性，能将蛋白质水解，产生大量的游离氨基酸和肽类。

发酵剂所用菌种通常不采用单一菌种，而是选用两种或两种以上的菌种混合使用，因为两种或两种以上的菌种之间可产生共生作用，如传统的酸乳发酵剂菌种即为嗜热链球菌和保加利亚乳杆菌配合使用。

（二）发酵剂的制备

用于加入原料乳中进行酸乳生产的发酵剂称为生产发酵剂或工作发酵剂。为了提高发酵速度，缩短生产周期，生产发酵剂的添加量一般为原料乳的 3%～4%。生产发酵剂的培养基最好与成品的原料相同，以使菌种的生活环境不致急剧改变而影响菌种的活力。培养基按要求应进行杀菌处理，冷却后接入 1%～3% 的中间发酵剂，充分混匀后培养至凝乳，置于 0～5℃冷藏库中待用，如用种子罐可先冷却至 10～20℃，然后直接用于生产。

三、凝固型酸乳的加工

(一)凝固型酸乳加工工艺流程

生产发酵剂(或直投式发酵剂)
↓

原料乳→净乳→标准化→配料→预热→均质→杀菌→冷却→接种→灌装→发酵→冷却→后熟→冷藏。

(二)凝固型酸乳加工要点

1. 原料乳的验收及预处理

我国市场上的酸乳主要是以牛乳为原料。原料乳可根据成品的要求采用新鲜全脂牛乳或全脂乳粉还原乳、部分脱脂牛乳或脱脂牛乳。为了增加成品的营养或改进其组织状态,还应对原料乳进行标准化。

2. 配料

加入甜味剂可改善酸乳的风味,使其口味柔和,酸甜适口。通常使用的甜味剂是蔗糖,加入量一般为 4%～7%。生产低热值保健酸乳,可选用热量低或不产生热量的甜味剂,如木糖醇、异麦芽低聚糖、低聚果糖、阿斯巴甜、甜叶菊苷等甜味剂。

正常情况下,凝固型酸乳不需要添加稳定剂,因为它会自然形成稳定的胶体。但少量的稳定剂可增加制品的凝固性和防止乳清的析出,酸乳中较常用的稳定剂有果胶、阿拉伯胶、黄原胶、瓜尔豆胶、CMC、明胶、变性淀粉、琼脂等,用量为 0.1%～0.5%。添加稳定剂时一般要先与适量砂糖干态混合,边搅拌边加入原料乳中;或将稳定剂先溶于少量热水或牛乳中,再加入原料乳中。

3. 预热、均质

原料配好后即进行均质处理。均质的目的是使原料充分混合均匀,防止脂肪球上浮,提高酸乳的稳定性,并使酸乳质地细腻、口感良好。均质前预热至 55～65℃,可提高均质效果,均质压力采用 20.0～25.0MPa。

4. 杀菌、冷却

经均质的物料回流到热交换器中加热至 90～95℃,保温 5min 进行杀菌。杀菌的目的在于杀死病原菌及其他微生物,确保乳酸菌的正常生长和繁殖;使乳中酶的活力钝化和抑菌物质失活;使乳清蛋白热变性,改善牛乳作为乳酸菌生长培养基的性能。

杀菌后的物料应迅速冷却到 45℃左右,稍高于发酵温度的原因,是考虑到在后续的接种和灌装过程中温度会略有下降。

5. 接种

一般的液体发酵剂，其产酸能力在 0.7%～1.0%，接种量应为 2%～4%。接种是造成酸乳受微生物污染的主要环节之一，因此应严格注意操作卫生，防止霉菌、酵母菌、细菌噬菌体和其他有害微生物的污染，特别是在不采用发酵剂自动接入设备的情况下更应如此。加入发酵剂后，要充分搅拌 10min，使菌体能与牛乳完全混合，还要注意保持乳温，特别是对非连续灌装工艺或采用效率较低的灌注手段时，因灌装时间较长，保温就更为重要。

6. 灌装

接种后的牛乳应立即灌装到零售容器中。可根据市场需要选择包装容器的材质及大小形状，如玻璃瓶、瓷罐、塑料杯等容器。当然，如对产品的凝乳状态没有刻意要求时，也可采用塑料袋包装。

7. 发酵

发酵在发酵间进行，发酵间的墙壁要有良好的绝缘保温层，热源有电加热和蒸汽管道加热，室内设有温度感应器，可自动进行温度调节。

1）发酵温度

发酵间的温度应调至所用菌种最适宜生长繁殖的温度。例如，使用嗜热链球菌和保加利亚杆菌的混合菌种，应将温度保持在 42～43℃，这是这两种菌最适生长温度的折中值。在整个发酵过程中，温度应恒定，避免忽高忽低。

2）发酵时间

影响发酵时间的因素较多，如菌种的种类、接种量、活力、培养温度、容器类型、每批进入发酵间数量的多少。如果使用生产发酵剂，发酵所需时间 3～4h。发酵终点的判断，是制作凝固型酸乳的关键技术之一，取出过早或过晚都会对产品产生不良影响。如果发酵终点确定过早，则酸乳组织过软，风味差；过晚则酸度高，乳清析出过多，风味也差。

可采用以下方法判断发酵终点：

（1）发酵到一定时间后，抽样打开瓶盖并缓慢倾斜瓶身，观察酸乳的流动性和组织状态，若乳基本凝固，则说明已接近发酵终点。

（2）抽样测定酸乳的酸度，一般酸度达到 65～70°T 即可终止发酵，再加上后熟期酸度的升高，可使产品最终达到比较理想的酸度。当然，近些年一些新型菌种可较好地控制后酸，发酵酸度应适当提高。

（3）记录好酸乳进入发酵间的时间。

8. 冷却

酸乳结束发酵后应强制冷却，冷却的目的是迅速而有效地抑制酸乳中乳酸菌的生长，降低酶的活性，使酸乳的质地、口感、风味、酸度等特征达到所预定的要求。

冷却开始时酸乳处于软嫩状态，对机械振动十分敏感，在这种情况下，酸乳组织状态一旦遭到破坏，最终则很难恢复正常。因此，冷却时要轻拿轻放，防止振动。

9. 后熟与冷藏

冷却后的酸乳应立即放入 0~4℃的冷库中，冷藏的作用除了达到冷却这一目的外，还有促进香味的产生、改善酸乳硬度的作用。香味物质产生的高峰期一般是在酸乳终止发酵后的 4h，也有研究发现这一时间更长，是 12~24h，通常把该贮藏过程称为后熟。酸乳的一般贮藏期为 7~14d。在冷藏期间，酸度仍会有所上升，同时改善酸乳的硬度，促进香味物质的产生。酸乳的良好风味是多种风味物质相互平衡的结果，因此，发酵凝固后需要在 0~4℃下贮存 12~24h 后再出售。

（三）凝固型酸乳常见质量问题及控制方法

1. 凝固性差

凝固性是评价凝固型酸乳质量的一项重要指标。一般牛乳在接种乳酸菌后，在适宜的温度下发酵一定时间便会凝固，表面光滑，质地细腻。但酸乳有时会出现凝固性差或不凝固现象，黏性也很差，出现乳清分离。造成这种现象的原因有原料乳质量差、发酵温度和时间、菌种和加糖量控制不当。

2. 乳清析出

乳清析出是生产乳酸时常见的质量问题，其主要原因有原料乳热处理不当、发酵时间控制不当等。

3. 风味异常

风味包括口味和气味，正常酸乳应有发酵乳纯正的风味。但在生产过程中常出现无芳香味、酸乳的不洁味、酸乳的糖酸比欠佳等现象。

原料乳有饲料臭、牛体臭、氧化臭味，或者过度热处理，或者原料乳中添加了风味不良的炼乳或乳粉等，都是可能造成酸乳风味异常的原因。

4. 表面有霉菌生长

酸乳贮藏时间过长或温度过高时，往往在表面出现霉菌，其中黑色霉菌斑点易被察觉，而白色霉菌则不易被注意。这种酸乳被误食后，轻则有腹胀感，重则可能会引起腹痛下泻。因此，要根据市场情况控制好贮藏温度和贮藏时间。

5. 口感差

优质酸乳应柔嫩、细滑、清香可口，但有些酸乳口感粗糙，有砂状感。这主要是由于在生产酸乳时，采用了劣质乳粉，或者由于生产时温度过高，蛋白质变性，或由于贮存时吸湿潮解，有细小的颗粒存在，不能很好地复原等原因所致。因此，生产酸乳时，多用新鲜牛乳或优质乳粉，并采取均质处理，使乳中蛋白质及脂肪颗粒细微化，达到改善口感的目的，均质所采用的压力以 25MPa 为好。

四、搅拌型酸乳的加工

搅拌型酸乳是在凝固型酸乳的基础上发展起来的一种发酵乳制品，即经过处理的原料乳接种后在发酵罐中进行发酵至凝乳，再经适度搅拌，而后分装于零售容器中。搅拌型酸乳呈半流体状态，有一定的黏度。搅拌过程中还可加入果料、谷物等其他配料，丰富了酸乳的营养成分，同时使产品呈现出果料、谷物与发酵乳相复合的味道，改变了凝固型酸乳单一的口味，所以非常受消费者的喜爱。

（一）搅拌型酸乳加工工艺流程

生产发酵剂（或直投式发酵剂）
↓

鲜乳的验收及预处理→配料→预热→均质→杀菌→冷却→接种→发酵罐中发酵→冷却→搅拌→灌装→后熟→冷藏。

　　　↑

果粒、谷物等

（二）搅拌型酸乳加工要点

搅拌型酸乳与凝固型酸乳加工的前处理过程是完全一样的，只是在接种后按不同的工艺来进行。两者最大的区别在于凝固型酸乳是先灌装后发酵，而搅拌型酸乳是先大罐发酵再灌装。本书仅对搅拌型酸乳与凝固型酸乳生产的不同点加以说明。

1. 发酵

搅拌型酸乳生产中的发酵通常是在专门的发酵罐中进行的。发酵罐利用罐周围夹层的热媒来维持恒温，热媒的温度可随发酵参数而变化，罐内上下温差不超过 1.5℃。发酵罐带有保温层，并设有温度计和 pH 计。pH 计可直接检测到罐中物料的酸度，当酸度达到设定值后，pH 计就会传出信号。

生产中应避免夹层里的热媒温度有较大波动，否则接近罐壁的物料温度就会上升或下降，罐内产生温度梯度，不利于酸乳的正常发酵。发酵终点的判断同凝固型酸乳。

2. 冷却及搅拌

发酵结束后，应立即对凝乳降温冷却，同时进行搅拌，将凝乳搅拌成均匀光滑的黏稠状流体。冷却的目的是快速抑制乳酸菌的生长和酶的活力，防止产酸过度和搅拌时脱水。冷却过程应稳定进行，冷却过快将造成凝块收缩迅速，导致乳清分离；冷却过慢则会造成产品过酸和果料变色。

搅拌作用是通过机械力破碎凝胶体，使凝胶体粒子直径达到 0.01～0.04mm。凝乳受到搅拌作用之后发生了相转换现象，也就是说，原来是凝胶中分散着水，搅拌之后变成了水中分散着凝胶。由于相转换现象的发生和细微凝胶分子的存在，酸乳的黏度大大增加，并且非常稳定。但如果搅拌过于激烈会造成搅拌型酸乳出现缺陷，不仅会降低酸乳的黏度，而且会出现分层现象。分层是由于混入了空气所引起的，混入空气又是由于搅拌过度或运输不当造成的。当出现分层时，上层是凝乳颗粒、脂肪和空气，下层是分离出的乳清和气泡。如果凝乳搅拌适当，不仅不会出现乳清分离和分层现象，而且凝乳变得很稳定，保水性也会大大增强。

3. 果料混合

果料与酸乳的混合方法有两种：一种是间歇式混合法，在罐中将酸乳与杀菌处理后的果料混匀，此法用于生产规模小的企业；另一种是连续式混料法，用计量泵先将杀菌后的果料泵入在线混合器，然后连续加入酸乳中，此法混合得非常均匀。

果料添加量一般为 10% 左右。在对果料添加物的预处理中，适当的热处理是非常重要的。可使用刮板式换热器或带有刮板装置的罐，对带固体颗粒的果料或整个浆果进行充分的巴氏杀菌。杀菌温度应能钝化所有活性的微生物，而不明显影响水果的风味及结构。发酵乳制品经常由于果料没有得到足够的热处理引起再污染而导致产品腐败。

4. 包装

混合均匀的酸乳和果料，直接流到包装机进行包装。可用于搅拌型酸乳包装的机器类型很多，通常采用塑杯包装或屋顶纸盒包装，包装体积也各不相同。

（三）搅拌型酸乳常见质量问题及控制方法

1. 砂状组织

酸乳从外观组织上看有许多砂状颗粒存在，不细腻。砂状结构的产生有多种原因，普遍认为和发酵温度过高、发酵剂活力过低、接种量过多、发酵期间的振动有关。此外，在较高温度下搅拌及牛乳受热过度，也可能造成砂状组织。

2. 乳清分离

酸乳出现乳清分离的原因是凝乳搅拌速度过快、搅拌温度不适宜。此外，酸乳发酵过度，冷却温度不合适及干物质含量不足等因素也会造成乳清分离现象。搅拌速度的快慢对成品的质量影响较大，若搅拌速度过慢，不能使凝块破损，产品不能均匀一致；但搅拌速度过快又使酸乳的凝胶状态破坏，黏稠度下降，在贮藏过程中产生大量的乳清。因此，应选择合适的搅拌器并注意降低搅拌速度。同时，可选用适当的稳定剂，以提高酸乳的黏度，防止乳清的析出，常使用的稳定剂有 CMC、变性淀粉等。

3. 风味异常

酸乳出现风味异常除了有与凝固型酸乳相同的原因外，还主要因为在搅拌过程中操作不当而混入大量空气，造成酵母菌和霉菌的污染。酸乳较低的 pH 值几乎抑制了所有细菌的生长，但却适宜酵母和霉菌的生长，造成酸乳变质及风味不良。此外，添加的果蔬若处理不当，也会因果蔬料的变质、变味而引起酸乳的风味不良。

4. 色泽异常

根据果蔬的性质及加工特性与酸乳进行合理搭配和制作，必要时可添加抗氧化剂。通过控制适当的热处理温度和时间，以免产生焦糖色；通过少用或合理选择色素的种类和控制添加量以达到减少热处理和贮存过程中的颜色变化。

5. 质地稀薄

酸乳加工过程中可以通过以下几个方面来改善酸乳出现质地稀薄的问题。一是提高原料乳固体尤其是蛋白质的含量；二是热处理中确保乳白蛋白和乳清蛋白充分变性；三是控制均质工艺，保证脂肪得到充分均质化处理；四是加大接种量，延长发酵时间；五是控制适当的冷却温度；六是控制发货时间在进入冷藏库 24h 以后；此外，也可以通过适当增加或调整稳定剂等措施来改善乳质地稀薄的现象。

6. 天然发酵香味不足

酸乳加工过程中可以通过调整球菌和杆菌的比例或更换发酵剂、延长发酵时间、适度提高发酵温度、增加乳固体的含量、减少产黏性菌种或换用产香突出的菌种等措施来改善乳天然发酵香味不足的现象。

7. 结构呈黏丝状

酸乳结构呈黏丝状可以通过减少蛋白含量、增强机械强度、改用低黏度菌种及调整发酵温度等措施来改善。

任务三　乳粉的加工

一、乳粉的分类和性质

（一）乳粉的概念和特点

乳粉（milk powder）是指以鲜乳为原料，采用冷冻法或加热法除去乳中几乎全部水分加工而成的干燥粉末状乳制品。乳粉较好地保留了鲜乳中的营养成分及特性，根据热处理强度可以分为低温处理乳粉、中温处理乳粉、高温处理乳粉；根据加工所用原料、加工工艺可以分为全脂乳粉、脱脂乳粉、速溶乳粉、配方乳粉、加糖乳粉、冰激凌粉、奶油粉、麦精乳粉、乳清粉、酪乳粉等。

由于乳粉中含水量低，产品的重量和体积大大减少，方便运输和携带，贮藏性也有所提高，更有利于调节不同地区供应的不平衡。品质优良的乳粉经过加水复原后，可迅速恢复至原有鲜乳的性状。因此，在我国的乳制品结构中乳粉仍然占据着重要的位置。

（二）乳粉的种类

乳粉的种类很多，根据所用原料、加工方法、辅料及添加剂的种类的不同而异，但主要以全脂乳粉、脱脂乳粉、调制乳粉、婴儿配方乳粉等为主。

1. 全脂乳粉

全脂乳粉（whole milk powder）是以鲜乳为原料，添加或不添加食品营养强化剂，经标准化、杀菌、浓缩、干燥制成，蛋白质不低于非脂乳固体的 34%，脂肪不低于 25% 的粉末状制品。

2. 脱脂乳粉

脱脂乳粉（skim milk powder）是以鲜乳为原料，添加或不添加食品营养强化剂，经脱脂、浓缩、干燥制成，脂肪不高于 1.75% 的粉末状制品。脱脂乳粉一般不加糖。

3. 速溶乳粉

速溶乳粉（instant milk powder）是在乳粉干燥程序上调整工艺参数或用特殊干燥法加工而成的。乳粉即使在冷水中也能迅速溶解，不结块。

4. 配方乳粉

配方乳粉（modified milk powder）是针对不同人群的营养需求，在鲜乳中或乳粉中配以各种人体需要的营养素，经加工干燥成的乳制品。品种有婴幼儿配方乳粉、中老年配方乳粉、孕产妇配方乳粉、降糖乳粉等。

（三）乳粉的理化特性

1. 乳粉的组织结构

乳粉的组织结构指的是乳粉的各成分分布与结合的方式。不同的干燥方法对乳粉的组织结构有直接影响。滚筒干燥的乳粉组织结构致密，形状不规则，无包裹的空气。由于形状不规则，滚筒干燥制得的乳粉颗粒容积密度低，一般为 $0.3\sim0.5\text{g/cm}^3$。喷雾干燥的乳粉颗粒呈球形，直径一般在 $10\sim250\mu\text{m}$，颗粒包裹的有空气，气泡大小不一。一般乳粉颗粒表面比较光滑，由于喷雾干燥时进风温度比较高，而且颗粒内部包裹的空气温度和颗粒外部温差很大，导致时有起皱现象。无论是压力喷雾干燥还是离心喷雾干燥，对颗粒结构没有特殊影响。

1）乳粉中的脂肪

乳粉颗粒中的脂肪状态因干燥方式及操作方法的不同而异，脂肪的状态对乳粉的保藏性具有重要影响。不论何种喷雾方式制得的乳粉，其脂肪球都比原料乳中的小。滚筒干燥乳粉的脂肪球直径为 $1\sim7\mu\text{m}$，但大小变化幅度很大。原因是在滚筒干燥的过程中，牛乳接触到热的金属滚筒，脂肪球膜受到损坏；再从滚筒上经刮刀刮下的时候，又受到机械的摩擦作用，导致有些脂肪球彼此聚结形成较大的脂肪团块。因此，这种乳粉保藏性差，易氧化变质。

2）乳粉中的蛋白质

乳粉颗粒中蛋白质（尤其是酪蛋白）的状态，决定了乳粉复原性的好坏，因此在干燥的过程中须使蛋白质保持原来的自然状态。乳粉经冲调复原为鲜乳状态时，生成部分不溶性成分，主要是吸收了磷酸三钙的变性酪蛋白酸钙。

3）乳粉中的乳糖

乳粉中含有大量的乳糖，全脂乳粉约含有 38%的乳糖，脱脂乳粉中约含有 50%的乳糖，乳清粉中约含有 70%的乳糖。α-乳糖与β-乳糖是乳糖的两个基本异构体，新生产的乳粉中所含乳糖呈非结晶的玻璃状态，α-乳糖与β-乳糖的无水物保持平衡状态，比例大约为 1∶1.5，这种平衡状态与干燥时的温度有关。

4）乳粉中的维生素

喷雾干燥对乳粉中维生素含量的影响很小，影响最明显的有维生素 B_{12}（损失 20%～30%）、维生素 C（损失约为 20%）及维生素 B_1（损失约为 10%），其余的维生素损失是很小的。滚筒干燥方式对维生素的破坏比较严重，影响最明显的有维生素 B_{12}、维生素 C 及维生素 B_1。

2. 乳粉粒径分布

乳粉粒径对产品的感官、复原性和流动性都有一定的影响。影响乳粉粒径大小的因素主要有浓缩乳的黏度和雾化方式。采用压力喷雾方式制得的乳粉颗粒直径较小，不均匀，而离心喷雾制得的乳粉粒径大，且均匀。当乳粉的粒径在 150～200μm 时，复原时分散的速度最快。

3. 乳粉的密度

乳粉的密度对乳粉的性质、包装、运输成本都有重要的意义，有以下三种表示方法。

（1）表观密度（或称松密度）表示的是单位体积内乳粉的质量（g/mL），包含乳粉颗粒空隙中的空气在内。乳粉的表观密度与乳粉颗粒的内部结构及粒径相关。

（2）颗粒密度表示的是乳粉颗粒的密度。仅包括乳粉颗粒内部的空气，不包括乳粉颗粒间空隙中的空气。

（3）真密度表示的是除空气外乳粉本身真正的密度。

喷雾干燥法生产的乳粉表观密度为 0.5～0.6g/mL；滚筒干燥法生产的乳粉表观密度为 0.3～0.5g/mL；喷雾干燥法生产的全脂乳粉真密度为 1.26～1.32g/mL；而喷雾干燥法生产的脱脂乳粉的真密度为 1.44～1.48g/mL。

4. 复原性

乳粉的复原性，即冲调性，是综合性的概念，包括乳粉的溶解性、分散性、可湿性、沉降性、吸湿性和结块性等几个特征。

1）溶解性

乳粉的溶解性指的是乳粉与水按照一定的比例混合，能够复原为均一的鲜乳状态的性能。乳粉的溶解度异于一般盐类的溶解度，因为牛乳不是纯粹的溶液，而是由溶液、悬浮液、乳浊液这三种体系构成的一种均匀稳定的胶体性液体，故乳粉的溶解度指的是最终溶解程度。

2）分散性

乳粉的分散性反映了吸湿的聚集乳粉颗粒均匀分散于水中的能力。通常分散性好的乳粉可湿性良好，没有细粉且附聚效果好。

3）可湿性

可湿性表示的是乳粉被一定温度的水湿润的能力，取决于乳粉附聚物或单个乳粉颗粒的表面吸水能力，而颗粒表面和水表面之间的活性是决定乳粉能否被湿润的因素。

4）沉降性

乳粉的沉降性指的是乳粉颗粒克服水的表面张力及通过表面而沉入水中的能力。沉降性可表示为 1min 内通过 $1cm^2$ 表面时的乳粉的毫克数。沉降性受颗粒下沉时的倾向力影响，并与颗粒的密度有关，密度大的颗粒更容易下沉。

5）吸湿性

乳粉的吸湿性指的是乳粉吸收和保持水分的倾向。乳粉处于湿度较大的环境中时，容易发生不同程度的吸湿现象，致使其出现流动性下降、结块等现象，甚至会对乳粉中所含营养成分的稳定性有一定的影响。因此，研究乳粉的吸湿性具有一定的现实意义，对干燥工艺、包装材料和储存条件的选择都有重要影响。

6）结块性

乳粉的结块性反映的是在贮存期间乳粉形成硬块的可能性。乳粉中的非结晶乳糖或者结晶性差的乳糖先吸收水分，无定形乳糖的结晶过程主要在已经形成的晶体表面上完成。当结晶终止后，周围空气的蒸气压比乳粉的水分蒸气压低，开始从吸收水分向释放水分转换，在水分增加过程中形成的黏粉将会在结晶过程中形成硬块。

二、全脂乳粉的加工

（一）工艺流程

微课：全脂乳粉
的加工过程

根据原料乳中是否加糖，全脂乳粉可分为全脂淡乳粉和全脂甜乳粉，两种乳粉的加工工艺类似。

以全脂加糖乳粉的加工工艺流程为例，具体过程如下：

蔗糖溶解→过滤→杀菌→糖液
↓
原料乳的验收及预处理→标准化→预热→均质→杀菌→浓缩→加糖→喷雾干燥→出粉筛粉→冷却→检验→包装→成品。

（二）加工要点

1. 原料乳验收及预处理

原料乳必须符合国家标准生乳规定的各项要求，严格按照感官指标、理化指标和微生物指标进行检验。原料乳如果不能立即进行加工，须净化冷却至 $0\sim4℃$ 后，再打入贮奶罐中贮存，在贮存期间定期搅拌并检查温度及酸度。

2. 原料乳的标准化

原料乳标准化的目的是对原料乳的脂肪含量进行调整，使之符合产品要求。乳脂肪的标准化一般与离心净乳机的净乳过程同时进行。目前，我国现行标准对乳粉脂肪含量要求范围较广，所以在生产全脂乳粉时，厂家一般不对乳粉的脂肪含量进行调整或者只在冬季进行调整。严格意义上来说，这样是不符合要求的。要经常检查原料乳中的含脂率，掌握其变化规律，以便于进行适当调整。

3. 均质

由于乳粉在加工的过程中，原料乳在离心净乳和喷雾干燥的过程中，不同程度地受到了离心机和高压泵的机械挤压和冲击，具有一定的均质效果，故加工乳粉的原料乳一般不需要均质。但如果原料乳进行了标准化，则应该进行均质，使标准化后的原料乳形成均匀的分散体系。即使原料乳未进行标准化，经过均质处理的全脂乳粉质量也要优于未经均质处理的乳粉。因为原料乳经过均质后，较大的脂肪球被破坏，形成了细小的脂肪球，能够形成稳定的乳浊液，故制成的乳粉冲调后复原性更好。

4. 杀菌

生产乳粉的大规模加工厂，为了便于加工，将经过均质的原料乳用板式热交换器杀菌后冷却至 $4\sim6℃$，打入贮藏罐中，随时取用。小规模的加工厂，则将净化、冷却后的原料乳直接进行预热、均质、杀菌，用于乳粉生产。

5. 加糖

常用加糖方法有以下几种：①净乳之前加糖；②将杀菌过滤的糖浆加入浓缩乳中；③包装前加蔗糖细粉于乳粉干粉中；④预处理前加一部分，包装前再加一部分。

选择加糖方法时应考虑产品的配方和设备条件。当产品含糖量小于 20%（最好小于15%）时，采用前两种方法。第一种方法加糖可以使糖和原料乳一起杀菌，减免了糖浆单独杀菌的工序。当产品中含糖大于 20% 时，应采用后两种方法。由于蔗糖具有热熔性，在喷雾干燥塔中流动性较差，容易黏壁和形成团块。溶解加糖法制成的加糖乳粉冲调性优于加干糖的乳粉。

6. 真空浓缩

乳中很多成分具有热敏性，为减少浓缩过程中营养成分的损失，故采用真空浓缩的方式进行浓缩。即在减压条件下，采用蒸汽对牛乳进行加热，使其在较低的温度下沸腾，一部分水分不断汽化并排出。

1）真空浓缩的优点

（1）在真空条件下，牛乳的沸点降低。这样可以使牛乳避免受到高温作用，对乳粉的色泽、风味、复水性等都有益处。

（2）喷雾干燥是利用热风对物料进行干燥，由于牛乳的沸点降低，提高了加热蒸汽和牛乳之间的温差，从而使单位面积、单位时间内的换热量增大，提高了浓缩效率。

（3）大大减少了牛乳在加热器壁上的结焦现象，提高了传热效率，有利于清洗。

（4）真空浓缩过程在密闭容器内进行，不易受到污染，使产品的质量得到保证。

2）真空浓缩对乳粉质量的影响

（1）经真空浓缩后再喷雾干燥得到的粉粒较粗大，粒度均匀，具有良好的分散性和冲调性，能够迅速复水溶解。反之，如果原料乳不经过浓缩直接进行喷雾干燥，则得到的粉粒轻细，冲调性降低，而且粉粒色泽灰白，感官质量较差。

（2）真空浓缩可以排除乳中的空气、氧气，大大减少了粉粒内的气泡，从而降低了乳粉中的脂肪氧化作用，改善了乳粉的保藏性。

（3）经过浓缩后再喷雾干燥的乳粉，得到的乳粉颗粒致密、坚实，有利于包装。

3）真空浓缩的设备

应选用蒸发速度快、连续出料、节能降耗的蒸发器来浓缩原料乳，并根据具体的生产规模、产品品质、经济条件等选择。

真空浓缩的设备根据加热部分的结构可以分为盘管式、直管式和板式三种；根据其是否利用二次蒸汽，可以分为单效和多效浓缩设备。现在常用的蒸发器有直管式双效降膜、多效（三效、四效、五效、六效）降膜蒸发器。一般生产量小的乳粉加工厂，可选用单效蒸发器。生产量大的连续化生产线可以选择双效或多效蒸发器。

4）影响浓缩的因素

（1）加热器的总加热面积。加热器的总加热面积，即乳受热面积。乳受热面积越大，在相同时间内乳收到的热量越多，浓缩速度就越快。

（2）加热蒸汽与物料间的温差。温差越大，蒸发速度就越快；增大浓缩设备的真空度，乳的沸点降低；增大加热蒸汽压力，可以提高加热蒸汽的温度，但是压力加大容易造成"焦管"，影响产品质量。因此，加热蒸汽的压力应控制在（4.9×10^4）～（19.6×10^4）Pa为宜。

（3）乳的翻动速度。乳的翻动速度越快，乳的对流越好，加热器传给乳的热量也越多，浓缩的速度越快，乳既受热均匀又不易"焦管"。同时，由于乳的翻动速度快，表面不易形成液膜。乳的翻动速度还与乳与加热器之间的温差、乳的黏度等因素有关。

（4）乳的浓度和黏度。在浓缩的最初阶段，乳的浓度低、黏度小，对翻动速度的影响不大。随着浓缩过程的进行，乳的浓度提高，密度增大，乳渐渐变得黏稠，流动性变差。提高温度可以降低乳的黏度，但易发生"焦管"现象。

7. 喷雾干燥

经过真空浓缩的乳打入保温罐内，应立即进行干燥，这是乳粉生产过程中最重要的工序之一。干燥程度直接影响乳粉的溶解度、水分、杂质度、色泽和风味等。最初生产乳粉时采用平锅法和滚筒法干燥，现在国内外普遍采用的干燥方法是喷雾干燥法（spray drying method），喷雾干燥方法又分为离心喷雾法和压力喷雾法。

1）喷雾干燥的原理

浓乳在高压或离心力的作用下，在干燥室内通过雾化器（atomizer）喷成雾状的微细乳滴（直径为 10～200μm），使浓乳的表面积大大增加，加速水分蒸发速率。雾状乳滴一经与鼓入的热风直接接触，水分便在瞬间（0.01～0.04s）蒸发完毕，使微细的雾滴被干燥成细小的球形粒，而水蒸气则被热风带走，在干燥室的排风口被抽出。喷雾干燥的整个过程仅需要 15～30s。

2）喷雾干燥的特点

喷雾干燥法具有很多优点，在国内外被广泛采用。

（1）干燥速度快，乳受热时间短。由于浓乳被喷成雾状的微细乳滴，使表面积大大增加。若雾滴的平均直径按 50μm 计算，则每升乳经喷雾后，分散形成 146 亿个微小雾滴，这些雾滴总表面积约为 114.6m^2。这些雾滴中的水分与 150～200℃的热风接触后瞬间蒸发，所以干燥速度快。

（2）干燥温度低，乳粉质量好。喷雾干燥时，雾滴从周围的热空气中吸收大量的热量，从而使周围空气的温度迅速下降，也保证了被干燥雾滴本身的温度远远低于周围热空气的温度。由于雾滴在干燥时的温度与液体的绝热蒸发温度接近，干燥粉末的温度一般不会超过干燥室气流的湿球温度 50～60℃。这就是恒速干燥阶段物料温度不会超过空气的湿球温度的缘故。因此，干燥室内的热空气温度很高，但物料温度低、受热时间短、营养成分破坏少。

（3）工艺参数可调节，容易控制产品质量。通过选择适当的雾化器，调节工艺参数，改善乳粉颗粒的状态、大小和容重，并使其含水量均匀，使冲调后的乳粉具有良好的溶解性、流动性和分散性。

（4）产品不易受到污染，卫生质量好。整个干燥过程在密闭状态下进行，可以避免粉尘外溢，减少浪费，使产品不易受到污染。

（5）乳粉呈松散状态，不必再粉碎。经喷雾干燥后，乳粉呈松散状态，只需过筛，团块粉即可分散。

（6）操作简便，机械化、自动化程度高，操作人员少，劳动强度低，生产效率高。

但是，喷雾干燥也有不足之处。

（1）干燥设备占用面积、空间大，一般需要多层建筑，造价高、投资大。

（2）耗能、耗电多。为了保证乳粉的含水量，一般控制排风湿度在 10%～13%（排风干球温度 75～85℃），所以需要消耗较多的热风，热效率低。热风温度达到 150～170℃时，热效率仅为 30%～50%；热风温度达到 200℃时，热效率可以达到 55%。故每蒸发

1kg 的水分需要 3.0～3.3kg 的加热蒸汽，能耗大大增加。

（3）干燥室内粉尘黏壁现象严重，清扫困难。粉尘回收装置比较复杂，设备清扫劳动强度大。

3）喷雾干燥工艺及设备

（1）工艺流程。喷雾干燥的工艺流程如图 8.1 所示。

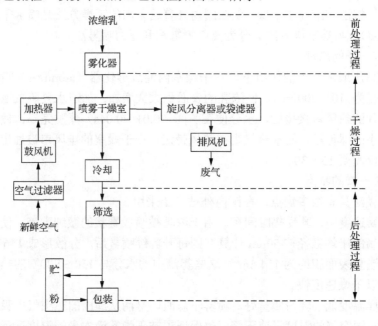

图 8.1　喷雾干燥的工艺流程图

（2）喷雾干燥设备类型。乳粉的喷雾干燥设备按喷雾形式可分为压力喷雾干燥设备与离心喷雾干燥设备。这两类设备根据热风与物料的流向的不同，又可以分为顺流、逆流、混合流等类型（图 8.2）；根据干燥室的形状又可以分为立式和卧式。

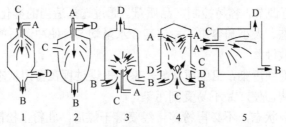

A—浓缩乳入口；B—成品出口；C—热风入口；D—排风口。
1—垂直顺流型；2—垂直混流型；3—垂直上升顺流型；4—垂直上升对流型；5—水平顺流型。

图 8.2　各种喷雾干燥示意图

① 压力喷雾干燥设备。压力喷雾法是利用高压泵将浓奶从直径为 0.5～2mm 的喷嘴喷出，将浓奶通过喷嘴使之克服浓奶表面张力而分散成雾状微粒（直径 10～200μm）喷入干燥室，与热风直接接触，乳中的水分瞬间蒸发，短时间内即被干燥成粉末。喷雾

压力越高、喷孔孔径越小，则喷出的雾滴越小，反之则喷出的雾滴越大。雾滴的分散度与表面张力、黏度等料液的性质及喷孔直径成正比，与物料流量成反比，并与喷嘴的内部结构有关。

压力喷雾干燥机分为立式和卧式两种。最初建造的一般为卧式，不需要高层建筑，结构简单，投资小，适合小规模生产，但是难以连续出粉。目前，立式顺流压力喷雾干燥设备更为普遍，这种干燥设备热风分布均匀，干燥强度大，易于连续出粉，压力喷雾干燥设备如图 8.3 所示。

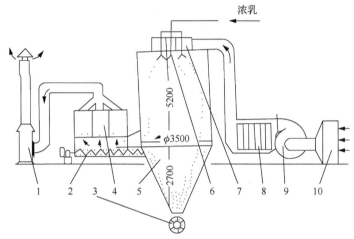

1—排风机；2—搅龙；3—鼓型阀；4—袋滤器；5—干燥室；6—喷头；7—分风箱；8—加热器；9—进风机；10—袋滤器。

图 8.3　压力喷雾干燥设备（单位：mm）

② 离心喷雾干燥设备。离心喷雾法是利用水平方向做高速旋转的转盘或喷枪产生的离心力，使物料以高速甩出，形成液膜、细丝或乳滴，同时在干燥塔内热空气的摩擦与撕裂等作用下形成雾滴。雾化器一般有圆盘式、钟式、多盘式或多嘴型等类型。

（3）干燥设备组成。各类喷雾干燥设备大体上都是由干燥室、雾化器、高压泵、空气过滤器、空气加热器、进排风机、捕粉装置及气流调节装置组成。

4）干燥装置类型

（1）传统喷雾干燥的基本装置具有风力传送系统，如图 8.4 所示。传统喷雾干燥是用热空气作为干燥介质，只通过干燥室，即从浓缩乳中的水分开始蒸发到最终达到要求湿度的过程全部在干燥塔室内完成。相应的风力传送系统收集乳粉和乳粉末，一起离开喷雾塔室，在主旋风分离器中分离废空气，最后在分离器中冷却奶粉，并送至袋装漏斗。

（2）两段干燥。采用传统的喷雾干燥法来生产乳粉，成本相对较高，为了提高热利用率，两段喷雾干燥系统发展迅速。首先采用喷雾干燥，将物料中水分降至 5%～8%，与常规方法将水分含量降至 3.5%～4%相比，可采用较低出风温度，在干燥室外用流化床干燥机再继续干燥，两段干燥的基本装置见图 8.5。乳粉离开喷雾干燥室的湿度比最终要求的湿度高 2%～3%，流化床干燥器可以除去超量湿度并冷却乳粉。由于流化床内的温度相对不高，乳粉在流化床中滞留的时间较长，可达到用较低温度的空气来干燥的目的。采用两段干燥法每单位时间内可以干燥更多的浓缩乳。

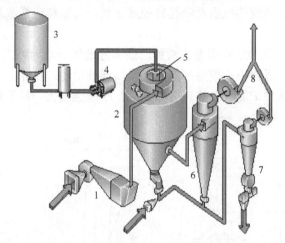

1—空气加热器；2—干燥塔室；3—牛乳浓缩缸；4—高压泵；5—雾化器；6—主旋风分离器；
7—旋风分离输送系统；8—抽气扇和过滤器。

图 8.4　传统喷雾干燥的基本装置

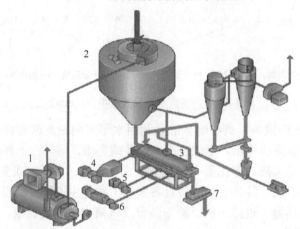

1—空气加热器；2—喷雾干燥室；3—流化床；4—空气加热室；5—冷空气室；
6—冷却干空气室；7—振动筛。

图 8.5　两段干燥的基本装置

乳在喷雾干燥机中，由于空气进风温度高，粉末在里面停顿的时间短；而在流化床干燥机中，空气的进风温度相对较低（130℃），消耗空气少，粉末在流化床干燥器中停留时间长，因此乳粉在流化床干燥机中继续干燥，可生产出优质乳粉。

8. 出粉、冷却、包装

已干燥好的乳粉应尽快出粉、冷却、输粉、筛粉、晾粉和包装。

1）出粉与冷却

乳粉干燥后落入干燥室的底部，粉温在 60℃ 左右，应迅速从干燥室内卸出并及时冷却，尽量缩短乳粉受热时间。尤其是全脂乳粉，受热时间过长会增加乳粉中游离脂肪含量，严重影响乳粉的质量，在保存的过程中容易发生脂肪氧化变质，降低贮藏性。出粉、冷却一般采取以下几种的方式。

（1）气流输粉、冷却。气流输粉装置出粉速度快，可以连续出粉、冷却、筛粉、贮粉、计量包装，但易产生过多的微细粉尘，乳粉颗粒不均匀。通过筛粉机时，筛出的微粉量过多。另外，气流输粉、冷却效率不高，一般只能冷却至稍高于气温 9℃，尤其在夏天，冷却后的温度仍比乳脂肪熔点高。

（2）流化床输粉、冷却。用流化床出粉和冷却装置的优点：①乳粉不受高速气流的摩擦，可减少较多的微细粉；②乳粉在输粉导管和旋风分离器内所占比例小，可以减轻旋风分离器的负担，同时还可以节省输粉过程中消耗的动力；③冷却床中冷风的需求量较少，故可使用经冷却的风来冷却乳粉，因而冷却效率高，一般可将乳粉冷却至 18℃ 左右；④乳粉通过振动的流化床筛网板，可得到颗粒较大且均匀的乳粉；⑤从流化床吹出的微细粉粒还可通过导管返回喷雾室与浓乳汇合，重新喷雾干燥成乳粉。

（3）其他输粉方式。搅龙输粉器、电磁振荡器、转鼓型阀、漩涡气封法等装置也可以连续出粉。这些装置既可以使干燥室保持连续工作的状态，又可以及时将乳粉送出干燥室外。但是这些出粉设备清洗麻烦，而且要立即筛粉、凉粉，使乳粉及时冷却。

2）筛粉与晾粉

乳粉过筛的目的是将较大的乳粉团块分散开，并除去乳粉团块、粉渣及混入其中的杂质，使乳粉均匀、松散，便于冷却包装。筛粉一般采用机械振动筛筛粉，筛底网眼为 40～60 目。晾粉能够降低乳粉的温度，一般贮 24h 后乳粉的表观密度提高 15%，有利于包装。无论使用大型粉仓还是小粉箱，在贮存时应严防乳粉受潮。乳粉包装前存放的场所必须保持干燥和清洁。

3）包装

包装乳粉的包装规格、容器及材质根据乳粉的用途不同而异。小包装容器常用的容器有马口铁罐、塑料袋、塑料复合纸袋、塑料铝箔复合袋等。规格有 900g、454g、400g。大包装的容器有马口铁箱或圆桶、塑料袋套牛皮纸袋；或者根据购货合同的要求来选择包装的大小。大包装一般供应特别需要者，如出口或用作食品工业原料。大包装应该先把乳粉冷却至 28℃ 以下再进行包装。一般铝箔复合袋包装的乳粉的保质期为 1 年，而真空包装和充氮包装技术可以使乳粉的保持期维持在 3～5 年。

包装乳粉的时候要求称量准确、排气彻底、封口严密、装箱整齐、打包牢固。每天在工作之前，必须先将包装室用紫外线照射 30min 灭菌。包装室应配置空调设施，将室内温度保持在 20～25℃，相对湿度为 75%。凡是与乳粉直接接触的器具要彻底清洗、烘干灭菌。操作人员应保持工作服、鞋、帽清洁，穿戴整齐，不消毒不可进入包装车间。

（三）常见质量问题及控制方法

1. 乳粉水分含量过高

大多数乳粉的含水量在 2%～5%。水分过高，会促使乳粉中残留的微生物产生乳酸，导致乳粉中的酪蛋白变性而不可溶，乳粉的溶解度降低。当乳粉的含水量提高至 3%～5%时，贮存一年后乳粉的溶解度仅略有下降；当乳粉含水量提高至 6.5%～7.0%时，短时间贮存后，乳粉中的蛋白质有可能完全不溶解，产生陈腐味，发生褐变。但乳粉的含水量也不宜过低，一般喷雾干燥生产的乳粉水分含量低于 1.88%时就易引起乳粉变质而产生氧化臭味。

导致乳粉水分含量过高的原因：在喷雾干燥的过程中，进料量、进风温度、进风量、排风温度、排风量的控制不当；雾化器的雾化效果不好，导致雾化后的乳滴太大而不易干燥；包装乳粉的地方空气相对湿度偏高，致使乳粉吸湿而水分含量上升；在乳粉的冷却过程中，冷风湿度太大，引起乳粉水分含量升高；乳粉的包装封口不严或包装材料本身不密封而导致乳粉吸潮。

2. 乳粉的溶解度偏低

乳粉溶解度能够反映乳粉中蛋白质的变性程度。溶解度低说明乳粉中变性的蛋白质多，冲调时由于变性的蛋白质不能溶解，只能黏附于容器的内壁或沉淀于容器的底部。

导致乳粉溶解度下降的原因如下：

（1）原料乳的质量不好，混入了异常乳和酸度高的牛乳，乳中蛋白质热稳定性差，受热易变性。

（2）牛乳在生产的过程中温度偏高或受热时间过长，导致牛乳蛋白质受热过度而变性。

（3）浓缩乳喷雾干燥时雾化效果不好，导致乳滴过大，干燥困难。

（4）牛乳和浓缩乳在较高的温度下放置时间过长会导致蛋白质变性。

（5）乳粉的溶解度与贮存条件及时间也有关，当乳粉的贮存环境温度高、湿度大时，其溶解度也会降低。

（6）干燥方法不同所生产的乳粉溶解度亦有所不同。一般情况下，滚筒干燥法生产的乳粉溶解度仅为 70.0%～85.0%，而喷雾干燥法生产的乳粉溶解度可以达到 99.0%以上。

3. 乳粉结块

乳粉极易吸潮而结块，采用一般工艺生产的乳粉，其乳糖呈非结晶的玻璃态，这种乳糖具有很强的吸湿性，吸湿后生成含有 1 分子结晶水的结晶乳糖。当乳糖吸水后，蛋白质粒子彼此黏结而使乳粉形成块状。造成乳粉结块的原因还有可能是：在乳粉干燥时操作不当而造成乳粉含水量普遍偏高或部分产品含水量过高；在包装和贮存过程中，乳粉吸收了空气中的水分。

4. 乳粉颗粒的形状和大小异常

1）乳粉颗粒大小对产品质量的影响

压力喷雾干燥法生产得到的乳粉颗粒直径为 10～100μm，平均粒径为 45μm；离心喷雾干燥法生产得到的乳粉颗粒直径为 30～200μm，平均粒径为 100μm。乳粉粒径大，色泽好，且冲调性能及润湿性能好。如果乳粉颗粒大小不一，而且有少量黄色焦粒，则乳粉溶解度较差，且含杂质较多。

2）影响乳粉颗粒形状及大小的因素

（1）雾化器出现故障，可能对乳粉颗粒的形状造成影响。

（2）不同的干燥方法会导致乳粉颗粒的平均直径及直径的分布状态不同。

（3）干燥方法相同，干燥设备类型不同，得到的乳粉颗粒直径亦不同。例如，压力喷雾干燥法中，立式干燥塔生产的乳粉颗粒直径大于卧式干燥塔生产的乳粉颗粒直径。

（4）浓缩乳的干物质含量对乳粉颗粒的直径影响很大。在一定范围内，浓缩乳中干物质含量越高，则乳粉颗粒的直径越大，所以在不影响乳粉溶解度的前提下，应尽量提高浓缩乳的干物质含量。

（5）压力喷雾干燥的过程中，高压泵压力的大小可以影响乳粉颗粒直径大小。高压泵压力小，则乳粉颗粒直径大，但干燥效果不受影响。

（6）离心喷雾干燥的过程中，转盘的转速也会对乳粉颗粒直径的大小造成影响。转盘的转速越低，则乳粉颗粒的直径越大。

（7）喷头孔径大小及内孔表面的粗糙程度也会对乳粉颗粒直径的大小及分布状况造成影响。喷头孔径越大，内孔粗糙度越高，则得到的乳粉颗粒直径就越大，且颗粒大小均一。

5. 乳粉的脂肪氧化味

1）产生的原因

乳粉的游离脂肪酸含量高会引起乳粉的氧化变质而产生氧。在解酯酶及过氧化物酶的作用下，乳粉中脂肪产生游离的挥发性脂肪酸，使乳粉产生刺激性的臭味；乳粉的贮存环境温度高、湿度大或暴露于阳光下，易产生脂肪氧化味。

2）防治措施

严格控制乳粉生产过程中的各种参数，尤其是牛乳的杀菌温度和保温时间，确保解酯酶和过氧化物酶的活性丧失；严格控制产品的含水量在 2.0% 左右；保证产品的包装密封性良好；将乳粉贮存于阴凉、干燥的环境中。

三、脱脂乳粉的加工

以脱脂乳为原料，经过杀菌、浓缩、喷雾干燥等工艺生产的乳粉即脱脂乳粉，其含脂率低，所以耐保藏，不易氧化变质。

脱脂乳粉的加工工艺流程如下：

稀奶油
↑

原料乳验收→过滤→牛乳预热→分离→脱脂乳→冷却→预热杀菌→浓缩→喷雾干燥→乳粉→冷却→过滤→包装入库。

脱脂乳粉的生产工艺流程与全脂乳粉一致，凡是生产奶油或奶粉的工厂都能生产脱脂乳粉。原料乳经验收、过滤后，加热至 35～38℃ 即可分离。用分离机分离牛乳可得到稀奶油和脱脂乳，分离时应将脱脂乳的含脂率控制在 0.1% 以下。脱脂乳的预热杀菌、浓缩、喷雾干燥、冷却过筛、称量包装等过程与全脂乳粉完全一致。

四、速溶乳粉的加工

（一）速溶乳粉的特点

速溶乳粉是指采用特殊工艺及特殊设备制造，在冷水中就能迅速溶解而不结块的乳粉。速溶乳粉的特点如下：

（1）速溶乳粉的溶解性、可湿性、分散性等都得到了极大的改善。当用水冲调复原时乳粉能迅速溶解，不结团，即使在冷水中也能迅速溶解，不需要先调浆再冲调，使用方便。

（2）速溶乳粉的颗粒较大，一般为 $100\sim800\mu m$。

（3）速溶乳粉的颗粒大且大小均匀，在乳粉的制造、包装及使用过程中，干粉的飞扬程度降低，工作环境得到改善，防止乳粉损失。

（4）速溶乳粉中的乳糖是呈结晶态的含水乳糖，在包装及贮藏期间不易吸湿结块。但是，由于速溶乳粉的比容大，表观密度低，乳粉的包装容器的容积也相应增大，增加了包装的费用。另外，速溶乳粉的水分含量较高，不利于保藏；且速溶乳粉易于褐变，并具有一种粮谷的气味。

（二）速溶乳粉的加工技术

速溶乳粉能够达到速溶的效果，主要是因为在生产的过程中经过了附聚，即喷湿再干燥过程。附聚能达到以下效果：①将乳粉中的乳糖由非结晶状态变成结晶状态，失去了吸附水分的能力；②乳粉颗粒附聚成 $2\sim3mm$ 大小的多孔附聚物，由于毛细管作用使乳粉在水中有很好的分散性；③通过附聚增大了粒子直径，使乳粉颗粒本身具有可湿性和多孔性，更易溶解。

（三）脱脂速溶乳粉的生产技术

目前生产脱脂速溶乳粉的方法主要有一段法和二段法两种。

1. 一段法

所谓一段法，又叫直通法，即不需要基粉，而是在喷雾干燥室下部连接一个直通式速溶乳粉瞬间形成机，使干燥后的乳粉可以连续地吸潮并用流化床使其附聚造粒，再干燥得到速溶乳粉。目前采用的方法有干燥室内直接附聚法和流化床附聚法两种。

1）干燥室内直接附聚法

直接附聚法是指在同一干燥室内完成雾化、干燥、附聚、再干燥等工艺，使产品符合标准要求。

直接附聚法的工作原理：用上下两层喷头喷雾，浓缩乳经上层雾化器分散成微细的乳滴，与热空气接触水分瞬间蒸发，形成比较干燥的乳粉颗粒。另一部分浓缩乳经下层雾化器形成较湿的乳粉颗粒，这两部分乳粉颗粒含水量相差较大，经过充分接触后，干颗粒上包裹有湿颗粒。这样湿颗粒不断失去水分，而干颗粒则获得水分而吸潮，从而达到乳粉附聚和乳糖结晶的目的。然后附聚颗粒在热介质的不断推动及本身的重力作用下，继续在干燥室内干燥并持续地沉降，并于底部卸出，最终得到水分含量为2%～5%的大颗粒多孔状产品。

2）流化床附聚法

浓缩乳在常规干燥室内经喷雾干燥后，乳粉含水量高达10%～12%。乳粉在沉降过程中开始附聚，到达干燥室底部时仍在继续附聚，然后将潮湿且已部分附聚的乳粉从干燥室中卸出，进入第一振动流化床继续附聚成为稳定的团粒，然后进入第二段干燥区的流化床及冷却床，最后经筛板得到均匀的附聚颗粒（图8.6）。

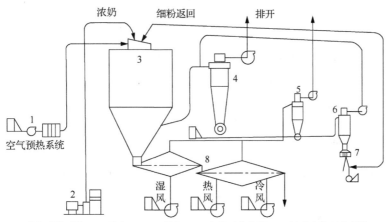

1—空气预热系统；2—浓奶；3—干燥室；4—主旋风分离器；5—流化床旋风分离器；
6—旋风分离器；7—集粉器；8—震动流化床。

图8.6　流化床一段法生产速溶乳粉流程图

2. 二段法

二段法，即再润湿法，是指将一般喷雾干燥法生产得到的脱脂乳粉作为基粉，送入再润湿干燥器中，通过喷入湿空气或乳液雾滴使乳粉附聚成团粒，同时乳糖开始结晶，再经干燥、冷却等过程，形成速溶产品（干燥—吸湿—再干燥工艺）。二段法生产脱脂速溶乳粉的流程见图8.7。

（1）在加料斗中定量注入基粉，通过振动筛板后均匀地撒布于附聚室内，与潮湿空气或低压蒸汽接触，使基粉的含水量增高至10%～12%，并使乳粉颗粒不断相互附聚，颗粒直径增大，随之乳糖结晶。

（2）已结晶及附聚的脱脂乳粉，在流化床或与附聚室一体的干燥室内，与100～120℃的热空气直接接触，再进行干燥，使脱脂乳粉的含水量达到3.5%左右。

（3）在振动冷却床上用冷风冷却至一定温度。

（4）用粉碎机、筛选机对乳粉进行微粉碎并过筛，使乳粉颗粒大小均匀一致。最后进行包装。

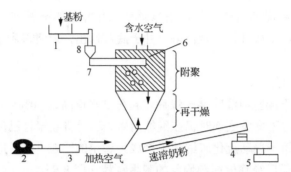

1—螺旋输送器；2—鼓风机；3—加热器；4—粉碎和筛选机；5—包装机；6—干燥室；7—振动筛板；8—加料斗。

图 8.7　二段法生产脱脂速溶乳粉流程图

二段法生产脱脂速溶乳粉的工艺过程繁杂，生产环节较多，能源利用不充分，生产成本高，对设备的要求高，工艺参数要求严格，但获得的产品质量较好。

（四）全脂速溶乳粉的生产技术

1. 全脂速溶乳粉加工原理

全脂速溶乳粉的乳脂肪含量约为 26%，因此乳粉颗粒或附聚团粒的外表面有许多脂肪球，由于表面张力的影响，乳粉颗粒在水中不易润湿和下沉，不易溶解。因此，乳粉的可湿性较差，不易达到速溶的目的。所以，全脂速溶乳粉的生产工艺较为复杂，除了考虑生产脱脂速溶乳粉的影响因素外，还应顾及脂肪对乳粉速溶性的影响。

卵磷脂作为一种既亲水又亲油的表面活性物质，喷涂于乳粉颗粒的表面，可以增强乳粉的亲水性，并改善其润湿性、分散性，大大提高了乳粉的速溶性。因此，生产全脂速溶乳粉时，一般采用附聚—喷涂卵磷脂的工艺，且多采用一段法生产速溶乳粉的喷雾干燥设备。

2. 卵磷脂喷涂方法

喷涂卵磷脂时主要采用卵磷脂无水乳脂肪溶液（60%卵磷脂和 40%无水乳脂肪）。卵磷脂的使用量一般占乳粉总干物质的 0.2%～0.3%，卵磷脂的喷涂厚度为 0.10～0.15μm。乳粉的脂肪含量较高时，可以相应增加卵磷脂用量，但一般不超过 0.5%，否则生产得到的乳粉会有卵磷脂的味道。为了使产品既能达到速溶的效果又没有卵磷脂的味道，应尽量控制乳粉中的脂肪含量，减少卵磷脂的用量。喷涂卵磷脂的流程如图 8.8 所示。

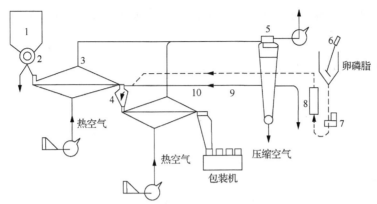

1—贮仓；2—鼓型阀；3—第一流化床；4—喷涂卵磷脂；5—旋风分离器；
6—槽；7—泵；8—流量计；9—管道；10—第二流化床。

图 8.8　喷涂卵磷脂的流程图

全脂乳粉附聚好后进入贮仓内，经可调节乳粉量的鼓型阀送至第一流化床，并鼓入热空气，其作用一是对乳粉进行预热，为涂布卵磷脂做准备；二是吹掉乳粉在贮存和输送过程中从附聚团粒上脱落下来的细粉。然后进入喷涂装置喷涂卵磷脂，熔化好的卵磷脂溶液，由槽经泵通过流量计，被管道内的压缩空气以气流喷雾方式喷入喷涂装置内，完成卵磷脂的喷涂过程。之后进入第二流化床，使卵磷脂涂布均匀一些，并再次去除细粉，由附聚颗粒掉下来的细粉经旋风分离器排出。喷涂过卵磷脂的全脂乳粉直接送入包装机进行包装，产品应采用充氮包装，罐内含氧量不超过 2%。

五、配方乳粉的加工

配方乳粉是针对不同人的营养需要，在鲜乳原料中或乳粉中调以各种营养素加工而成的乳制品。早期的配方乳粉是针对婴幼儿的营养需要，在乳或乳制品中添加某些必要的营养素，经干燥而制成。目前配方乳粉的概念已不再局限于婴幼儿乳粉，而是指针对不同人群的营养需求和功能需求，在鲜乳原料中或乳粉中调以各种营养元素、功能性成分或因子，经加工而制成的乳制品。

（一）婴幼儿配方乳粉

婴幼儿配方乳粉是指以新鲜牛乳为原料，以母乳中的各种营养元素的种类和比例为基准，通过添加或提取牛乳中的某些成分使其不但在质量和数量上，而且在生物功能上都无限接近于母乳，经配制和乳粉干燥技术制成的调制乳粉。在母乳不足或缺乏时，婴幼儿配方乳粉可以作为母乳的替代品。

1. 母乳与牛乳主要成分的区别

母乳是哺育婴幼儿的最佳食品，含有婴幼儿生长发育所需要的全部营养物质。当母乳不足时，才不得不依靠人工喂养。牛乳被认为是最好的代乳品，但其和人乳在组成上和感官上都有很大区别，故需要将牛乳中各种成分调整至近似母乳，才能使配方乳粉适合婴幼儿的营养需要。

2. 主要成分的调整方法

1）蛋白质

牛乳中蛋白质含量为 3.0%～3.7%，蛋白质中酪蛋白含量占 78%以上，酪蛋白与乳清蛋白（白蛋白、球蛋白）的比约为 5∶1；母乳中蛋白质含量在 1.0%～1.5%，其中酪蛋白相对较少，酪蛋白与乳清蛋白的比约为 1.3∶1。而牛乳酪蛋白含量高，在婴幼儿胃中形成较大的坚硬凝块，不易消化吸收。

婴幼儿正处于发育阶段，肾脏机能还不完善。因此最重要的是使配方乳粉中蛋白质变为容易消化的蛋白质，且蛋白质含量适当，这样可以避免婴幼儿因为蛋白质含量不足而导致生长发育迟缓，或者因为蛋白质含量过多而增加肾脏负担。根据母乳中蛋白质含量和婴儿营养学研究结果表明，一般蛋白质含量在 12.8%～13.3%为宜。

可采取以下两种方法对牛乳蛋白质进行调整。

（1）加脱盐乳清粉或脱盐乳清浓缩蛋白，也可以采用大豆分离蛋白，最终使乳粉中各种蛋白质的比例与母乳接近。

（2）采用特殊加工工艺，使原料乳中的酪蛋白呈软凝化，有利于婴幼儿的消化和吸收。

2）脂肪

牛乳中乳脂肪含量在 3.3%左右，母乳与牛乳的脂肪含量大致相同，但脂肪酸组成有很大差别。牛乳中饱和脂肪酸较多，而母乳中不饱和脂肪酸，尤其是亚油酸、亚麻酸较多。脂肪的消化和吸收是婴幼儿营养的重要方面。脂肪的消化性和营养价值因构成脂肪的脂肪酸不同而不同，低级脂肪酸或不饱和脂肪酸比高级脂肪酸或饱和脂肪酸更容易消化和吸收，同时还具有预防和抗病等生理学意义。婴幼儿对母乳脂肪酸的消化率比牛乳中脂肪酸吸收率高 20%～25%。

婴幼儿配方乳粉主要依靠添加植物油来提高不饱和脂肪酸含量，常用精炼玉米油和棕榈油。棕榈油添加量不宜过多，因为其中除含有可利用的油酸外还含有大量婴儿不易消化的棕榈酸，会增加婴儿血小板血栓的形成。由于多不饱和脂肪酸易被氧化变质，故生产中应注意添加有效的抗氧化剂。

3）糖类

牛乳和母乳中的碳水化合物主要是乳糖，牛乳中的乳糖含量约为 4.3%，比母乳中少，牛乳中的乳糖含量远不能满足婴儿机体需要，因此婴幼儿乳粉中需要添加乳糖。糖类不但能补充婴儿热量，而且能保持水分平衡，为构成脑和重要脏器提供半乳糖。肝糖的贮藏也需要有充足的糖类供应。较高含量的乳糖能促进钙、锌和其他一些营养素的吸收。

牛乳中的乳糖主要是 α-型，而母乳中的乳糖主要是 β-型，β-型乳糖有促进双歧乳杆菌增殖的作用，且母乳中蛋白质与乳糖的比率大约为 1∶6，牛乳大约为 1∶1.5。当乳糖与蛋白质的比例与母乳接近时，婴儿肠内的消化状况与母乳营养相同。肠内菌相是双歧乳杆菌占优势，肠道内 pH 值下降，通便性也接近母乳营养儿，特别是防止了大肠埃希菌在肠内的定殖，有预防感染的效果。

因此，为了使乳糖与蛋白质的比率尽可能接近母乳，近年来的调制婴儿乳粉只添加乳糖和可溶性多糖类，如麦芽糊精、葡萄糖等，或者添加具有双歧杆菌增殖效果的功能性低聚糖类，如异麦芽低聚糖、低聚果糖、低聚半乳糖等，而添加蔗糖的逐渐减少。

4）无机盐

牛乳中无机盐含量较人乳高 3 倍多，而婴幼儿肾脏功能尚未健全，摄入过多盐类，会增加肾脏负担，易患高电解质病。因此，调制乳粉时应除掉部分盐类，主要是钠盐和钾盐。一般可以采用连续式脱盐机使无机盐类调整到 K/Na=2.88、Ca/P=1.22 的理想平衡状态，也可以添加一定比例脱盐乳清粉或脱盐乳清浓缩蛋白。母乳中铁含量比牛乳多，且母乳中铁的生物利用率远比牛乳高。因此，根据婴儿需要还应补充一部分铁。任何配方乳粉，即使在各方面能满足营养要求，但如果其含盐量过高，仍将导致婴儿肾脏负担过大，从而对婴儿生长发育不利。

5）维生素

维生素在体内代谢起着重要作用，虽然需求量少，但是必不可少。牛乳是维生素 B_2 的良好来源，但牛乳中维生素 C、维生素 D 和叶酸不足，维生素 A 和维生素 B_1 也不十分充足，且在加工成乳粉时还有一部分损失。

在婴幼儿配方乳粉的加工中应充分强化维生素，有利于促进婴幼儿机体细胞新陈代谢，提高对疾病的抵抗力，叶酸和维生素 C 在芳香族氨基酸的代谢过程中起着重要的辅酶作用，因此要特别要强化。在婴幼儿饮食中必需的维生素还有维生素 A、维生素 B_1、维生素 B_2、维生素 B_6、维生素 B_{12}、维生素 D、生物素、泛酸、烟酸、维生素 K 等。为了使钙、磷有最大的蓄积量，维生素 D 必须达到 300～400IU/d。但是如果添加过多，钙、磷的蓄积反而减少，影响婴幼儿体重的增加。具体的强化标准可以参照 GB 10765—2010（2023 年 2 月 22 日起将实施 GB 10765—2021）。在添加时需要注意维生素的可耐受最高摄入量，防止因添加过量对婴幼儿产生毒副作用。

3. 婴幼儿配方乳粉的加工技术

婴幼儿乳粉生产工艺与全脂乳粉大致相同，这里不再赘述。

（二）其他配方乳粉

乳粉行业中除婴幼儿配方乳粉外的另一研究热点是以成年人为消费对象的配方乳粉。特别是国外的一些药厂，除了研究各种维生素补充剂、高纯度蛋白质粉以外，还研究添加各种营养强化剂和特殊营养成分的成人营养配方乳粉，并受到广泛重视。

成人营养配方乳粉是根据成人的生理、生活特点，以及营养需要和摄入特点，按照《中国居民膳食营养参考摄入量》的规定，以牛乳或乳粉为主要原料，添加和强化各种日常所需的营养元素，满足成年人群的身体健康要求的一种配方食品。

中老年时期机体的营养物质贮存能力减少，维持自身稳定状态的调节范围变窄。中老年配方乳粉主要是针对中老年人的机能减退情况，营养要求特殊，"三高三低"（高蛋白、高纤维、高钙和低脂肪、低糖、低钠）等饮食要求而设计的。不饱和脂肪酸可以有效地降低中老年人高血脂、肥胖症等的发病率，而维生素 C、维生素 E 等具有抗衰老的功能。因此，在考虑上述情况的基础上，中老年乳粉的基础配方见表 8.1。

表 8.1　中老年乳粉基础配方　　　　　　　　　　　（单位：kg）

原料	用量	原料	用量
鲜牛乳	3000	牛磺酸	0.3
脱脂乳粉	650	钙强化剂（以 Ca^{2+} 计）	6
精炼植物油	70	铁强化剂（以 Fe^{2+} 计）	0.05
卵磷脂	3	复合维生素	适量
膳食纤维	10		

　　孕期是女性特殊的生理时期，在此期间女性对许多营养物质的需求量大于一般人，如钙、叶酸等。另外，孕妇也大量地需要许多其他的营养物质，如蛋白质、各种维生素、矿物质等。孕妇乳粉的基础配方见表 8.2。

表 8.2　孕妇乳粉基础配方　　　　　　　　　　　（单位：kg）

原料	用量	原料	用量
鲜牛乳	5000	铁强化剂（以 Fe^{2+} 计）	0.05
脱脂乳粉	380	叶酸	0.004
精炼植物油	80	其他复合维生素	适量
钙强化剂（以 Ca^{2+} 计）	6		

任务四　干酪的加工

　　干酪是营养丰富的发酵乳制品，生产历史悠久，是人类较早生产的乳制品之一，据考证干酪在公元前 7000～公元前 6000 年发源于人类文明发祥地之一的底格里斯和幼发拉底两河流域。随着人类文明的迅速传播，干酪生产很快传入中东、埃及和罗马，以后发生的罗马军队大举入侵欧洲，对干酪生产传遍整个欧洲起了决定性作用。现在，干酪的种类和食用方法越来越丰富，在我国的消费量也逐年增加。

一、干酪的分类和营养价值

　　干酪（cheese）在西方国家消费量很大，是一种非常普遍的乳制品。目前，在世界范围内，干酪是耗乳量最大的乳制品，而乳业发达国家六成以上的鲜奶均用于干酪的加工。世界上主要的干酪生产国包括美国、加拿大、澳大利亚和新西兰等。随着对外交往的日益增多，越来越多的国人对干酪的营养价值有了更清楚的认识。

（一）干酪的概念

　　联合国粮食及农业组织和世界卫生组织制定了国际上通用干酪定义：干酪是以牛

乳、稀奶油、部分脱脂乳、酪乳或这些产品的混合物为原料，经凝乳酶或其他凝乳剂凝乳，并排除乳清而制得的新鲜或发酵成熟的乳制品。制成后未经发酵成熟的产品称为新鲜干酪，经长时间发酵成熟而制成的产品称为成熟干酪。国际上将这两种干酪统称为天然干酪。

（二）干酪的种类

一般可依据干酪的原产地、制造方法、外观、理化性质或微生物学特性来对干酪种类进行划分。有些干酪，在原料和制造方法上基本相同，由于制造国家或地区不同，其名称也不同。例如，著名的法国羊乳干酪在丹麦生产的被称作达纳布路干酪；丹麦生产的瑞士干酪称作萨姆索干酪；荷兰圆形干酪又被称为太布干酪。

国际上通常把干酪划分为天然干酪、再制干酪和干酪食品三大类，其主要规格见表 8.3。

表 8.3　天然干酪、再制干酪和干酪食品的主要规格

名称	规格
天然干酪	以乳、稀奶油、部分脱脂乳、酪乳或混合乳为原料，经凝固后，排除乳清而获得的新鲜或成熟的产品，允许添加天然香辛料以增加香味和滋味
再制干酪	用一种或一种以上的天然干酪，添加食品卫生标准所允许的添加剂（或不加添加剂），经粉碎、混合、加热熔化、乳化后而制成的产品，含乳固体 40% 以上。此外，还有下列两条规定：①允许添加稀奶油、奶油或乳脂以调整脂肪含量；②为了增加香味和滋味，添加香料、调味料及其他食品时，必须控制在乳固体的 1/6 以内，但不得添加脱脂奶粉、全脂奶粉、乳糖、干酪素及不是来自乳中的脂肪、蛋白质及碳水化合物
干酪食品	用一种或一种以上的天然干酪或再制干酪，添加食品卫生标准所规定的添加剂（或不加添加剂），经粉碎、混合、加热熔化而成的产品。产品中干酪数量须占 50% 以上。此外，还规定：①添加香料、调味料或其他食品时，须控制在产品干物质的 1/6 以内；②添加不是来自乳中的脂肪、蛋白质、碳水化合物时，不得超过产品干物质的 10%

国际乳品联合会在 1972 年还曾提出以含水量为标准，将干酪分为硬质、半硬质、软质三大类，并根据成熟的特征或固形物中的脂肪含量来分类。习惯上以干酪的软硬度及与成熟有关的微生物来进行分类和区别。依此标准，世界上主要干酪的分类见表 8.4。

表 8.4　世界上主要干酪的分类

种类		与成熟有关的微生物	水分含量/%	主要产品	原产地
软质干酪	新鲜	无	40～60	农家干酪 稀奶油干酪 里科塔干酪	美国
	成熟	细菌		比利时干酪 手工干酪	比利时、意大利
		霉菌		法国浓味干酪 布里干酪	法国
半硬质干酪		细菌	36～40	砖状干酪 修道院干酪	德国
		霉菌		法国羊乳干酪 青纹干酪	丹麦、法国

续表

种类		与成熟有关的微生物	水分含量/%	主要产品	原产地
硬质干酪	实心	细菌	25~36	高达干酪 荷兰圆形干酪	荷兰
	有气孔	细菌（丙酮酸）		埃门塔尔干酪 瑞士干酪	瑞士、丹麦
特硬干酪		细菌	<25	帕尔门逊干酪 罗马诺干酪	意大利

（三）干酪的组成及营养价值

干酪营养成分丰富，主要为乳蛋白和脂肪，还含有丰富的钙、磷等无机盐类，以及多种维生素和微量元素。就蛋白质和脂肪而言，等于将原料乳中的蛋白质和脂肪浓缩10倍。所含的钙、磷等无机盐类，除能满足人体的营养外，还具有重要的生理功能。干酪中的维生素主要是维生素A，其次是胡萝卜素、B族维生素等。干酪中的蛋白质经成熟发酵后，由于发酵剂微生物产生的蛋白分解酶的作用而生成胨、肽、氨基酸等可溶性物质，极易被人体消化吸收，消化率为96%~98%。

二、天然干酪加工

各种天然干酪的生产工艺基本相同，只是在个别工艺环节上有所差异。最终干酪的得率和组成取决于原料的组成、特性及所采用的加工工艺。

（一）工艺流程

原料乳检验及预处理→杀菌→冷却及添加发酵剂→调整酸度→加氯化钙→加色素→加凝乳酶→凝块切割→搅拌→加温→排除乳清→成型压榨→加盐→发酵成熟→包装→成品。

（二）加工要点

1. 原料乳的检验及预处理

1）原料乳检验

检验用于干酪生产的原料乳主要是牛乳，也可以用山羊乳、绵羊乳、水牛乳，世界上许多著名的干酪是用绵羊乳制成的（如洛克福特干酪，白软干酪、佩克里诺罗马诺羊奶干酪和曼彻格干酪），传统的莫泽雷勒干酪是用水牛乳制作的。不同原料乳的成分之间有显著的品质差异，因此会影响干酪的品质。

制造干酪的原料乳，必须经感官检查、酒精试验或酸度测定（牛奶18°T，羊奶10~14°T），必要时进行青霉素及其他抗生素检验，检验合格后，才能进行原料乳的预处理。

2）预处理

净乳过程在干酪加工尤中为重要，因为某些形成芽孢的细菌在巴氏杀菌时不能杀灭，在干酪成熟过程中可能会造成很大的危害。如用离心除菌机进行净乳处理，不仅可以除去乳中大量杂质而且可以将乳中90%的细菌除去，尤其对相对密度较大的菌体芽孢特别有效。

为了保证每批干酪的成分均一，生产干酪时除需对原料乳脂肪进行标准化外，还要对酪蛋白及酪蛋白/脂肪（C/F）进行标准化，一般要求 C/F=0.7。所以，标准化时首先要准确测定原料乳的乳脂率和酪蛋白的含量，然后通过计算确定用于进行标准化的物质的添加量，最后调整原料乳中的脂肪和非脂乳固体之间的比例，使其比值符合产品要求。

用于生产干酪的牛乳一般不进行均质处理，原因是均质会导致结合水的能力大大上升，由于游离水减少导致乳清的减少，很难生产硬质和半硬质型的干酪。

2. 杀菌

杀菌除杀灭微生物和酶以外，在加热的过程中还会使部分蛋白质凝固，留存于干酪中，增加干酪的产量。杀菌温度的高低对干酪的质量有直接影响。如果杀菌温度过高，时间过长，则受热变性的蛋白质增多，破坏乳中盐类离子的平衡，进而影响皱胃酶的凝乳效果，使凝块松软，收缩作用变弱，易形成水分含量过高的干酪。因此，在实际生产的过程中多采用 63℃、30min 的保温杀菌或 72~75℃、15s 的高温短时杀菌。保温杀菌罐或板式热交换杀菌机是常用的杀菌设备。

3. 添加发酵剂和预酸化

经杀菌后的原料乳直接打入干酪槽中，常见的干酪槽为水平卧式长椭圆形或方形不锈钢槽，且有保温（加热或冷却）夹层及搅拌器（手工操作时为干酪铲和干酪耙）。图 8.9 是一个普通开口干酪槽，带有干酪生产的用具，并装有几个可更换的搅拌和切割工具，可在干酪槽中进行搅拌、切割、乳清排放、槽中压榨的工艺。将干酪槽中的牛乳冷却至 30~32℃，添加 1%~2% 的工作发酵剂（也可加入直投式发酵剂），充分搅拌 3~5min，然后进行乳酸发酵。为使干酪在成熟期间能获得预期的效果，达到正常的成熟，加发酵剂后进行 30~60min 的短期发酵，此过程即预酸化。一般情况下，要求预酸化后酸度应达到 20~24°T。

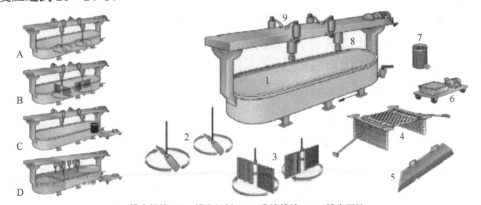

A—槽中搅拌；B—槽中切割；C—乳清排放；D—槽中压榨。

1—带有横梁和驱动电机的夹层干酪槽；2—搅拌工具；3—切割工具；4—用于圆孔干酪生产的预压板；5—干酪切刀；6—带有浅容器小车上的乳清泵；7—置于出口处过滤器干酪槽内侧的过滤器；8—工具支撑架；9—用于预压设备的液压值。

图 8.9　带有干酪生产用具的干酪槽

4. 调整酸度及加入添加剂

（1）经预酸化后牛乳的酸度很难控制到绝对统一，为使干酪成品质量一致，可用 1mol/L 的盐酸将牛乳酸度调整至 20～24°T。具体的酸度值应根据干酪的品种而异。

（2）如果生产干酪的牛乳质量差，则凝块会很软。为了改善原料乳凝固性能，提高干酪质量，可在 100kg 原料乳中添加 5～20g 的 $CaCl_2$（预先配成 10%的溶液），以调节盐类平衡，促成凝块的形成，但 $CaCl_2$ 过量会使干酪太硬，难以切割。

（3）乳中主要的色素是类胡萝卜素，来自动物饲料。干酪的颜色取决于原料乳中脂肪的色泽，但脂肪的色泽受季节及饲料的影响而变化。为了使产品的色泽一致，需要在原料乳中加胡萝卜素等色素物质，现多使用胭脂树橙（又名安那妥，一种天然植物色素）中的碳酸钠抽出液，通常每 1000kg 原料乳中添加 30～60g。

5. 添加凝乳酶与凝乳的形成

添加凝乳酶形成凝乳是干酪生产过程中的一个重要工艺环节，即牛乳在凝乳酶的作用下形成凝块。生产干酪所用的凝乳酶一般为皱胃酶。通常按凝乳酶的活力（也称效价）和原料乳的量计算凝乳酶的用量。一般以在 35℃保温条件下，经 30～35min 能进行切块为准。用 1%的食盐水将酶配成 2%溶液，加入乳中后充分搅拌均匀。一般在 28～33℃时，约 40min 内凝结成半固态，凝块无气孔，触摸时有软的感觉，乳清透明则表明凝固状况良好。

6. 凝块的切割

乳凝固后，凝块达到适当硬度时，要鉴定凝块的质量以确定凝块是否适宜切割。具体方法是用食指斜插入凝块中约 3cm，当手指向上挑起时，如果切面整齐平滑，指上无小片凝块残留，且渗出的乳清透明时，即认为凝块已适宜切割，可开始切割。切割时需使用干酪专用刀。干酪刀有两种，分别为水平式和垂直式，钢丝刃间距一般为 0.79～1.27cm，见图 8.10。先沿着干酪槽长轴用水平式干酪刀平行切割，再用垂直式干酪刀沿长轴垂直切割后，沿短轴垂直切，将凝乳切成小立方体，其大小取决于干酪的类型。切块越小，最终得到的干酪水分含量越低。应注意动作要轻、稳，防止将凝块切得过碎和不均匀，影响干酪的质量。

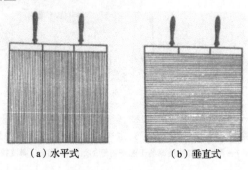

（a）水平式　　　　　　（b）垂直式

图 8.10　干酪手工切割工具

普通开口干酪槽装有可更换的搅拌器和切割工具，可在干酪槽中进行搅拌、切割、乳清排放、槽中压榨的工艺。现代化的密封式干酪罐（图 8.11），其搅拌和切割由焊在一个水平轴上的工具来完成，它可通过转动不同的方向来进行搅拌或切割。另外，干酪槽可安装一个自动操作的乳清过滤网，一个能良好分散凝固剂（凝乳酶）的喷嘴及与CIP（就地清洗）系统连接的喷嘴。

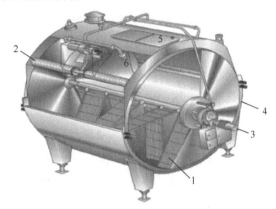

1—切割与搅拌相结合的工具；2—乳清排放的滤网；3—频控驱动电机；
4—加热夹套；5—入孔；6—CIP 喷嘴。

图 8.11　带有搅拌和切割工具及升降乳清排放系统的密封式干酪罐

7. 凝块的搅拌及加温

凝块切割后，凝块具有相互凝聚的倾向，必须搅拌。用干酪耙或干酪搅拌器轻轻搅拌，以便加速乳清的排除。刚刚切割后的凝块颗粒非常柔软，对机械处理十分敏感，因此搅拌必须缓和并且足够慢，防止凝块碰碎，确保凝块能悬浮于乳清中。经过 15min 后，搅拌速度可稍微加快。与此同时，在干酪槽的夹层中通入热水，使温度逐渐升高。升温的速度应严格控制，初始时每 3～5min 升高 1℃，当温度升至 35℃时，则每隔 3min 升高 1℃。当温度达到最终要求（高脂干酪为 17～48℃，半脂干酪为 34～38℃，脱脂干酪为 30～35℃）时，停止加热并维持此时的温度，并继续搅拌。加热时间应根据乳清的酸度而定。通过加热，抑制产酸细菌的生长，使酸度符合要求。除对细菌的影响外，加热也能促进凝块的收缩并促使乳清析出，机械处理和乳酸也有助于乳清的排除。

加热的时间和温度由加热方法和干酪类型决定。加热到 44℃以上时，称之为热烫。某些类型的干酪，其热烫温度甚至高达 50～56℃，只有极耐热的乳酸菌才有可能存活下来。但要注意，升温速度不宜过快，如过快会使干酪凝块收缩过快，表面结成硬膜，影响乳清排除，最后制成的干酪水分过高。通常加温越高，排出的水分越多，干酪越硬，这也是特硬干酪的一种加工方法。

8. 排除乳清

在搅拌升温的后期，当乳清酸度（以乳酸含量计）达到 0.17%～0.18%时，凝块收缩至原来一半（豆粒大小），用手捏干酪粒感觉有适当弹性或用手握一把干酪粒，用力挤出水分后放开，如果干酪粒富有弹性且能分散开时，表示干酪粒已达到适当硬度，即可排除全部乳清。

对于传统的干酪槽，将干酪粒堆积在干酪槽的两侧，将乳清由干酪槽底部通过金属网排除。排除的乳清脂肪含量一般约为 0.3%，蛋白质含量为 0.9%。若脂肪含量在 0.4%以上，证明操作不理想，应将乳清回收，作为副产物进行综合加工利用。

9. 成型压榨

乳清排除后，将干酪颗粒堆积在干酪槽的一端，上面用带孔的木板或不锈钢板压 5～10min，继续排除乳清并使其成块，这一过程即为堆叠。有的干酪品种，在堆叠的过程中还要保温，调整排除乳清的酸度，进一步使乳酸菌达到一定的活力，以保证成熟过程对乳酸菌的需求。

堆积后的干酪块可切成方砖形或小立方体，装入成型器中进行成型压榨。压榨是指对装在模具中的凝乳颗粒施加一定的压力，压榨可进一步排除乳清，使凝乳颗粒成块，并形成一定的形状，给成熟阶段的干酪表面提供一层坚硬外壳。为保证干酪质量的一致性，在生产每一批干酪时压力、时间、温度和酸度等指标都必须保持恒定。

干酪成型器根据干酪的品种不同，其形状和大小也不同。成型器周围设有乳清渗出小孔，内部有衬网，乳清由此渗出。在成型器内装满干酪块后，放入压榨机进行压榨定型。压榨的压力与时间根据干酪的品种各异。先进行预压榨，一般压力为 0.2～0.3MPa，时间为 20～30min。预压榨后取下进行调整，根据情况可再进行一次预压榨或直接正式压榨。将干酪反转后装入成型器内，以 0.4～0.5MPa 的压力在 15～20℃（有的品种要求在 30℃左右）条件下再压榨 12～24h。压榨结束后，从成型器中取出的干酪称为生干酪。

10. 加盐

经排除乳清后的干酪粒或压榨出生干酪后加盐，加盐的目的在于抑制部分微生物的繁殖，使之具有防腐作用，同时使干酪具有良好的风味、组织和外观。除少数干酪外，大部分干酪中盐含量为 0.5%～2%，而蓝霉干酪或白霉干酪的一些类型通常盐含量在3%～7%。

干酪盐渍的方法通常有下列四种。

（1）将食盐撒布在干酪粒中，并在干酪槽中混合均匀。

（2）将食盐涂布在压榨成型后的干酪表面。

（3）将压榨成型后的干酪置于盐水池中盐渍，盐水的浓度在第 1～2d 保持在 17%～18%，以后保持在 20%～23%。为了防止干酪内部产生气体，盐水的温度保持在 8℃左右，盐渍时间一般为 4d。

（4）采用上述几种方法的混合。

11. 发酵成熟

干酪的成熟是复杂的生物化学与微生物过程。发酵成熟是指将生鲜干酪在一定温度和湿度条件下放置一段时间，干酪中的脂肪、蛋白质及碳水化合物在微生物和酶的作用下分解并发生一系列的物理、化学及生化反应，形成干酪特有的风味、质地和组织状态的过程。成熟的主要目的是改善干酪的组织状态和营养价值，赋予其特有的风味，加盐后的干酪必须进行 2 个月以上的成熟。

干酪的成熟通常在成熟库（室）内进行。不同类型的干酪要求不同的温度和相对湿度，成熟所持续的时间差别也很大。成熟时低温比高温效果好，一般为 5~15℃。对于细菌成熟的硬质和半硬质干酪，相对湿度一般掌握在 85%~90%，而软质干酪和霉菌成熟干酪的相对湿度一般为 95%，需要经 1~3 个月的时间。在此期间，为了防止霉菌的生长，须定期洗刷制品的表面或采取其他防霉措施。

12. 包装

为了延缓水分的蒸发、防止霉菌生长，让产品更美观，需要将成熟后的干酪进行包装。对于包装的选择，应考虑的因素应包括：干酪的种类，对机械损伤的抵抗，干酪表面是否具有特定的菌群，是大包装还是零售小包装，包装材料对水蒸气、氧气、CO_2、NH_3 及光线的通透性，是否容易贴标，是否会有气味从包装材料迁移到产品中，包装对干酪贮存、运输及销售系统的影响等。

硬质干酪一般采用涂红色石蜡包装，半硬质干酪采用塑料薄膜、玻璃纸或铝箔复合包装。切块干酪宜用氮气充填或抽真空，以抑制霉菌生长和脂肪氧化。涂蜡时，干酪表面必须保持洁净干燥，否则干酪皮与石蜡间的微生物会导致干酪变质，特别是产气菌和产异味菌的生长，也有一些干酪采用收缩膜包装。

13. 贮藏

成品要求在 5℃的低温和 88%~90%的相对湿度条件下贮藏。

三、再制干酪加工

再制干酪（processed cheese），又称融化干酪，是以同一种类或不同种类的天然干酪为原料，添加乳化剂、稳定剂、色素等辅料，经切割、粉碎、混合、加热熔化、乳化、浇注、包装等工艺制成的一种干酪制品。再制干酪的包装形式很多，其中最为常见的有三角形铝箔包装，偏氯乙烯薄膜棒状包装，纸盒、塑料盒包装，薄片或干粉包装等。再制干酪在 20 世纪初由瑞士首先生产，为干酪包装时产生的边角料提供了出路。目前，这种干酪的消费量占全世界干酪产量的 60%~70%。

与天然干酪相比，再制干酪具有以下特点：①可以将各种不同组织状态和不同成熟程度的干酪制成质量一致的产品；②由于在加工过程中进行加热杀菌，食用安全、卫生，并且具有良好的保存特性；③产品采用良好的材料密封包装，贮存中重量损失少；④集各种干酪为一体，组织和风味独特；⑤再制干酪产品自由度大，产品大小质量、包装能随意选择，并且可以添加各种风味物质和营养强化成分，能较好地满足消费者的需求和嗜好。

（一）工艺流程

原料选择与配合→原料的预处理→切割→粉碎→加水、乳化剂、色素→加热熔化→乳化→浇注、包装→静置冷却→成品→冷藏。

（二）加工要点

1. 原料干酪的选择与配合

一般选择细菌成熟的硬质干酪，如荷兰干酪、契达干酪和荷兰圆形干酪等作为原料。为满足制品的风味及组织状态，成熟 7～8 个月、风味浓烈的干酪占 20%～30%。为了保持组织滑润，成熟 2～3 个月的干酪占 20%～30%，搭配中间成熟度干酪 50%，使平均成熟度在 4～5 个月，含水量 35%～38%，可溶性氮 0.6%左右。过熟的干酪，由于有的会析出氨基酸或乳酸钙结晶，不宜作为原料。有霉菌污染、气体膨胀、异味等缺陷者也不能使用。

2. 原料干酪的预处理

原料干酪的预处理室应与正式生产车间分开。预处理过程包括除掉干酪的包装材料，削去表皮，清拭表面等。

3. 切割与粉碎

用切碎机将原料干酪切成块状，用混合机混合。然后用粉碎机将干酪粉碎成 4～5cm 的面条状，最后用磨碎机处理。近来，此项操作多在熔融釜中进行。

4. 加热熔化

在再制干酪蒸煮锅（图 8.12），也可称作熔融釜中加入适量的水（通常为原料干酪重的 5%～10%）。成品的含水量为 40%～55%，但还应防止加水过多造成脂肪含量的下降。按配料要求加入适量的调味料、色素等添加物，然后加入预处理粉碎后的原料干酪，开始向熔融釜的夹层中通入蒸汽进行加热。当温度达到 50℃左右，加入 1%～3%的乳化剂，如磷酸钠、柠檬酸钠、偏磷酸钠和酒石酸钠等。这些乳化剂可以单独使用，也可以混合使用。最后将温度升至 60～70℃，保温 20～30min，使原料干酪完全融化，使原料干酪完全融化。添加乳化剂后，可以用乳酸、柠檬酸，酪酸等调整酸度，也可以混合使用。成品的 pH 值为 5.6～5.8，不得低于 5.3。乳化剂中磷酸盐能提高干酪的保水性，可以形成光滑的组织状态；柠檬酸钠有保持颜色和风味的作用。在进行乳化操作时，应加快釜内的搅拌器的转数，使乳化更完全。在此过程中应保证杀菌的温度。一般为 60～70℃、20～30min，或 80～120℃、30s 等。乳化结束时，应检测水分、pH 值、风味等，然后抽真空进行脱气。

图 8.12　再制干酪蒸煮锅的外形及内部结构

5. 浇注、包装

经过乳化的干酪应趁热进行浇注、包装。必须选择与乳化机能力相匹配的包装机。包装材料多使用玻璃纸或涂塑性蜡玻璃纸、铝箔、偏氯乙烯薄膜等。包装量、形状和包装材料的选择，应考虑食用、携带、运输方便。包装材料除满足制品本身的保存需要外，还要保证卫生安全。

6. 贮藏

成品再制干酪包装后，静置于 10℃以下的冷藏库中定型和贮藏。

任务五　冰激凌和雪糕的加工

传说公元前 4 世纪左右，亚历山大大帝远征埃及时，将阿尔卑斯山的冬雪保存下来，将水果或果汁用其冷冻后食用，从而增强了士兵的士气。还有记载显示，巴勒斯坦人利用洞穴或峡谷中的冰雪驱除炎热。

我国早在唐朝时期，就有了冰激凌的雏形物，当时人们就将雪和水果、果汁混合在一起食用。到了 13 世纪，这种方法由马可波罗传到了西方，并在西方盛行。此后的 500 年，冰激凌技术没有得到任何大的发展，直到 19 世纪，随着手动冰激凌机的发明，冰激凌才逐渐开始生产和销售，在发明了机械冷冻机和动力冰激凌制造设备后，冰激凌产品才有了大规模的生产和销售。

一、冰激凌和雪糕的分类及营养价值

（一）冰激凌和雪糕的概念

冰激凌在不同的国家有不同的定义与要求。在美国，要求冰激凌产品中的脂肪必须全部为乳脂肪，对其脂肪含量也做了详细的要求。在欧盟国家标准里，冰激凌的脂肪含量要求不尽相同，其含量为 5%～10%。大多数情况下，冰激凌应有一个单一的脂肪来源，即乳脂肪。

冰激凌是以饮用水、乳品（主要是稀奶油）、甜味剂、蛋品、食用油脂等为主要原料，加入适量的香料、乳化剂、稳定剂、着色剂等食品添加剂，经混合、灭菌、均质、老化、凝冻、成型、硬化等步骤制成的体积膨胀的冷冻饮品。冰激凌同时也是一种营养食品，并且易消化，所以不仅是夏季的嗜好饮品，即使在冬季也有很多人喜爱食用。

雪糕是用饮用水、豆类、牛乳或乳制品、果汁等与淀粉、砂糖配合，经杀菌后浇模、冻结而制成的带棒或不带棒的冷饮食品。雪糕的总固形物、脂肪含量比冰激凌要低。膨化雪糕生产时需要采用凝冻技术，即在浇模前将料液输送进冰激凌凝冻机内先进行搅拌，凝冻后再进行浇模、冻结。因为在凝冻过程中有膨胀率产生，所以生产的雪糕组织松软，口感好，称其为膨化雪糕。膨化雪糕较一般雪糕风味更佳。

（二）冰激凌和雪糕的分类

1. 冰激凌的分类

冰激凌的种类很多，分类方法不同，常见的分类方法如下：

1）按含脂率分类

（1）高级奶油冰激凌。一般脂肪含量为14%～16%，是高脂冰激凌，总固形物含量为 38%～42%。按其所含成分不同，又分为香草、巧克力、草莓、核桃、鸡蛋、夹心等品种。

（2）奶油冰激凌。一般脂肪含量为10%～12%，是中脂冰激凌，总固形物含量为34%～38%。按其所含成分的不同，又分为香草、巧克力、咖啡、果味、糖渍果皮、草莓、夹心等品种。

（3）牛奶冰激凌。一般脂肪含量为6%～8%，是低脂冰激凌，总固形物含量为32%～34%。按其所含成分的不同，又可分为香草、可可、鸡蛋、果味、夹心等品种。

（4）果味冰激凌。一般脂肪含量为3%～5%，总固形物含量在26%～30%。按其所含成分不同，又可分为橘子、香蕉、菠萝、杨梅等品种。

2）按原料的种类分类

（1）全乳脂冰激凌。全部用乳脂肪作为最终产品脂肪来源制造的冰激凌。

（2）半乳脂冰激凌。产品中含有乳脂肪、人造乳油，其中乳脂肪含量在22%以上。

（3）植脂冰激凌。产品中含有植物油脂、人造乳油制造而成的冰激凌。

3）按照冰激凌的硬度分类

（1）软质冰激凌。现制现售，供鲜食。在-5～-3℃条件下制造，故含有大量的未冻结水，其脂肪含量和膨胀率比较低。一般膨胀率为30%～60%，冻结后不再进行速冻硬化。

（2）硬质冰激凌。通常使用小包装，有时包裹巧克力外衣。在-25℃或更低的温度下，经搅拌凝冻后低温速冻而成，未冻结水的量较低，所以它的质地较硬。硬质冰激凌有较长的货架期，一般可达数月之久，膨胀率在100%左右。

2. 雪糕的分类

根据产品的组织状态可分为清型雪糕、混合型雪糕和组合型雪糕。

（1）清型雪糕。不含颗粒或块状辅料的制品，如橘味雪糕。

（2）混合型雪糕。含有颗粒或块状辅料的制品，如葡萄干雪糕、菠萝雪糕等。

（3）组合型雪糕。和其他冷冻饮品或巧克力等组合而成的制品，如白巧克力雪糕、果汁冰雪糕等。

（三）冰激凌和雪糕的生产原料

生产冰激凌和雪糕的各种原材料主要如下：脂肪类、非脂乳固体、糖类、乳化剂、稳定剂、香味料、色素等。冰激凌产品要求具有色泽鲜艳，风味独特，滋味及组织细腻、柔软、光滑、润口等特点，这与原料与辅料的质量及配方有密切的关系。

1. 水

在冰激凌、雪糕成分中，水的所占比例相当大，它的许多物理性质对冰激凌、雪糕的质量影响也很大，其水分主要来源于各种原料。另外，还需要添加大量饮用水，饮用水要符合《生活饮用水卫生标准》（GB 5749—2006）（2023 年 4 月 1 日起将实施 GB 5749—2022）的要求。

2. 乳脂肪

乳脂肪是冰激凌和雪糕最重要的成分，与风味的浓厚、组织的干爽与圆滑、形体的强弱及保形性密切相关。脂肪含量高的产品，可以减少稳定剂的用量。脂肪在冰冻中，部分凝固抑制结晶，可使味觉细腻、均匀、柔和。同时，乳脂肪易起泡，可增加膨胀率，但有使搅打性劣化的倾向。

脂肪主要来源于牛乳、稀奶油、奶油、全脂乳粉、全脂炼乳等。当含脂率为 8%～12%时，产品的风味和组织状态最好；当含脂率低于 8%时，则风味平淡；当含脂率高于 14%时，则有较强的脂肪臭。

3. 非脂乳固体

非脂乳固体是冰激凌和雪糕中除脂肪外的固形物总称，包括蛋白质、乳糖、维生素、矿物质等。非脂乳固体在冰激凌和雪糕中占 8%～11%，主要来源于牛乳、脱脂乳、酪乳、全脂乳粉、脱脂乳粉、炼乳、浓缩乳等，可以消除脂肪的油腻感，赋予产品柔和圆润的风味，防止冰结晶长大，增加稠度，改进形体及保形性。一般含总固体物多时，组织状态上不易产生缺陷，但过多则会形成发黏、发砂的组织状态。

4. 糖类

冰激凌和雪糕的甜味剂可以选用蔗糖、葡萄糖、转化糖、果葡糖浆和饴糖等，但大多使用蔗糖，一般添加量为 13%～16%。若要使用葡萄糖、转化糖和果葡糖浆，其使用量一般为蔗糖的 1/3～1/4。糖分除赋予产品甜味外，还使冰点下降，增加混合料的稠度，使口感圆润及组织状态良好。

5. 增稠剂

增稠剂是由牛乳、奶油等原料配制成的混合料，是一个多级分散体系。由于脂肪颗粒的融合及水相与油相之间的排斥集聚，易出现破乳现象。因此，必须添加增稠剂以形成稳定的乳浊液。冷饮生产中常用的增稠剂有明胶、淀粉、海藻酸钠、卡拉胶、瓜尔豆胶、刺槐豆胶、鹿角菜胶、梭甲基纤维素、果胶及藻酸丙二醇酯等。增稠剂单独使用不如两种或两种以上混合使用效果好，使用量依产品的成分构成，特别是总固体含量而不同。总固体多时，用量可减少，一般用量为 0.2%～0.5%。增稠剂虽可增加混合料的稠度而使气泡更稳定，但是其膨胀率与黏性无明显的比例关系。

6. 乳化剂

乳化剂是能使两种或两种以上互不相溶的组分的混合液形成稳定的乳状液的一类物质。凝冻工序中搅拌混合料的目的是在凝冻进行中，使空气变成小气泡混入组织内，这时混合料中的乳化剂与脂肪球集聚在气泡的表面，使表面张力降低，气泡变小，并使之均一化。同时，乳化剂亲油性基团将包围气泡的油层乳化，亲水性基团则吸引水层部分，使乳浊液变成完全的分散状态。在表面吸附乳化剂的脂肪球与非脂乳固体及空气泡壁很好地结合，形成一个组织，其网状组织中包含其他各种粒子，有助于组织的形成。使用乳化剂可改善热冲击抵抗性和保形性。冷饮生产中可选用的乳化剂有甘油脂肪酸酯、山梨糖醇配脂肪酸酯、丙二醇脂肪酸酯、蔗糖脂肪酸酯和卵磷脂等，其使用量各不相同，一般为 0.20%～0.35%。

7. 香料

香料能赋予冷饮制品以醇和的香味，并增进其食用价值。冰激凌和雪糕的香料需要在 0℃ 以下到常温溶化时都能感觉到香味，并以温和的风味为好。冰激凌和雪糕生产中常用的香料有香草香精、巧克力香精和草莓香精等。

8. 色素

色素是以使物料着色为目的一种食品添加剂，有协调色泽，改善乳品的感官品质，增进食欲的作用。色素有天然色素和合成色素两种。天然色素是动植物的提取物，合成色素是纯化学合成的色素。冰激凌和雪糕生产中常用的色素有胡萝卜素、柠檬黄、胭脂红、苋菜红、日落黄、靛蓝、叶绿素铜钠等。

9. 蛋和蛋制品

添加蛋与蛋制品，一方面可提高产品的营养成分，另一方面能改善其组织状态及风味。蛋品与牛乳混合，可产生一种特殊的香味。蛋品经搅拌后能产生细小的泡沫，使其组织松软。一般用量为混合料的 4%左右，过多时会有蛋腥味。较大规模批量生产时，可用蛋黄粉和全蛋粉，其用量一般为 0.25%～0.50%。

（四）冰激凌和雪糕的营养价值

冰激凌和雪糕是极受欢迎的夏季冷饮甜点。它们不仅具有冰凉爽口的口感，还具有一定的营养价值，主要表现在以下方面。

（1）富含优质蛋白质、乳糖、钙、磷、钾、钠、氯、硫、铁、氨基酸、维生素 A、维生素 C、维生素 E 等多种营养成分，以及其他对人体有益的生物活性物质，具有调节生理功能、平衡人体渗透压和酸碱度的功能。

（2）按照国际和国家产品标准，一般冰激凌和雪糕，其营养成分为牛奶的 2.8～3 倍，在人体内的消化率可达 95% 以上，高于肉类、脂肪类的消化率。

（3）冰激凌和雪糕的主要营养成分为糖和脂肪。其中，含有的糖类是由牛奶中的乳糖和各种果汁、果浆中的果糖及蔗糖组成，其中的有机酸、丹宁和各种维生素可以给人体提供所需要的营养物质。所含的脂肪主要来自牛奶和鸡蛋，有较多的卵磷脂，可释放出胆碱，对增进人的记忆力有帮助。脂肪中的脂溶性维生素也容易被人体所吸收。

二、冰激凌的加工

（一）冰激凌的加工工艺流程

产品设计→原辅料混合→杀菌→均质→冷却与成熟（老化）→凝冻→成型与硬化→贮藏。

（二）操作要点

1. 产品设计

随着冰激凌市场的竞争加剧，冰激凌产品的换代越来越快，新产品的生命越来越短。为了使冰激凌企业保持旺盛的活力，必须对产品进行设计。设计产品前应进行详细的市场调研，根据市场细分，了解不同地域的经济、文化、消费心理、销售渠道、经销商利益、产品定价、宣传策略等因素，提出整体产品的方案，根据整体产品的方案进行小样试制，对不同初步设计产品的小样进行评价，再调整配方，进一步小样试制，经目标市场经销商和经营者品评确认开发潜力，确定产品配方。经过中试，产品在局部区域投放，根据反馈信息适当调整。如果是冰激凌行业内资深专家，根据市场调研，可直接确定产品的目标市场、产品定位、价格定位，做出产品的配方计划。

2. 原辅料混合

冰激凌的原辅料混合一般在杀菌缸内进行，杀菌缸应具有杀菌、搅拌和冷却的功能。配制时，原料需要经相应处理。具体为砂糖应另备容器，预制成为 65%～70% 的糖浆备用；牛乳、炼乳及乳粉等也熔化混合经 100～120 目筛过滤后使用；蛋品和乳粉必要时，除先加水溶解过滤外，还应采取均质处理；奶油或氢化油可先加热熔化，筛滤后使用；明胶或琼脂等稳定剂可先制成 10% 的溶液后加入；香料则在凝冻前添加为宜，待各种配料加入后，充分搅拌均匀。混合料的酸度以 0.18%～0.2%为宜，酸度过高应在杀菌前进行调整，可用 NaOH 或 NaHCO$_3$ 进行中和，但不得过度，否则会产生涩味。

3. 杀菌

在杀菌缸内进行杀菌，可采用 75～78℃、15min 的巴氏杀菌条件，能杀灭病原菌、细菌、霉菌和酵母等。但可能残存耐热的芽孢杆菌等微生物。如果所用原材料含菌量较多，在不影响冰激凌品质的条件下，可选用 75～76℃、20～30min 的杀菌工艺，以保证混合料中杂菌数低于 50 个/g。若需要着色，则在杀菌搅拌初期加入色素。

4. 均质

未经均质处理的混合料虽也可制造冰激凌，但成品质地较粗。欲使冰激凌组织细腻，形体润滑柔软，稳定性和持久性增加，提高膨胀率，减少冰结晶等，进行均质处理十分必要。杀菌之后料温在 63～65℃，采用均质机以 15～18MPa 压力均质。

控制混合原料的温度和均质的压力是很重要的，它们与混合原料的凝冻搅拌和制品的形体组织有密切关系。在较低温度（46～52℃）条件下均质时，料液黏度大，均质效果不良，需要延长凝冻搅拌时间；当在最佳温度（63～65℃）条件下均质时，凝冻搅拌所需时间可以缩短；若在高于 80℃的温度条件下均质时，则会促进脂肪聚集，且会使膨胀率降低。均质压力过低，脂肪乳化效果不佳，会影响制品的质地与形体；若均质压力过高，使混合料黏度过大，凝冻搅拌时空气不易混入，这样为了达到所要求的膨胀率则需要延长凝冻搅拌时间。

5. 冷却与成熟

混合料经过均质处理后，温度在 60℃以上，应将其迅速冷却下来，以适应老化的需要。

1）冷却的目的及要求

（1）防止脂肪球上浮。混合料经均质后，大脂肪球变成了小脂肪微粒，但这时的形态并不稳定，加之温度较高，混合料黏度较低，脂肪球易于相互聚集、上浮；而温度的迅速降低，使黏度增大，脂肪球也就难以聚集和上浮了。

（2）适应成熟操作的需要。混合料的成熟温度为 2～4℃，使温度在 60℃以上的混合料得以尽快进入成熟操作，必须使其中的温差迅速缩小，而冷却正是为了适应这种需要，从而缩短了工艺操作时间。

（3）提高产品质量。均质后的混合料温度过高，会使混合料的酸度增加，降低风味，并使香味逸散加快，而温度的迅速降低，则可避免这些缺陷，稳定产品质量。

2）成熟

冰激凌成熟是将混合原料在 2～4℃的低温条件下冷藏一定时间，称为成熟或老化。其实只是脂肪、蛋白质和稳定剂的水合作用，稳定剂充分吸收水分，使料液黏度增加，有利于凝冻搅拌时膨胀率的提高。一般制品成熟时间为 2～24h。成熟时间长短与温度有关。例如，在 2～4℃时进行成熟需要延续 4h；在 0～1℃，则约 2h 即可；而高于 6℃时，即使延长了成熟时间也得不到良好的效果。成熟持续时间与混合料的组成成分也有关，干物质越多，黏度越高，成熟所需要的时间越短。现由于制造设备的改进和乳化剂、稳定剂性能的提高，成熟时间可缩短。有时，成熟可以分两个阶段进行，将混合原料在冷却缸中先冷却至15~18℃，并在此温度下保持2~3h，此时混合原料中明胶溶胀比在低温下更充分；然后混合原料冷却至2~3℃保持3~4h，这样混合料的黏度可以大大提高，并能缩短成熟时间，还能使明胶的用量减少20%~30%。

3）成熟过程中主要变化

（1）干物料的完全水合作用。尽管干物料在物料混合时已溶解，但仍然需要一定的时间才能完全水合，完全水合作用的效果体现在混合物料的黏度及后来的形体、奶油感、抗融性和成品贮藏稳定性上。

（2）脂肪的结晶。在成熟的最初几个小时，会出现大量脂肪结晶。甘油三酯熔点最高，结晶最早，离脂肪球表面也最近，这个过程重复地持续着，因而形成了以液状脂肪为核心的多壳层脂肪球。乳化剂的使用会导致更多的脂肪结晶。保持液体状态脂肪的总量取决于所含的脂肪种类。但是，必须强调的是，液态和结晶的脂肪之间保持一定的平衡是很重要的。如果使用不饱和油脂作为脂肪来源，结晶的脂肪就会较少，这种情况下所制得的冰激凌的食用质量和贮藏稳定性都会较差。

（3）脂肪球表面蛋白质的解吸。成熟期间冰激凌混合物料中脂肪球表面的蛋白质总量减少。现已发现，含有饱和的甘油单酯的混合物料中蛋白质解吸速度加快。电子显微照片研究发现，脂肪球表面乳化剂的最初解吸是黏附的蛋白质层的移动，而不是单个酪蛋白粒子的移动。在最后的搅打和凝冻过程中，由于剪切力相当大，界面结合的蛋白质可能会更完全地释放出来。

6. 凝冻

凝冻是冰激凌加工中的一个重要工序，它是将混合原料在强制搅拌下进行冷冻，使空气以极微小的气泡均匀地分布于混合料中，使冰激凌的水分在形成冰晶时呈微细的冰结晶，防止粗糙冰屑的形成。凝冻是通过凝冻机来实现的。

1）凝冻的主要作用

（1）冰激凌混合料在制冷剂的作用下，温度逐渐下降，黏稠度逐渐增大而成为半固体状态，即凝冻状态。

（2）由于凝冻机搅拌器的搅拌作用，使冰激凌混合料逐渐形成微细的冰屑，防止凝冻过程中形成较大的冰屑。

（3）在凝冻过程中，由于强烈的搅拌而使空气逐渐混入，混合料容积增加，这一现象称为增容，以百分率表示即称为膨胀率。

2）凝冻的温度

冰激凌混合料的凝冻温度与含糖量有关，而与其他成分关系不大。混合料在凝冻过程中的水分冻结是逐渐形成的。在降低冰激凌温度时，每降低1℃，其硬化所需的持续时间就可缩短10%~20%。但凝冻温度不得低于-6℃，因为温度太低会造成冰激凌不易从凝冻机内放出。如果冰激凌的温度较低或制冷剂的温度较低，则凝冻操作时间可缩短，但其缺点是所制冰激凌的膨胀率低、空气不易混入，而且空气混合不均匀、组织不疏松、缺乏持久性。如果凝冻时的温度高、非脂乳固体物含量多、含糖量高、稳定剂含量高等均能使凝冻时间过长，其缺点是成品组织粗糙并有脂肪微粒存在，冰激凌组织易发生收缩现象。

3）膨胀率

冰激凌的膨胀率是指冰激凌体积增加的百分率。冰激凌的体积膨胀，可使混合料凝冻与硬化而得到优良的组织与形体，其品质比不膨胀或膨胀不够的冰激凌适口，且更为柔润与松散，又因空气中的微泡均匀地分布于冰激凌组织中，有稳定和阻止热传导的作用，可使冰激凌成型硬化后较持久不融化。但如冰激凌的膨胀率控制不当，则得不到优良的产品。膨胀率过高，则组织松软；膨胀率过低，则组织坚实。

制造冰激凌时应控制一定的膨胀率，以便使其具有优良的组织和形体。奶油冰激凌最适宜的膨胀率为90%～100%，果味冰激凌则为60%～70%。膨胀率的计算公式如下：

$$膨胀率 = \frac{混合料的质量 - 同体积的冰激凌的质量}{同体积冰激凌的质量} \times 100\%$$

$$= \frac{制出冰激凌的容量 - 混合料容量}{混合料容量} \times 100\%$$

在实际生产中，用质量计算较为方便。

7. 成型与硬化

凝冻后的冰激凌必须立即成型和硬化，以满足贮藏和销售的需要。冰激凌的成型灌装机有冰砖、纸杯、蛋筒浇模成型，巧克力涂层冰激凌、异形冰激凌切割线等多种。其质量有320g、160g、80g、50g等，还有家庭装的1kg、2kg等。

为了保证冰激凌的质量及便于销售与贮藏运输，已凝冻的冰激凌在分装和包装后，必须进行一定时间的低温冷冻，以固定冰激凌的组织状态，并完成在冰激凌中形成极细小的冰结晶的过程，使其组织保持一定的松软度，这称为冰激凌的硬化。

冰激凌硬化的情况与产品品质有着密切的关系。若硬化迅速，则冰激凌融化少，组织中冰结晶细，成品细腻润滑；若硬化迟缓，则部分冰激凌融化，冰的结晶粗而多，成品组织粗糙，品质低劣。如果在硬化室（速冻室）进行硬化，一般温度保持在-25～-23℃，需要12～24h。

8. 贮藏

硬化后的冰激凌产品，在销售前应保存在低温冷藏库中。冷藏库的温度以-20℃为标准，库内的相对湿度为85%～90%。若温度高于-18℃，则冰激凌的一部分冻结水融化，此时即使温度再次降低，其组织状态也会明显粗糙化。由于温度变化促进乳糖的再结晶与砂状化也可能影响成品质量。因此，贮藏期间冷库温度不能忽高忽低，以免影响冰激凌的品质。

图8.13所示为一个冰激凌生产线的示意图，生产能力为500L/h，冷库温度为-40～-35℃，为使硬化的时间最短，包装在排架上必须保持一定间隙。

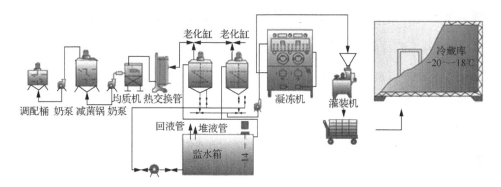

图 8.13　每小时可生产 500L 冰激凌的生产线示意图

（三）冰激凌的质量控制

质量控制是生产高品质产品的极为重要的一个环节。冰激凌的质量控制通常包括以下的内容。

1. 原辅料的质量控制

1）乳与乳制品

冰激凌中使用的油脂最好是新鲜的稀奶油。乳脂肪可以使冰激凌具有良好的风味，柔软细腻的口感。冰激凌中非脂乳固体以鲜牛乳及炼乳为最佳。一般作为原料的乳和乳制品的酸度应符合以下要求：奶油含量 0.15%以下，炼乳含量 0.40%以下，鲜牛乳含量0.18%以下。

2）蛋与蛋制品

蛋与蛋制品除提高冰激凌的营养价值外，还对风味和口感及组织状态有很大影响。蛋与蛋制品中丰富的卵磷脂具有很强的乳化能力，能改善冰激凌的组织状态；蛋与蛋制品可使冰激凌具有特殊的香味和口感。在配料中可用 0.5%～2.5%的蛋黄粉，用量过多则易产生蛋腥味。

3）甜味剂

冰激凌生产中所用的甜味剂有蔗糖、淀粉糖浆、蜂蜜，其中以蔗糖最好。蔗糖除能调整口感外，还能使冰激凌的组织细腻，但同时也能使冰激凌的冰点下降，成品易融化。蔗糖的使用量以 12%～16%为宜。在冰激凌生产中一般不使用葡萄糖、果糖等一类单糖，因单糖甜度较差，且使冰激凌的冰点明显下降，凝冻时间延长，出库后易融化。

4）乳化剂

冰激凌的脂肪含量较高，特别是加入硬化油、人造奶油、奶油等脂肪时，加入乳化剂可以改善脂肪亲水能力，提高均质效率，从而改善冰激凌的组织状态。一般单硬脂酸甘油酯用量为 0.3%～0.5%，蔗糖酯用量以 0.1%～0.2%为宜。

5）稳定剂

加入稳定剂的目的是增加混合料的黏度以提高膨胀率，改善冰激凌的形态和组织状态，防止冰结晶的产生，减少粗硬感，使产品的抗融化能力增强。冰激凌生产中常用的稳定剂有明胶、琼脂、淀粉、羧甲基纤维素钠等，其使用总量不宜超过 0.4%。

2. 配方及工艺控制

为了保证成品质量，配方计算及投料要准确。在生产过程中要严格执行工艺条件，注意环境及设备的消毒。

3. 贮藏

冰激凌的贮藏温度以-20～-18℃为宜，要防止贮藏期间温度波动，否则会形成冰结晶而降低其质量。

4. 包装

冰激凌包装要求整洁和结实，以便于运输和防止产品遭受污染，还应考虑到消费者食用方便。

5. 冰激凌的质量标准

1）感官要求

冰激凌的感官要求如表 8.5 所示。

表 8.5　冰激凌的感官要求

项目	要求
色泽	色泽均匀，符合该品种应有的色泽
形态	形态完整，大小一致，无变形，无软塌，无收缩，涂层无破损
组织	细腻滑润，无凝粒，即无明显粗糙的冰晶，无空洞
滋味、气味	滋味和顺，香气纯正，符合该品种应有的滋味、气味，无异味，无异臭
杂质	无肉眼可见的杂质

2）理化要求

冰激凌的理化要求如表 8.6 所示。

表 8.6　冰激凌的理化要求

项目	要求		
	高脂型	中脂型	低脂型
脂肪含量/%	≥10.0	≥8.0	≥6.0
总固形物含量/%	≥35.0	≥32.0	≥30.0
总糖含量（以蔗糖计）/%	≥15.0	≥15.0	≥15.0
膨胀率/%	≥95.0	≥90.0	≥80.0

3）卫生指标

冰激凌的卫生指标如表 8.7 所示。

表 8.7　冰激凌的卫生指标

项目	要求
杂菌数/（CFU/mL）	≤30000
大肠菌群/（CFU/mL）	≤450
致病菌（指肠道致病菌、致病性球菌）	不得检出

三、雪糕的加工

1. 雪糕的生产工艺

产品设计→混合配制→杀菌→保温→冷却（加入香味料）→均质→冷却（插扦）→浇模→冻结→脱模→包装→检验→成品。

2. 雪糕的配方

一般雪糕配方：白砂糖 13%～14%，淀粉 1.25%～2.5%，牛乳 32%左右，香料适量，糖精 0.010%～0.013%，精炼油脂 2.5%～4.0%，麦乳精及其他特殊原料 1%～2%，着色剂适量。

3. 加工要点

雪糕生产时，原料配制、杀菌、冷却、均质、老化等操作技术与冰激凌生产大致相同。普通的雪糕不需要经过凝冻工序而直接经浇模、冻结、脱模、包装而成，膨化雪糕则需要凝冻工序。这里仅仅说明两者加工工艺不同之处的要点。

1）插扦

插扦要求插得整齐端正，不得有歪斜、漏插及未插牢现象。如果模盖上有断扦，要用钩子或钳子将其拔出。当模盖上的扦子插好后，再用敲扦板轻轻用力将插得高低不一的扦子一一敲平。敲打时不得用力过度，否则将影响拔扦工作与产品质量（过紧的扦子不易被拔下来）。敲扦子的木板不能随意乱放，应放在规定的存放处；敲板每敲 10～12 个模盖后，要用含有效氯 500mg/kg 的氯水消毒一次，以确保清洁卫生。

2）浇模

浇模之前必须对模盘、模盖和用于包装的扦子进行彻底清洗消毒，可以用沸水煮沸或用蒸汽喷射消毒 10～15min，以确保卫生。浇模时应将模盘前后左右晃动，使模型内混合料分布均匀后，盖上带有扦子的模盖，将模盘轻轻放入冻结缸（槽）内进行冻结。

3）冻结

雪糕的冻结有直接冻结法和间接冻结法。直接冻结法即直接将模盘浸入盐水槽内进行冻结，间接冻结法分为速冻库（管道半接触式冻结装置）速冻与隧道式（强冷风冻结装置）速冻两类。

凡食品的中心温度从-1℃降低到-5℃所需的时间在 30min 内称为快速冷冻。目前雪糕的冻结指的是将 5℃的雪糕料液降温到-6℃,是在 24~30°Bé、-30~-24℃的盐水中进行冻结,冻结时间只需 10~12min,故它可以归入快速冻结行列。冻结速度越快,产生的冰结晶就越小,质地越细腻;相反则产生的冰结晶大、质地粗糙。

食品的冻结速度与食品的导热系数成正比,因为冰棒的含水量大、脂肪含量低,所以冰棒的热导率比雪糕大,故冰棒的冻结速率比雪糕大。在同等条件下,冰棒的产量也会比雪糕产量大。

4)脱模

要使冻结硬化的雪糕由模盘内脱下,最好的方法是将模盘进行瞬时加热,使紧贴模盘的物料融化而使雪糕易从模具中脱出。加热模盘的设备可用汤盘槽,是由内通蒸汽的蛇形管加热。

脱模时,在汤盘槽内注入加热用的盐水至规定高度后,开启蒸汽阀将蒸汽通入蛇形管,控制汤盘槽温度在 50~60℃;将模盘放置于汤盘槽中,轻轻晃动使其受热均匀,浸数秒钟后(以雪糕表面稍融为度),随即脱模;产品脱离模盘后,放置于传送带上,脱模即告完成。

5)包装

包装时应先观察雪糕的质量,如有歪扦、断扦及沾污了盐水的雪糕(沾污了盐水的雪糕表面有亮晶晶的光泽),则不得包装,须另行处理。取雪糕时只允许手拿木扦而不得接触雪糕体,包装要求紧密、整齐,不得有破裂现象。包好后的雪糕送至传送带上由装箱工人装箱。装箱时如果发现有包装破碎、松散者,应将其剔除重新包装。装好后的箱面应印上品名、生产日期、批号等。

4. 雪糕的质量标准

1)感官要求

雪糕的感官要求如表 8.8 所示。

表 8.8　雪糕的感官要求

项目	要求
色泽	色泽均匀,符合该品种应有的色泽
形态	形态完整,大小一致,表面起霜,插扦整齐无断扦,无空头,涂层均匀无损
组织	冻结坚实,细腻滑润,无凝粒及明显粗糙的冰晶,无空洞
滋味气体	滋味和顺、香气纯正,符合该品种应有的滋味、气味,无异味,无异臭
杂质	无肉眼可见的杂质

2)理化要求

雪糕的理化要求如表 8.9 所示。

表 8.9　雪糕的理化要求

项目	要求		
	高脂型	中脂型	低脂型
脂肪含量/%	≥3.0	≥2.0	≥1.0
总固形物含量/%	≥24.0	≥21.0	≥16.0
总糖含量（以蔗糖计）/%	≥16.0	≥14.0	≥14.0

3）卫生指标

雪糕的卫生指标如表 8.10 所示。

表 8.10　雪糕的卫生指标

项目	要求
杂菌数/（CFU/mL）	≤30000
大肠菌群/（CFU/mL）	≤450
致病菌（指肠道致病菌、致病性球菌）	不得检出

任务六　奶油的加工

一、奶油的分类和性质

（一）奶油的概念

乳经分离后所得的稀奶油经杀菌、成熟、搅拌、压炼而制成的乳制品称为奶油。奶油是以水滴、脂肪结晶及气泡分散于脂肪连续相中所组成的具有可塑性的 W/O 型乳化分散系。奶油加工的原料是牛乳或稀奶油，牛乳和稀奶油是一种 O/W 型乳状液，所以任何一种奶油加工过程中都会发生一个相转化过程，即由 O/W 型乳状液转化为 W/O 型乳状液。

大多数国家的奶油标准要求脂肪含量不低于 80%，非脂乳固体含量不高于 2%，水分含量不高于 16%。

（二）奶油的组成

奶油的主要成分为脂肪、水分、蛋白质、食盐（加盐奶油）。此外，还含有微量的灰分、乳糖、酸、磷脂、气体、微生物、酶、维生素等。

（三）奶油的分类

奶油的制造比较简单，产品质量大同小异，因此种类也比较少。但由于制作方法不同，或所用原料不同，或生产的地区不同，而分成不同种类。

（1）按原料分类，主要分为酸性奶油、甜性奶油、乳清奶油。

（2）按制造方法分类，主要分为新鲜奶油、酸性奶油、重制奶油。

（3）按制造地区分类，主要分为牧场奶油、工厂奶油。

（4）按发酵方法分类，主要分为天然发酵奶油、人工发酵奶油。

（5）根据加盐与否分类，主要分为无盐奶油、加盐奶油和特殊加盐奶油。

我国目前生产的主要奶油种类如表 8.11 所示。

表 8.11　我国主要奶油的种类

种类	特征
甜性奶油	以杀菌的甜性稀奶油为原料制成，分为加盐和不加盐两种，具有特有的乳香味，乳脂肪含量为 80%～85%
酸制奶油	以杀菌的稀奶油为原料，用纯乳酸菌发酵剂发酵后加工制成，分为加盐和不加盐两种，具有微酸和较浓的乳香味，乳脂肪含量为 80%～85%
重制奶油	以稀奶油或甜性、酸性奶油为原料，经过熔融，除去蛋白质和水分而制成。具有特有的脂香味，乳脂肪含量为 98%以上
脱水奶油	用杀菌的稀奶油制成奶油粒后经熔化，用分离机脱水和脱蛋白，再经过真空浓缩而制成，乳脂肪含量高达 99.9%
连续式机制奶油	以杀菌的甜性或酸性稀奶油为原料，在连续式操作制造机内加工而成，其水分和蛋白含量有的比甜性奶油高，乳香味较好

一般奶油的主要成分为脂肪 82%，最大允许含水量为 16%，蛋白质、钙磷含量为 2%左右，以及丰富的脂溶性维生素 A、维生素 D、维生素 E，少量的水溶性维生素。奶油应呈现均匀一致的颜色、稠密而味道纯正。水分应分散成微滴，从而使奶油外观干燥，硬度均匀，易于涂抹，入口即化。

二、奶油的分离

（一）原料乳分离出稀奶油的原理

除脂肪外，其他乳成分的相对密度约为 1.034，而乳脂肪的相对密度为 0.93。由于在密度上存在着差异，含脂肪高的部分在乳静置时会上浮，于是乳就可被分为含脂肪高的稀奶油和含脂肪极少的脱脂乳。

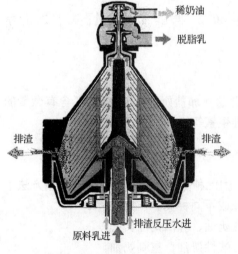

图 8.14　离心净乳机的结构

（二）分离设备

现在分离机可集分离、净乳、标准化三个功能于一体，且生产能力可达每小时几十吨。现代的分离机主要为离心净乳机，如图 8.14 所示。

（三）影响原料乳分离的因素

把原料乳分离成稀奶油和脱脂乳的过程称为原料乳各阶层的分离。此过程受诸多因素的影响，其中主要有分离钵的转速、原料乳的温度、乳所含杂质及乳的流量等。

1. 分离钵的转速

分离钵转速越高，乳的分离效果会越好。现代的离心净乳机，在转速低于额定值时，自动停止进奶，从而有效地保证乳的分离效果。

2. 原料乳的温度

原料乳的温度低时，其密度会变大，黏度高，脂肪上浮的阻力变大，这样脂肪分离会不完全。因此，在分离稀奶油时，原料乳应该首先预热，而预热温度决定于分离机的类型，一般温度为32～35℃。若预热温度过高，会有大量泡沫产生，影响分离效果。

3. 乳中所含杂质

若乳中杂质过多，分离钵的内层很容易被污物堵塞，有效分离的半径就会变小，分离能力自然下降，严重时分离盘间也会有污物，使进料困难。若没有自动排渣装置的分离机，应隔2～3h停机，清洗一次；有自动排渣装置的分离机，则应定期打开清洗水阀，自动排渣。如果原料乳在进入分离机前，首先进行过滤，可除掉一些坚硬的大块杂质，这样可延长分离机的使用寿命。

4. 乳的流量

原料乳进入分离机的速度越慢，在分离盘内停留的时间就越长，脂肪的分离就越彻底，但分离机的生产能力也随之降低。

三、奶油的加工

（一）工艺流程

奶油生产工艺流程如图8.15所示。

（二）操作要点

1. 对原料乳及稀奶油的要求

加工奶油的原料乳，其酸度应低于22°T，部分地区允许接受酸度不高于25°T 的牛奶。牛奶的脂肪含量要高于3.2%，非脂乳固体要高于11.5%。含抗菌素或消毒剂的稀奶油不能用于生产酸性奶油。乳质量略差而不适于制造奶粉、炼乳时，也可用作制造奶油的原料。生产优质的产品必须要有优质原料，这是乳品加工的基本要求。稀奶油在加工前必须先进行检验，以确定其质量，并根据其质量划

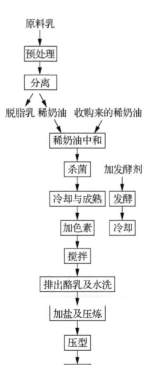

微课：奶油的
加工过程

图 8.15　奶油生产工艺流程图

分等级，以便按照等级制造不同的奶油。切勿将不同等级的稀奶油混合，以免影响奶油的品质。

2. 乳脂分离及标准化

生产奶油时必须将原料乳中的稀奶油分离出来。工业化生产采用离心法将牛乳中稀奶油分离，其操作步骤是：在离心机开启后，当达到稳定转速时（一般为4000～9000r/min），将预热到35～40℃的原料乳输入，控制稀奶油和脱脂乳的流量比为1∶（6～12）。稀奶油的含脂率一般为30%～40%。

在加工前必须将稀奶油进行标准化，用间歇方法生产新鲜奶油及酸性奶油时，规定稀奶油的含脂率以30%～35%为宜；以连续法生产时，规定稀奶油的含脂率以40%～45%为宜。夏季由于容易酸败，所以用比较浓的稀奶油进行加工。

可根据项目七中介绍的原料乳的标准化方法对稀奶油含脂率进行标准化。

3. 稀奶油的中和

稀奶油的中和直接影响奶油的保存性和成品的质量。制造甜性奶油时，奶油的pH值（奶油中水分的pH值）应保持在中性附近（6.4～6.8）。

（1）中和的目的。稀奶油经中和后，可以改善奶油的香味。另外，酸度高的稀奶油杀菌时，其中的酪蛋白凝固而结成凝块，使一些脂肪被包在凝块内，搅拌时流失在酪乳里，造成脂肪损失，而且贮藏时易引起水解和氧化，这在加盐奶油中特别显著。

（2）中和的程度。若稀奶油的酸度在0.5%（55°T）以下时，可中和至0.15%（16°T）。若稀奶油的酸度在0.5%以上时，过度减低其酸度，则容易产生特殊气味，而且稀奶油变成浓厚状态，所以中和的限度以0.15%～0.25%为宜。

（3）中和的方法。中和剂为石灰或碳酸钠。石灰价格低廉，并且钙残留于奶油中可以提高营养价值，但石灰难溶于水，必须调成乳剂后加入，同时还需要均匀搅拌，不然很难达到中和的目的。碳酸钠易溶于水，可以很快进行中和反应，同时不易使酪蛋白凝固，但中和时产生二氧化碳，容器过小时有使稀奶油溢出的问题。

4. 真空脱气

真空脱气可除掉具有挥发性的异常风味物质。首先将稀奶油加热到78℃，然后输送至真空机，其真空室的真空度可以使稀奶油在62℃时沸腾。脱气会引起挥发性成分和芳香物质逸出，稀奶油通过沸腾而冷却下来。最后回到热交换器进行巴氏杀菌、冷却、并打到成熟罐。

5. 稀奶油的杀菌

（1）稀奶油杀菌的目的。杀死能使奶油变质及危害人体健康的微生物，破坏稀奶油中各种酶的活性，增加奶油保存性和风味。加热杀菌可以除去稀奶油中特异的挥发性物质，故杀菌可以改善奶油的香味。

（2）杀菌及冷却。由于脂肪的导热性很低，能阻碍温度对微生物的作用；同时为了使脂肪酶完全破坏，有必要进行高温巴氏杀菌。稀奶油杀菌方法分为间歇式和连续式两种，经杀菌后应迅速进行冷却，以保证较低的杂菌数，并能阻止芳香物质的挥发。一般采用 80～90℃的巴氏杀菌，但是还应注意稀奶油的质量。当稀奶油中含有金属气味时，应该将温度降低到 75℃，保持 10min 杀菌，以减轻它在奶油中的显著程度。如果有特异气味时，应将温度提高到 93～95℃，以减轻其缺陷。但热处理不应过分强烈，以免产生蒸煮味之类的缺陷。经杀菌后的稀奶油应冷却至发酵温度或物理成熟温度。

6. 稀奶油的发酵

生产甜性奶油时，不经过发酵过程，在稀奶油杀菌后立即进行冷却和物理成熟。生产酸性奶油时，则需要经过发酵过程。有些厂家先进行物理成熟，再进行发酵，但是一般都是先进行发酵，然后才进行物理成熟。

（1）发酵的目的。加入专门的乳酸菌发酵剂可产生乳酸，在某种程度上起到抑制腐败性细菌繁殖的作用，因此可提高奶油的稳定性和脂肪的得率；发酵剂中含有产生乳香味的嗜柠檬酸链球菌和丁二酮乳酸链球菌，故发酵法生产的酸性奶油比甜性奶油具有更浓的芳香风味。发酵的酸性奶油虽有上述优点，但因人们的爱好不同而有些地区的人们不太喜欢酸性奶油。

（2）发酵用菌种。生产酸性奶油用的纯发酵剂是产生乳酸和芳香风味的菌种。一般选用的菌种有下列几种：乳酸链球菌、乳脂链球菌、嗜柠檬酸链球菌、副嗜柠檬酸链球菌、丁二酮乳链球菌（弱还原型、强还原型）。

（3）发酵剂的制备。用于奶油生产的乳酸菌纯培养发酵剂称为奶油发酵剂。纯良的发酵剂能赋予奶油浓郁的芳香味，还能去除某些异味。发酵剂的制备与酸乳发酵剂中所述相同。

（4）稀奶油发酵。经过杀菌、冷却的稀奶油打到发酵成熟槽内，将温度调到 18～20℃后添加相当于稀奶油 5%的工作发酵剂，添加时进行搅拌，徐徐添加，使其均匀混合。发酵温度保持在 18～20℃，每隔 1h 搅拌 5min。稀奶油发酵的最终程度见表 8.12。

表 8.12　稀奶油发酵的最终程度

稀奶油中脂肪含量/%	最终酸度/°T	
	加盐奶油	不加盐奶油
24	30.0	38.0
26	29.0	37.0
28	28.0	36.0
30	28.0	35.0
32	27.0	34.0
34	26.0	33.0
36	26.0	32.0
38	25.0	31.0
40	24.0	30.1

7. 稀奶油的热处理及物理成熟

1）稀奶油的物理成熟

稀奶油经过加热杀菌熔化后，要冷却至奶油脂肪的凝固点，以使部分脂肪变为固体结晶状态，这一过程称为稀奶油物理成熟。

制造新鲜奶油时，在稀奶油冷却后，立即进行成熟；制造酸性奶油时，则在发酵前或后，或与发酵同时进行。成熟通常需要 12～15h。脂肪变硬的程度取决于物理成熟的温度和时间，随着成熟温度的降低和保持时间的延长，大量脂肪变成结晶状态（固化）。成熟温度应与脂肪最大可能的硬化程度相适应。3℃时脂肪最大可能的硬化程度为 60%～70%，而 6℃时为 45%～55%。例如，在 3℃时经过 3～4h 即可达到平衡状态；6℃时要经过 6～8h；而在 8℃时要经过 8～12h。在 13～16℃时，即使保持很长时间也不会使脂肪发生明显变硬现象，这个温度称为临界温度。

稀奶油在过低温下进行成熟会造成不良结果，会使稀奶油的搅拌时间延长，获得的奶油团粒过硬，有油污，而且保水性差，同时组织状态不良。

成熟条件对以后的工艺过程都有很大影响，如果成熟的程度不足，就会缩短稀奶油的搅拌时间，获得的奶油团粒松软，油脂损失于酪乳中的数量显著增加，并在奶油压炼时会使水的分散很困难。

2）稀奶油物理成熟的热处理程序

在稀奶油搅拌之前，为了控制脂肪结晶，必须经温度处理程序，使成品的奶油具有合适的硬度。奶油的硬度是重要的特性之一，因为它直接和间接地影响着其他的特性——主要是滋味和香味。硬度是一个复杂的概念，包括诸如硬度、黏度、弹性和涂布性等特性。乳脂中不同熔点脂肪酸的相对含量决定奶油硬度。软脂乳将生产出软而滑腻的奶油，而用硬脂乳生产的奶油，则又硬又浓稠。但是如果采用适当热处理程序，使之与脂肪的碘值相适应，那么奶油的硬度可达到最佳状态。这是因为冷热处理调整了脂肪结晶的大小、固体和连续相脂肪的相对数量。

8. 添加色素

为了使奶油颜色一致，当颜色太淡时，可添加天然的植物色素安那妥（Annatto）。安那妥的 3% 溶液（溶于食用植物油中）称作奶油黄。通常用量为稀奶油的 0.01%～0.05%。通常添加色素的方法是在搅拌前直接加到搅拌器中的稀奶油中。

夏季因奶油原有的色泽比较浓，所以不需要再添加色素；入冬以后，色素的添加量逐渐增加。为了使奶油的颜色全年一致，可以对照"标准奶油色"的标本，调整色素的加入量。

奶油色素除了用安那妥外，还可用合成色素。但必须根据卫生标准规定，不得任意采用。

9. 奶油的搅拌

将成熟后的稀奶油置于搅拌器中，利用机械的冲击力，使脂肪球膜破坏而形成奶油颗粒，这一过程称为搅拌。搅拌时分离出的液体称为酪乳。稀奶油在送入搅拌器之前，将温度调整到适宜的搅拌温度。稀奶油装入量一般为搅拌器容量的40%～50%，以留出起泡空间。

（1）奶油粒的形成。稀奶油经过剧烈搅拌，形成蛋白质泡沫层。在表面张力的作用和脂肪球与气泡的相互作用下，脂肪球膜不断破裂，液体脂肪不断由脂肪球内压出。随着泡沫的不断破灭，脂肪逐渐凝结成奶油晶粒。随着搅拌的继续进行，奶油晶粒变得越来越大，并聚合成奶油粒。

影响奶油质量和搅拌时间长短的因素包括搅拌机的转速、稀奶油的温度、稀奶油的酸度、稀奶油的含脂率、脂肪球的大小及物理成熟的程度等。

（2）搅拌操作技术。奶油搅拌的设备是搅拌器，如图8.16所示。在搅拌前需要先清洗搅拌器，否则稀奶油易被污染，使奶油变质。尤其是木制的搅拌器更需注意清洗。搅拌器用后先用温水（约50℃）强力冲洗2～3次，以除去奶油的黏附，然后用83℃以上的热水旋转冲洗15～20min，热水排出后加盖密封。每周用0.01%～0.02%的含氯溶液（或2%石灰水）消毒两次，并用1%碱溶液彻底洗涤一次。使用木质搅拌器时，先用冷水浸泡一昼夜，使间隙充分浸透，并使木质气味完全除去后，才能开始使用。使用前还需要再进行清洗杀菌。

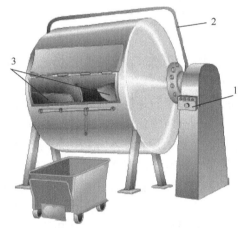

1—控制板；2—紧急停止；3—角开挡板。

图8.16　间歇式生产中的奶油搅拌器

搅拌时先将稀奶油用筛或过滤器进行过滤，以除去不溶性的固形物。稀奶油加至搅拌器容量的1/3～1/2后，把盖密闭后开始旋转。搅拌器的转速因其大小而异，通常用直径1.2m的奶油联合制造器时，转速为30r/min，用直径1.65m的制造器时，转速为18r/min。旋转5min后打开排气孔放出内部的气体，反复进行2～3次。然后关闭排气孔继续旋转，形成像大豆粒大小的奶油粒时，搅拌结束。奶油粒的形成情况可通过搅拌器上的窥视镜观察。搅拌所需时间通常为30～60min。

10.　奶油粒的洗涤

（1）目的。水洗是为了除去奶油粒表面的酪乳和调整奶油的硬度。同时如用有异常气味的稀奶油制造奶油时，能使部分气味消失，但水洗会减少奶油粒的数量。

（2）方法。水洗用的水温在 3～10℃为宜，可按奶油粒的软硬、气候及室温等决定适当的温度。一般夏季水温宜低，冬季水温稍高。水洗次数为 2～3 次。当稀奶油的风味不良或发酵过度时可洗三次，通常两次即可。如果奶油太软需要增加硬度时，第一次的水温应较奶油粒的温度低 1～2℃，第二次、第三次各降低 2～3℃。水温降低过急时，容易产生奶油色泽不均匀，每次的水量以与酪乳等量为原则。

奶油洗涤后，有一部分水残留在奶油中，所以洗涤水应质量良好，符合饮用水的卫生要求。细菌污染的水应事先煮沸再冷却，铁含量高的水易促使奶油脂肪氧化，须加注意。如用活性氯处理洗涤水时，有效氯的含量不应高于 0.02%。

11. 奶油的加盐

加盐的目的主要是为了增加奶油的风味，抑制微生物的繁殖，也可增加保存期。但酸性奶油一般不加盐。加盐量通常为 2.5%～3.0%，所用食盐必须符合国家一级或特级标准。待奶油搅拌机中洗涤水排出后，将烘烤（120～130℃、3～5min）并过 30 目筛的盐均匀撒于奶油表面，静置 10～15min，旋转奶油搅拌机 3～5 圈，再静置 10～20min后即可进行压炼。

12. 奶油的压炼

奶油粒压成奶油层的过程称为压炼。小规模加工奶油时，可在压炼台上手工压炼。一般工厂均在奶油制造器中进行压炼。

（1）压炼的目的。奶油压炼的目的是使奶油粒变为组织致密的奶油层，使水滴分布均匀，使食盐全部溶解，并均匀分布于奶油中。同时，调节水分含量，即在水分过多时排除多余的水分，在水分不足时加入适量的水分并使其均匀吸收。

（2）压炼程度及水分调节。新鲜奶油在洗涤后立即进行压炼，应尽可能完全除去洗涤水，然后关闭旋塞和奶油制造器的孔盖，并在慢慢旋转搅拌桶的同时启动压榨轧辊。压炼初期，被压榨的颗粒形成奶油层，同时，表面水分被压榨出来。此时，奶油中水分含量显著降低。当水分含量达到最低限度时，水分又开始向奶油中渗透。奶油中水分容量最低的状态称为压炼的临界时期。压炼的第一阶段到此结束。

压炼的第二阶段，奶油水分含量逐渐增加。在此阶段水分的压出与进入是同时发生。第二阶段开始时，这两个过程进行的速度大致相等。但是，末期从奶油中排出水的过程几乎停止，而向奶油中渗入水分的过程则加强，这样就引起奶油中的水分含量增加。

压炼的第三阶段，奶油中水分含量显著增高，而且水分的分散加剧。根据奶油压炼时水分所发生的变化，使水分含量达到标准化。所以工厂应通过实验方法，来确定在正常压炼条件下调节奶油中水分的曲线图。为此，在压炼中，每通过压榨轧辊 3～4 次，必须测定一次含水量。

在正常压炼的情况下，奶油中直径小于 15μm 水滴的含量要占全部水分的 50%。直径达 1mm 的水滴占 30%，直径大于 1mm 的大水滴占 5%。奶油压炼过度会使奶油中有大量空气，致使奶油中物理化学性质发生变化。正确压炼的新鲜奶油、加盐奶油和无盐奶油，水分都不应超过 16%。

13. 奶油的包装与贮藏

（1）奶油的包装。压炼后的奶油，送到包装设备进行包装。奶油通常有 5kg 以上大包装和 10g～5kg 不等的小包装。根据包装的类型，使用不同种类的包装机器。外包装材料最好选用防油、不透光、不透气、不透水的包装材料，如复合铝箔、马口铁罐等。

（2）奶油的贮藏。奶油包装后，应送入冷库中贮藏。4～6℃的冷库中贮藏期一般不超过 7d；0℃冷库中，贮藏期一般为 2～3 周；当贮藏期超过 6 个月时，应放入-15℃的冷库中；当贮藏期超过 1 年时，应放入-25～-20℃的冷库中。

（三）奶油的质量控制

由于原料、加工工程和贮藏不当，奶油的特性会发生一些变化。

1. 风味变化

正常奶油应该具有乳脂肪特有的香味或乳酸菌发酵的芳香味，但有时会出现下列异味。

（1）鱼腥味。这是奶油贮藏时很容易出现的异味，其原因是卵磷脂水解，生成三甲胺造成的。如果脂肪发生氧化，这种缺陷更易发生，这时应提前结束贮存。生产中应加强杀菌和卫生措施。

（2）脂肪氧化与酸败味。脂肪氧化味是空气中氧气和不饱和脂肪酸反应造成的。酸败味是脂肪在解脂酶的作用下生成低分子游离脂肪酸造成的。奶油在贮藏中往往首先出现氧化味，接着便会产生脂肪水解味。这时应该提高杀菌温度，既杀死有害微生物，又要破坏解脂酶。在贮藏中应该防止奶油长霉，霉菌不仅能使奶油产生土腥味，也能产生酸败味。

（3）干酪味。奶油呈干酪味是生产卫生条件差、霉菌污染或原料稀奶油被细菌污染导致蛋白质分解造成的。生产中应加强稀奶油杀菌及设备和生产环境的消毒工作。

（4）肥皂味。肥皂味是由于奶油中和过度，或者是中和操作过快，或局部皂化引起的。应减少碱的用量或改进操作。

（5）金属味。金属味是由于奶油接触铜、铁设备而产生的，应该防止奶油接触生锈的铁器或铜制阀门等。

（6）苦味。产生的原因是使用末乳或奶油被酵母菌污染。

2. 组织状态变化

（1）软膏状或黏胶状。产生的原因是压炼过度、洗涤水温度过高或稀奶油酸度过低和成熟不足等。总之，液态油较多，脂肪结晶少则形成熟性奶油。

（2）奶油组织松散。压炼不足、搅拌温度低等造成液态油过少，出现松散状奶油。

（3）砂状奶油。此缺陷出现于加盐奶油中，是盐粒粗大未能溶解所致。有时出现粉状，并无盐粒存在，是因为中和时蛋白凝固混合于奶油中所致。

3. 色泽变化

（1）条纹状。此缺陷容易出现在干法加盐的奶油中，由于盐加得不均、压炼不足等所致。

（2）色暗而无光泽。产生的原因是压炼过度或稀奶油不新鲜。

（3）色淡。此缺陷经常出现在冬季生产的奶油中，由于奶油中胡萝卜素含量太少，致使奶油色淡，甚至白色。可以通过添加胡萝卜素加以调整。

（4）表面褪色。此缺陷是由于奶油曝露在阳光下发生光氧化造成的。

任务七　炼乳的加工

炼乳（condensed milk）是经真空浓缩除去大部分水分后制成的产品。

一、炼乳的分类和营养价值

炼乳的种类繁多，按成品是否加糖，可以分为不加糖炼乳和加糖炼乳；按成品是否脱脂，可以分为全脂炼乳、半脱脂炼乳和脱脂炼乳；按添加辅料的不同，可以分为强化炼乳和调制炼乳等。与其他乳制品相比，炼乳在国内及世界范围内市场较小。但是，炼乳作为一种优良的食品原料，已在糕点、糖果、餐饮和乳饮料的加工中得到了广泛的应用，在最终产品风味的提升、口感的改善和质量的改良等方面起到了关键作用。目前，我国的炼乳品种主要是甜炼乳和淡炼乳。

炼乳中含有碳水化合物、蛋白质、脂肪和维生素 A、B 族维生素，以及钙、钾、镁等矿质元素，能为人体补充能量、保护视力及补充钙质，但营养价值比牛奶和酸奶低。

二、甜炼乳的加工

甜炼乳（sweetened condensed milk），又称全脂加糖炼乳，是以生乳和（或）乳制品、食糖为原料，添加或不添加食品添加剂和营养强化剂，经加工制成的黏稠状产品。甜炼乳成品中的蔗糖含量一般为 40%～50%，加糖使炼乳的渗透压增大，从而延长了产品一定的保存期限。甜炼乳主要用于糕点、糖果、饮料及其他食品原料的加工，由于其蔗糖含量高，不能用于婴儿代乳品。

微课：甜炼乳的加工过程

（一）工艺流程

$$蔗糖 \rightarrow 配糖液 \rightarrow 杀菌 \rightarrow 过滤 \qquad 晶种$$
$$\downarrow \qquad\qquad \downarrow$$

原料乳验收→预处理→标准化→预热杀菌→真空浓缩→加糖→冷却结晶→装罐→封罐→包装→检验→成品。

$$\uparrow$$
$$空罐 \rightarrow 洗罐 \rightarrow 灭菌 \rightarrow 干燥$$

图 8.17 为甜炼乳的生产线示意图。

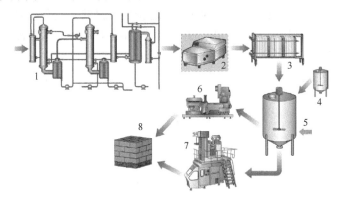

1—蒸发；2—均质；3—冷却；4—糖浆；5—冷却结晶罐；6—灌装；7—贴标签、装箱；8—贮存。

图 8.17　甜炼乳生产线示意图

（二）工艺要点

1. 原料乳验收

生产甜炼乳用的原料乳除必须满足常见乳制品生产的质量要求外，更应满足以下两方面要求：①控制耐热细菌和芽孢的数量。炼乳在真空浓缩时原料乳的实际受热温度为65～70℃，有利于耐热细菌和芽孢菌的生长，可能会导致原料乳的腐败，故应严格控制耐热细菌和芽孢的数量。②乳蛋白热的稳定性要好。要求原料乳的酸度应低于18°T，在72°中性乙醇试验中呈阴性，盐离子平衡。

2. 预处理及标准化

预处理及标准化过程按常规方法操作进行即可。

3. 预热杀菌

在标准化之后和浓缩之前，必须对原料乳进行加热杀菌处理。同时，加热杀菌有利于浓缩过程的进行，故称为预热，又称预热杀菌。

4. 真空浓缩

为了减少原料乳中营养成分的损失，一般采用真空浓缩的加热方法，使原料乳中的水分蒸发，提高乳固体含量以达到浓度要求。真空浓缩较大程度地保持了原料乳原有的性质，避免原料乳受高温的影响，而且具有节约能源，提高蒸发效能，避免外界污染的优点，从而使产品的质量得到保证。

5. 加糖

生产甜炼乳的过程中，要加入适量的蔗糖，可以赋予产品适当的甜味，同时加入蔗糖后渗透压升高可以抑制微生物的繁殖，延长产品的保存期限。

（1）加糖量与蔗糖比。必须在原料中添加足够量的蔗糖来充分抑制细菌的繁殖。炼乳成品中在含有 25.5%的水分，43%以上的蔗糖的情况下，蔗糖水溶液的渗透压将达到 5.7MPa，可充分抑制细菌的繁殖。但是，蔗糖的添加量过多可能会导致乳糖和蔗糖结晶析出的情况。一般用蔗糖比表示加糖量，即甜炼乳中的蔗糖与其溶液（水和蔗糖含量之和）的比值。

由蔗糖比可以得到甜炼乳中应含蔗糖的浓度，可作为向原料乳中添加蔗糖量的计算标准，一般用以下公式来表示：

$$蔗糖比 = \frac{蔗糖}{100 - 总乳固体} \times 100\%$$

或

$$蔗糖比 = \frac{蔗糖}{蔗糖 + 水分} \times 100\%$$

研究表明，蔗糖比必须达到 60%以上，才能起到较好的抑菌作用。在实际生产过程中，最好控制在 62.5%以上。在原料乳质量较好、杀菌充分、卫生条件好的情况下，62.5%的蔗糖比可以达到有效防止由细菌造成的产品变质的效果。如果蔗糖比在 65%以上时，可能会出现蔗糖结晶的情况，故通常把蔗糖比控制在 62.5%～64.5%。

根据上述蔗糖比的计算公式，可以计算出甜炼乳中蔗糖的百分含量。然后可以根据浓缩比计算出原料乳中所应加入的蔗糖量。

$$浓缩比 = \frac{甜炼乳中的总乳固体（\%）}{原料乳中的总乳固体（\%）}$$

$$应添加的蔗糖含量 = \frac{甜炼乳中的蔗糖（\%）}{浓缩比}$$

（2）加糖方法。蔗糖的加入一般采用以下三种方法：①直接将糖加入原料乳中，进行预热溶解。此法操作较为简便，但在预热时由于蔗糖的存在会影响了灭酶和杀菌的效果，同时会导致产品在贮藏的过程中易于变稠和褐变；②把经过杀菌的浓糖浆加入预热的原料乳中混合；③在真空浓缩即将结束时，把经过杀菌后的浓糖浆加入真空浓缩锅内进行混合。加糖方法不同，则导致乳的黏度变化和成品甜炼乳的增稠趋势不同。一般采用第三种加糖方法，可彻底杀菌和防止变稠。

6. 冷却结晶

在甜炼乳生产中，冷却结晶是最重要的步骤。

（1）冷却结晶的目的。浓缩乳出料时温度在 50℃左右，应及时冷却至常温，否则会加剧产品贮藏期间变稠与褐变的倾向。由于甜炼乳中的乳糖处于过饱和状态，在冷却过程中过饱和部分的乳糖会结晶析出。乳糖结晶大小在 10μm 以下则舌感细腻；15μm 以上则舌感呈粉状；超过 30μm 则呈显著的砂状，感觉粗糙，且大的结晶体在保存的过程中会形成沉淀，成为不良成品。

（2）乳糖结晶的原理。控制温度和加入晶种可以促进乳糖的结晶。

① 温度控制。以乳糖浓度为横坐标，溶液温度为纵坐标，可得乳糖的溶解度曲线，如图 8.18 所示。由图 8.18 可知，在甜炼乳生产的过程中，乳糖应在哪个区域进行结晶和最适宜强制结晶的温度。最终溶解度曲线 2 表示在最终平衡状态时乳糖的溶解度，过饱和溶解度曲线 4 表示乳糖可能呈现的最大溶解度。曲线 2 左侧是溶解区，4 曲线右侧是不稳定区，在曲线 2 与曲线 4 之间是亚稳定区。实验表明，在亚稳定区内，高于过饱和溶解度曲线 4 大约 10℃左右位置存在一条促进结晶曲线 3，可通过这条曲线找到强制结晶的最适温度。

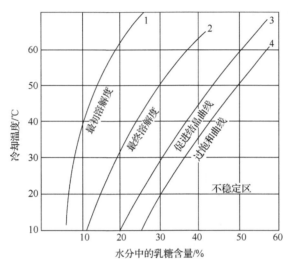

图 8.18　乳糖溶解度曲线

在溶解区内，乳糖全部溶解，没有结晶析出；在不稳区内，溶液高度饱和，结晶自然析出，但时间较长且得到的晶体大且少，不符合甜炼乳生产的要求，所以不应该在这个区域内强制结晶。在亚稳定区，乳糖处于饱和状态，将要结晶而未结晶，在此状态下只要创造必要的条件，就能促使乳糖迅速生成大小均匀的细微结晶，即为乳糖的强制结晶。在强制结晶的过程中，将浓缩乳控制在亚稳定区，保持结晶的最适温度，及时投入晶种，迅速搅拌并随之冷却，即可形成大量细微的结晶。结晶温度很关键，温度过高时，不利于乳糖迅速结晶；温度过低时，浓缩乳黏度增大，也不利于乳糖迅速结晶。可根据炼乳中乳糖水溶液的浓度来选择结晶的最适温度。

例：用含乳糖 4.8%，非脂乳固体 8.6% 的原料乳生产甜炼乳，其蔗糖比为 62.5%。蔗糖含量为 45.0%，非脂乳固体为 19.5%，总乳固体为 28.0%，计算其强制结晶的最适温度。

解：

$$水分 = 100 - (28+45) = 27.0 (\%)$$

$$浓缩比 = \frac{19.5}{8.6} = 2.267$$

$$炼乳中的乳糖 = 4.8 \times 2.267 = 10.88 (\%)$$

$$炼乳水分中的乳糖含量=\frac{10.88}{10.88+27}\times100\%=28.7\%$$

根据所得的乳糖浓度,从图 8.18 中促进结晶曲线上可以查出炼乳在理论上应添加晶种的最适温度为 28℃左右。

② 添加晶种。投入晶种也是强制结晶的条件之一。晶体形成的过程是先形成晶核,然后再进一步长为晶体。结晶量相同时,若晶核形成的速度远远大于晶体成长的速度,则形成的晶体多且颗粒细;反之,则晶体少。添加晶种后,过饱和的乳糖受到一个结晶诱导力,以便保证晶核形成的速度远远超过了晶体的成长速度,进而得到的结晶"多而细"。

一般甜炼乳成品中晶种添加量为 0.02%~0.03%,若结晶不理想,可适当调整晶种的投入量。在冷却的过程中,当温度达到强制结晶的最适温度时,用 120 目筛将预先制备的晶种均匀筛入其中,应在 10min 内完成,整个过程中需要一直强烈搅拌。

7. 装罐、封罐与包装

冷却后的炼乳中含有大量的气泡,灌装时可以采用脱气设备,如真空封罐机,或静止 5~10h 后,待气泡逸出后再灌装。炼乳多采用马口铁罐进行包装。空罐需要用蒸汽杀菌(90℃以上,保持 10min),沥干水分或者烘干后方可使用。目前大型工厂一般采用自动装罐机,应在罐内尽量装满炼乳,利用移入旋转盘中的离心力除去气体。封罐后应及时擦罐,再贴上标签。

8. 贮藏

甜炼乳在仓库内贮藏时,应与墙壁及保暖设备保持 30cm 以上的距离。仓库内的温度应保持恒定,不低于 15℃,空气相对湿度低于 85%。如果贮藏温度过高,则甜炼乳会出现变稠的现象。如果贮藏温度经常发生变化,则可能会造成乳糖形成大的结晶。贮藏过程中每月应将甜炼乳翻罐 1~2 次,以防止乳糖沉淀。

三、淡炼乳的加工

淡炼乳(evaporated milk)又称无糖炼乳,以生乳和(或)乳制品为原料,添加或不添加食品添加剂和营养强化剂,经加工制成的黏稠状产品。淡炼乳分为全脂淡炼乳和脱脂淡炼乳两种。

淡炼乳与甜炼乳相比,其加工过程主要包括以下四个方面不同。

(1)不需要加糖。故水分含量高(70%左右),黏度比甜炼乳低,且乳糖不呈结晶状态。

(2)进行了 UHT 处理。由于在淡炼乳的生产过程中不加糖,故不能利用蔗糖的高渗透压作用来抑菌,要想达到长期保存的目的,必须完全灭菌。

(3)需要加入盐类稳定剂。经过浓缩和高温灭菌后,盐类浓度增大(主要是活性钙离子),使蛋白质易变性发生凝聚,添加稳定剂(柠檬酸盐、磷酸钠盐)可以增加淡炼乳体系的稳定性。

（4）增加了均质工艺。不仅可以防止脂肪上浮，而且可以适当增加黏度。

（一）工艺流程

原料乳验收和预处理→标准化→预热杀菌→真空浓缩→再标准化→均质→冷却→小样试验→装罐→封罐→灭菌→振荡→保温试验→包装。

干燥←灭菌←洗罐←空罐

（二）加工要点

1. 原料乳的验收

生产淡炼乳比生产甜炼乳时对原料乳的要求更为严格。由于在生产的过程中要进行高温灭菌，故要求原料乳的热稳定性要高。因此，必须选择新鲜优质乳作为原料乳，酸度不能高于 16°T，要用 75% 的乙醇进行检验，必要时还要进一步做磷酸盐热稳定性试验。

2. 真空浓缩

与甜炼乳相比，由于淡炼乳生产中不加糖，故其总干物质含量较低，可采用 0.12MPa 的蒸汽压力进行浓缩，浓缩时一般保持牛乳温度在 54～60℃。如果预热的温度过高，浓缩的时候沸腾剧烈，容易起泡和焦管，所以应该严格控制加热蒸汽。淡炼乳的浓缩比在 2.3～2.5 倍，可以用波美度计来测定浓缩终点。一般 2.1kg 的原料乳（乳脂率 3.8%、非脂乳固体 8.55%）可生产 1kg 淡炼乳（脂肪含量为 8%、非脂乳固体为 18%）。由于淡炼乳生产的过程中蒸发速度比较快，故应迅速测定。

3. 小样试验及添加稳定剂

在淡炼乳的生产过程中，为了延长保存期，灌装后需要进行二次灭菌。高温灭菌时往往需要添加少量的稳定剂（磷酸盐）来提高乳蛋白质的稳定性，以免在灭菌时凝固变性。为了避免不能预计的变化而造成损失，灭菌前应先添加不同剂量的稳定剂，试封几罐灭菌，然后再开罐检查，以便确定批量生产时所需稳定剂的添加量、灭菌温度和时间，该过程即为小样试验。

添加的稳定剂一般为磷酸盐类，添加后可平衡浓缩乳中的盐类。在正常情况下，乳中的钙、镁离子过剩，从而使酪蛋白的热稳定性降低。添加稳定剂（柠檬酸钠、磷酸氢二钠或磷酸二氢钠）后，则生成钙磷酸盐、镁磷酸盐及柠檬酸盐，使可溶性的钙、镁减少，从而加强了酪蛋白的热稳定性。应根据小样试验确定准确的稳定剂添加量。如果添加过量，则会导致产品的风味不好且褐变显著。

4. 振荡

若在灭菌的过程中操作不当，或使用了热稳定性较差的原料乳，则淡炼乳通常会出现软的凝块，可通过振荡使凝块分散复原成均匀的流体。

振荡应在灭菌后 2～3d 进行，可用水平振荡机进行振荡，每次振荡 1～2min。通常振荡过程应在 1min 以内完成，如果延长振荡时间，会使炼乳的黏度降低。实际生产中，如果原料乳的热稳定性很好，灭菌操作及稳定剂添加量又符合要求，没有出现凝块，则不需要振荡。

5. 保温试验

淡炼乳在出厂之前，一般还需进行保温试验。即将成品置于 25～30℃保温贮藏 3～4 周，观察有无膨罐现象，并开罐检查有无其他缺陷。必要时可抽取适量样品于 37℃保藏 7～10d，并加以检验。检查合格的产品方可贴标签后装箱出厂。

项目九 实 训

实训一 松花蛋的加工

一、目的与要求

通过本实训了解用氢氧化钠直接浸泡生产松花蛋的制作方法，并能进行简单的质量分析，能够解决制作过程中常见的质量问题。松花蛋的制作工艺有很多，有传统方法和现代方法。本实训采用现代松花蛋的制作工艺——浸泡法，即溏心儿皮蛋加工方法。

二、材料与工具

材料：鸭蛋。
工具：锅、勺、不锈钢盆、台秤、温湿度计。

三、方法与步骤

1. 原料蛋的选择

鸡蛋、鸭蛋、鹌鹑蛋都可以作为松花蛋的制作原料，本实训选用鸭蛋作为制作原料。鲜蛋库的温度应控制在 5～10℃，先在鲜蛋库中选择表面光洁、完整、无裂纹、无破损的新鲜鸭蛋。然后进行灯检，选出蛋壳坚固、完整，气室高度小于 9mm，内容物均匀一致，呈微红色，抽样检查合格的蛋作为原料蛋。

2. 清洗消毒

将挑选好的鸭蛋放入洗蛋池中，常流水情况下用刷子清洗。消毒池中的液体可以用84 消毒液和水以 1∶99 的比例稀释，将清洗好的鸭蛋放入消毒池中，使其充分浸泡 10s 后将其捞出，放置于阴凉通风处晾干。

3. 配料

制作松花蛋的配料为（以 100kg 鸭蛋计算）：每 100kg 水中加红茶末 3kg、食盐 4kg、氢氧化钠 5.5kg、稳定剂硫酸铜 500g。配料时先将称好的红茶放在配料桶里，加入开水浸泡红茶，将泡好的红茶水放置一晚冷却至 40～50℃，再倒入盐和氢氧化钠。氢氧化钠遇水就会凝结成块，因此在添加的时候要一边加一边搅拌，倒入速度要快。待氢氧化钠充分溶解后再加入稳定剂硫酸铜，它代替了对人体有害的铅。稳定剂不易溶解，因此加入后要不停地搅拌 20min。腌制松花蛋的料液温度不能超过 25℃。因此配好的料要充分冷却。

4. 灌料

灌料之前将充分冷却的料液加以搅动使其浓度均匀，用抽水泵慢慢将料液灌入装有鸭蛋的箱内，直到鸭蛋全部被淹没为止。需要注意的是灌料速度不能太快，避免将蛋碰破，或者浪费料液。灌料后将上面盖上海绵，压住鸭蛋。逐箱码放好后及时做好记录，记下生产时间、数量等信息，为以后的检查做准备。腌制期间温度为 14～30℃，最适温度为 20～25℃。腌制温度过低，蛋白质结构紧密，呈黄色，温度过高，蛋黄无法凝固。腌制中定期抽查，发现问题及时解决。经过 35d 左右，松花蛋就腌制成熟了。

5. 出箱

出箱前，用手轻摸松花蛋，去除上面的污物。将松花蛋捞出，用上清液清洗，洗净后捞出运到晾蛋室进行晾干。加工好的松花蛋就可以分级包装了。包装好的松花蛋贮存在干燥阴凉通风的地方，如果库温保持在 15～25℃可保存半年左右。

实训二　咸蛋的加工

一、目的与要求

通过本实训了解用盐水直接浸泡生产咸蛋的制作方法，并能进行简单的质量分析，能够解决制作过程中常见的质量问题。制作咸蛋常用的方法有盐水浸泡法、裹泥法，其中最常用的是盐水浸泡法。

二、材料与工具

材料：鸭蛋。
工具：锅、勺、不锈钢盆、台秤、温湿度计。

三、方法与步骤

1. 原料蛋的选择

鸡蛋、鸭蛋、鹌鹑蛋都可以作为咸蛋的制作原料，本实训选用鸭蛋作为制作原料。鲜蛋库的温度应控制在 5～10℃，先在鲜蛋库中选择表面光洁、完整、无裂纹、无破损的新鲜鸭蛋。然后进行灯检，选出蛋壳坚固、完整，气室高度小于 9mm，内容物均匀一致，呈微红色，抽样检查合格的蛋作为原料蛋。

2. 清洗消毒

将挑选好的鸭蛋放入洗蛋池中，常流水情况下用刷子清洗。消毒池中的液体可以用84 消毒液和水以 1∶99 的比例稀释，将清洗好的鸭蛋放入消毒池中，充分浸泡 10s 后将其捞出，放置于阴凉通风处晾干。

3. 配料

制作咸蛋主要的配料为食盐和凉开水，盐选择加碘腌制专用盐。每 100kg 水中加入 20kg 加碘盐可以腌制 120kg 的鸭蛋（五香咸鸡蛋的腌制：取花椒、桂皮、茴香、生姜、精盐，用等量水煮沸 20min，倒入一瓷坛内，将洗净的鸡蛋泡入，封严坛口，40d 后即可煮食；重盐口味盐水配方：冷开水 80kg，食盐 20kg，花椒、白酒适量，浸泡腌制时间 20d；优点是简便、盐水可重复使用。）

4. 腌制

配好料后就可以将晾干后的鸭蛋推进腌制车间进行灌料腌制了。灌料时要缓慢地倒入料液，以免碰破鸭蛋。由于灌料后鸭蛋会浮起来，为了使其入味均匀，一般在鸭蛋上加盖一层覆盖物。然后再在上面撒一层盐并涂均匀，也可以直接在上面码放一个重物。灌完料后为了便于管理，要及时做好记录，写清楚腌制时间和腌制数量。腌制时间和温度有很大关系，一般夏天为 20~25d，冬季为 30~40d 即可腌制好。如腌制间温度控制在 22~25℃，经过 20d 后咸蛋就腌制好了，可以随机抽查腌制情况。

5. 出缸

经检验合格的咸蛋可以捞出，放在清水中冲洗干净，然后将咸蛋运到煮蛋间准备煮蛋。煮蛋时要注意下锅动作要轻，避免碰破咸蛋。当温度达到 95℃后再煮 10min 就熟了。捞出煮熟的咸蛋置于阴凉通风处晾干。

6. 检验包装

咸蛋晾干后再次进行挑选，选出不宜进行包装的咸蛋。优质咸蛋就可以真空包装了，将真空包装好的咸蛋放入容器中蒸 20min，经过这样处理的咸蛋就可以做到无菌保藏，既安全卫生，又能有效的延长保质期。

实训三 酱牛肉的加工

一、目的与要求

通过本实训了解酱牛肉制作的一般原理，掌握酱牛肉的制作方法，并能分析和解决加工过程中出现的问题。

二、材料与工具

材料：鲜牛肉。
工具：切肉刀、剔骨刀、不锈钢锅、勺、盆、蒸煮锅、不锈钢操作台、台秤、天平。

三、方法与步骤

1. 原料肉的选择与整理

选择肌肉发达、无病健康的成年牛的肌肉，剔去筋膜、筋腱、结缔组织。把肉放 25℃ 温水中浸泡漂洗，洗净肉表面的血液和杂物，切成 1kg 左右的肉块备用。

2. 腌制

在上述切好的牛肉表面手动均匀地涂抹食盐，反复推擦，在不超过 10℃ 的温度下进行腌制（一般情况下冬天腌 48h 左右，夏天腌 24h 左右）。

3. 预煮

将腌好的肉进行清洗，洗去表面的食盐。在蒸煮锅内加入清水进行预煮，水烧开后除去表面的浮沫。用温水清洗煮过的肉，洗去表面附着的杂物。

4. 调味

将肉重新放入锅内，加入适当的调味料，进行煮制。待沸腾后转为文火，在煮制过程中需要不断翻动肉块，使其均匀成熟。

5. 酱制

参考配方一（以 5kg 牛肉计）：

白砂糖 50g，料酒 100g，大葱 500g，姜 50g，蒜 50g，干黄酱 500g，花椒 5g，小茴香 5g，大茴香 10g，桂皮 5g，砂仁 5g，丁香 5g，陈皮 15g，白芷 25g，豆蔻 25g，草果 10g。

参考配方二（以 5kg 牛肉计）：

白砂糖 65g，料酒 30g，味精 10g，酱油 125g，盐 100g，桂皮 20g，八角 25g，丁香 5g，草果 5g，花椒 2.5g，砂仁 10g。

酱制过程中香辛料用纱布包好放入锅中，必要时上面用箅子压住，防止肉块上浮。干黄酱可以用水微煮，取其上清液，直接加入锅中。

注意事项：

（1）酱制过程中，需要主动观察锅内汤液情况，如汤液过少不能淹没牛肉，需要续加适量清水或者老汤。

（2）酱制过程中要不断翻动肉块，待肉块酥软、熟烂而不散，即可出锅。

6. 出锅

煮制结束后，将肉块捞出，沥干水分，冷却后进行感官评价。

实训四　猪肉松的加工

一、目的与要求

通过本实训了解猪肉松制作的一般原理,掌握猪肉松的制作方法,并能分析和解决加工过程中出现的问题。

二、材料与工具

材料:猪肉、葱、姜、料酒、酱油、盐、花椒、大料、桂皮、小茴香。

工具:切肉刀、剔骨刀、不锈钢锅、勺、盆、蒸煮锅、烤箱、不锈钢操作台、台秤、蒜锤。

三、方法与步骤

1. 原料肉的选择

选择符合卫生标准的新鲜猪后腿肉作为加工原料,并把选好的肉剔除筋膜、脂肪、筋腱,沥干水分,切成 5cm 左右的肉块备用。

2. 配料

猪肉 500g,葱 15g,姜 10g,料酒 15g,酱油 25g,盐 10g,花椒 0.5g,大料 2g,桂皮 3g,小茴香 0.5g。

3. 腌制

将切好的肉块放入空盆中,放入姜、葱,陆续加入料酒、酱油等调料进行腌制。腌制的时间一般冬天需要 2d,夏天需要 1d。

4. 煮制

将水倒入锅中,将腌好的肉块连同香辛料全部倒入,用勺子将肉块和香辛料搅拌开,以免黏在一起,大火烧开打沫(撇去浮油和浮沫)。肉要煮透,大约需要 40min,煮到肉松软,汤汁快收尽时,将肉块捞出。之后将肉块放入烤箱脱水 10min。

5. 分丝

将肉块放入容器中,用蒜锤进行分丝。肉松质量的好坏与分丝关系密切。分丝要均匀,只有这样炒出的肉松才能呈绒毛状。

6. 炒松

用微火将锅烧热，放入桂皮、大料和八角并炒香，再将分好的丝倒入锅内，为了避免粘锅，要不断地进行搅拌，当看到肌肉纤维松散，肉色由棕色变为金黄色时就可以出锅了，拣出香料。

实训五　腊肠的加工

一、目的与要求

通过本实训了解腊肠制作的一般原理，掌握腊肠的灌制方法，并能分析和解决加工过程中出现的问题。

二、材料与工具

材料：新鲜猪肉。

工具：漏斗、切肉刀、不锈钢盘。

三、方法与步骤

1. 肠馅的配制

1）切肉

用来制作腊肠的肉一般选择新鲜的猪腿肉或臀部肉，要瘦肉多、结实且颜色好的猪肉。首先将猪肉的皮、骨、键、结缔组织、筋膜等去除，然后将瘦肉和肥肉都切成 $1cm^3$ 的小方丁，将切好的肉丁放入温开水中漂洗，洗去肉丁上的浮油。如果肥肉不好切，可以放入冰箱冷冻后再切。

2）配料

各地的腊肠配料各不相同。

参考配方（100kg 猪肉为例）：

江西农大腊肠：肥肉 32kg，瘦肉 68kg，白砂糖 4kg，食盐 3.5kg，白酒 2kg，味精 0.3kg。

南京香肠：肥肉 30kg，瘦肉 70kg，白砂糖 4kg，食盐 5kg，白酒 0.5kg，味精 0.5kg，五香粉 0.1kg。

北方香肠：肥肉 25kg，瘦肉 75kg，白砂糖 1.5kg，食盐 2.5kg，白酒 0.5kg，酱油 1.5kg，生姜粉 0.3kg，白胡椒 0.2kg。

南昌香肠：肥肉 30kg，瘦肉 70kg，白砂糖 6kg，食盐 3kg，白酒 3kg。

3）腌制

选择一种配方，依次加入上述配料，充分搅拌（必要时可以加入少量的水），腌制 2～4h。

2. 灌制和打结

将肠衣清洗干净，如是干肠衣需要用温水浸软，用棉线将肠衣一端扎紧，另一端套在洗干净的广口漏斗嘴上，将搅拌好的肉丁装入漏斗中，慢慢灌入肠衣内，也可以用灌肠机灌制。灌肠时用手将肉馅从肠衣入口处轻轻往肠衣底部挤，要装得紧密均匀，不能装得过松或者过于饱满，过于饱满则肠衣容易破裂。用针穿刺小孔，排除肠衣内的水分和空气，再将肠衣内的肉挤压紧实。然后用干净的线每隔 12～16cm 打结，边灌边扎边结，直至灌满为止。

3. 漂洗

把灌制好的湿肠放在温水中稍加漂洗，洗去表面黏液。

4. 晾晒及烘烤

将漂洗好的肠放在阳光下暴晒 2～3d，晚上收入室内，然后放在通风良好的地方进行风干，直至有油出现为止。在晾晒过程中，如肠内有残存空气，则该部分会膨胀突起，要用细针刺破该部，使气体排出。如用烘房烘烤，温度应控制在 50～60℃，烘烤时间一般为 24h 即可，热源可使用草木火、热空气、电热等。

实训六　鲜乳的掺伪检验

一、目的与要求

通过本实训了解鲜乳中掺伪的主要手段及掺伪物质，掌握鲜乳中常见掺伪的检验技术。

二、材料与工具

1. 试剂

（1）0.04%溴麝香草酚蓝乙醇液：溶 0.04g 溴麝香草酚蓝于 100mL 的 95%乙醇中。

（2）碘化钾-碘试剂：称取碘化钾 20g 和碘 5g，用大约 20mL 的蒸馏水溶解，然后定容至 250mL。

（3）间苯二酚溶液：称取间苯二酚 0.2g，用少量蒸馏水溶解，加浓盐酸 100mL，再加蒸馏水稀释至 300mL，保存于棕色瓶中，现用现配。

（4）酸性试剂：在 1L 容量瓶中加入蒸馏水约 100mL，然后加入浓硫酸 44mL 及 85%磷酸 66mL，冷却至室温后，加入硫氨脲 30mg、硫酸铬 2g，溶解后用蒸馏水稀释至 1000mL。保存于棕色瓶中，并冷藏。

（5）2%二乙酰一肟溶液：称取二乙酰一肟 2g，溶于 100mL 蒸馏水中。保存于棕色瓶中，并冷藏。

（6）应用液：取酸性试剂 90mL 加 2%二乙酰一肟溶液 10mL 混合均匀，即可使用。

（7）硝酸银溶液（9.6g/L）：取硝酸银置于 105℃烘箱内烘 30min，取出放在干燥器内冷却后，称取 9.6g 溶于 1000mL 蒸馏水中。

（8）铬酸钾溶液（100g/L）：称取铬酸钾 10g 溶于 100mL 蒸馏水中，保存于棕色试剂瓶中。

（9）280g/L 氢氧化钠或氢氧化钾溶液：称取 280g 氢氧化钠或氢氧化钾溶于 1000mL 蒸馏水中。

2. 工具

试管、试管架、烧杯、水浴锅、酒精灯、电炉等。

三、方法与步骤

1. 掺碱的检验（溴麝香草酚蓝法）

感官检查时对色泽发黄、有碱味、口尝有苦涩味的鲜乳应进行掺碱检验。

检验原理：溴麝香草酚蓝在 pH 值为 6.0～7.6 的溶液中，颜色由黄变蓝。

检验方法：取 5mL 乳样于试管中，将试管保持倾斜位置，沿管壁小心加入 0.04%溴麝香草酚蓝乙醇液 5 滴，勿使指示剂与乳样相混合，然后将试管垂直放置。2min 后根据环层指示剂的特征，参照表 9.1 所示判定标准确定结果。同时做正常乳试验。

表 9.1　碳酸氢钠检出判定标准表

乳中碳酸氢钠的浓度/%	环层的颜色特征
0	黄色
0.03	黄绿色
0.05	淡绿色
0.10	绿色
0.30	深绿色
0.50	蓝绿色
0.70	淡蓝色
1.00	蓝色
1.50	深蓝色

2. 添加淀粉（米汤、面糊）的检验

掺此类物质的主要目的是增加乳液的密度，但实验过程中可能会有沉淀物产生。

检验原理：利用淀粉遇碘变蓝。

检验方法：取 2mL 乳样注入试管中，加热煮沸，观察乳液是否有沉淀现象，冷却后加入 3～5 滴碘化钾-碘试剂。正常乳呈黄色，掺淀粉乳有蓝色或青蓝色沉淀物出现，且颜色深浅与掺入量成正比。

3. 添加蔗糖的检验

取间苯二酚溶液 1.5mL 于小试管中，加鲜乳 5 滴，水浴加热煮沸 2.5min，观察结果。正常乳为淡黄色。如果乳中有蔗糖，通过表 9.2 所示颜色判断蔗糖加入量的大致范围。

表 9.2 乳中蔗糖检出对应颜色

颜色	浅橘红色	橘红—红色	深橘红—砖红色	砖红色混浊甚至沉淀
蔗糖量/%	>0.1	>0.3	>0.5	>1

4. 添加尿素类物质的检验

掺入尿素可以提高乳的含氮率，采用凯氏定氮法进行蛋白质检测的时候会计入蛋白质。

检验方法：取应用液 1mL 于试管中，加 1 滴鲜乳煮沸约 1min，立即观察结果。正常乳为无色或微红色。掺入尿素或尿及其类似物的乳立即呈深红色，掺入量越大，显色越快，红色越深。

5. 添加食盐的检验（莫尔法）

向乳中掺盐可以提高乳的密度。口尝有咸味的乳有掺盐的可能，须进行掺盐检验。

检验原理：牛乳中氯化物的正常含量为 0.09%～0.14%。乳中氯化物与硝酸银反应生成氯化银沉淀，用铬酸钾作指示剂时，当氯化物与硝酸银作用完后，过量的硝酸银与铬酸钾生成砖红色铬酸银。

$$Cl^- + AgNO_3 \rightarrow AgCl \ （白色沉淀）$$
$$2Ag^+ + K_2Cr_2O_4 \rightarrow Ag_2CrO_4 \ （红色沉淀）$$

检测方法：取 2mL 乳样于试管中，加入 100g/L 铬酸钾溶液 5 滴，混合均匀，再加入 9.6g/L 硝酸银溶液 1.5mL，摇匀后观察溶液颜色。如出现黄色，说明乳中氯化物超过 0.14%。若出现微红至微棕色，则说明乳中氯化物少于 0.14%。

6. 掺豆浆的检验（皂素显色法）

检验原理：豆浆、豆饼水一类物质中含有皂素，遇到氢氧化钠或氢氧化钾会生成黄色物质。

检验方法：取 5mL 乳样于试管中，加入氢氧化钠溶液 5mL，摇匀，同时做无豆浆牛乳实验。若乳样呈微黄色，表示有豆浆存在，若呈暗白色为未检出。

本法灵敏度不高，豆浆含量大于 10% 才呈阳性反应。

7. 掺抗生素的检验（发酵法）

鲜乳中的抗生素是生病乳牛在进行药物治疗后残留于牛乳中的。由于抗生素的残留量一般在几个 ppb（1ppb=1μg/L）以下，因此，很难用一般化学仪器和设备在短时间内检测出来。发酵法利用抗生素影响鲜乳正常发酵的原理进行检测，简便易行，被很多生产企业所采用。

检验方法：取 150mL 乳样于 250mL 三角瓶中，在电炉上加热煮沸后，冷却至 42℃，加入 15mL 经活化的酸乳发酵剂菌种，然后置于 42℃ 的培养箱中发酵，2h 后观察。如果乳样已发酵，证明无抗生素；反之则为异常乳。

四、结果与分析

对实验结果进行分析判断，得出结论。

实训七　原料乳的质量检验

一、目的与要求

通过本实训掌握检验样品原料乳的质量的方法；
训练酸度滴定、密度计使用等技能。

二、材料与工具

1. 材料

（1）酚酞指试剂：称取 0.5g 酚酞溶于 75mL 的 95%乙醇中，并加入 20mL 水，然后滴加氢氧化钠溶液至微粉色，再加入水定容至 100mL。

（2）0.1mol/L 氢氧化钠标准溶液：在天平上称取 4g 氢氧化钠，用蒸馏水定容至 1000mL，并进行标定。

（3）70°、72°、75° 乙醇溶液：使用酒精计进行配制。

（4）邻苯二甲酸氢钾（基准试剂）。

2. 工具

250mL 三角瓶、25mL 碱式滴定管、10mL 移液管、50mL 小烧杯、乳稠计、250mL 量筒、试管、试管架、酒精灯、水浴锅、天平、温度计、称量皿、干燥箱等。

三、方法与步骤

（一）取样

（1）取样前用搅拌器在乳中充分搅拌，使乳的组成均匀一致。

（2）用采样器具取一定数量的乳样。采样器具应为不锈钢或玻璃器具，使用前进行清洁及消毒。取样数量取决于检查的内容，如做全面分析取 200～300mL。采样时应采取两份平行乳样，一份用于检测，另一份备用（在检测结果有争议时启用）。在容器上贴上标签，注明样品名称和编号等。

（二）感观检验

取适量乳样置于 50mL 烧杯中，在自然光下观察乳的色泽和组织状态。闻其气味，品尝其滋味，在品尝前要先用温开水漱口。

组织状态的鉴定方法：将少量乳样倒入小烧杯内静置 1h 左右后，再小心将其倒入另一小烧杯内，仔细观察第一个小烧杯内底部有无沉淀和絮状物。再取 1 滴乳于食指上，检查是否黏滑。

（三）理化检验

1. 牛乳新鲜度的测定

正常牛乳的酸度为 16～18°T，且蛋白质有一定的稳定性。当乳中微生物生长繁殖会分解乳糖导致酸度升高，使蛋白质稳定性下降，当受到乙醇脱水作用和加热时会出现絮状物，因此可以用下列方法来判断牛乳的新鲜程度。

1）酸度测定

（1）氢氧化钠溶液的标定。称取 0.3～0.4g（精确到 0.0001）基准的邻苯二甲酸氢钾于 250mL 锥形瓶中，加入 100mL 蒸馏水，加 2～3 滴酚酞指示剂，用需要标定的氢氧化钠溶液滴定至微红色（1min 不褪色），并记录其用量。按下式计算氢氧化钠的浓度：

$$N = \frac{W}{V \times 0.2042}$$

式中，N——氢氧化钠溶液的标准浓度，0.1mol/L；

W——邻苯二甲酸氢钾质量，g；

V——消耗氢氧化钠溶液的体积，mL；

0.2042——与 1mL 的 1mol/L 氢氧化钠溶液相当的邻苯二甲酸氢钾的克数。

则氢氧化钠溶液校正系数为

$$F = \frac{N}{0.1}$$

（2）酸度滴定。取 10mL 乳样于 250mL 锥形瓶中，加 20mL 新煮沸冷却至室温的水，混匀，再加入 2.0mL 酚酞指示液，混匀。用 0.1mol/L 的氢氧化钠标准溶液滴定至微红色，并在半分钟内不褪色为止，记录消耗氢氧化钠溶液的毫升数。

以在重复性条件下获得的两次独立测定结果的算术平均值表示，结果保留三位有效数字。两次独立测定结果的绝对差值不得超过 0.1mL。

（3）酸度计算。测得的酸度有两种表示方法：

$$吉尔涅尔度（°T）= A \times F \times 10$$

式中，A——滴定时消耗的氢氧化钠溶液的量，mL；

F——氢氧化钠溶液的校正系数；

10——乳样的倍数。

$$乳酸（\%）= \frac{A \times F \times 0.009}{乳样毫升数 \times 相对密度}$$

式中，A——滴定时消耗的氢氧化钠溶液的量，mL；

F——氢氧化钠溶液的校正系数；

0.009——1mL 的 0.1mol/L 氢氧化钠能结合乳酸的克数。

2）酒精实验

试管内加入 1～2mL 乳样，分别加入等量的 70° 中性乙醇、72° 中性乙醇及 75° 中性乙醇，振摇后观察是否有絮片出现，出现絮片的为酒精阳性乳。不同浓度的乙醇可检测出对应不出现絮片的牛乳酸度，见表 9.3。

表 9.3　酒精浓度和牛乳酸度对应表

乙醇浓度/（°）	不出现絮片的牛乳酸度/°T
68	≤20
70	≤19
72	≤18
75	≤16

3）煮沸实验

取 10mL 乳样放入试管中，在酒精灯上加热煮沸 1min 或置于沸水浴中 5min，取出观察管壁有无絮片或发生凝固现象。产生絮片或发生凝固的表示牛乳已不新鲜，酸度大于 26°T。

2. 牛乳相对密度的测定

（1）将 10～25℃的乳样小心地沿量筒壁注入 250mL 量筒中，加至容积的 3/4 处，注意不要产生泡沫。

（2）将乳稠计小心地放入乳样中，使其沉到 1.030 刻度处，然后使其在乳中自由浮动，注意防止乳稠计与量筒壁接触。静置 2～3min 后进行读数（读取凹液面的上缘）。

（3）对测定值进行校正。测定乳样温度，如果不是 20℃，从温度密度换算表（表 9.4）中，将乳稠计读数换算成 20℃时的度数。或按经验值校正：温度每升高或降低 1℃，乳的密度在乳稠计读数上增加或减少 0.0002。

表 9.4　乳样温度与相对密度换算表

乳稠计刻度数	鲜乳温度/℃															
	10	11	12	13	14	15	16	17	18	19	20	21	22	23	24	25
25	23.3	23.5	23.6	23.7	23.9	24.0	24.2	24.4	24.6	24.8	25.0	25.2	25.4	25.5	25.8	26.0
26	24.2	24.4	24.5	24.7	24.9	25.0	25.2	25.4	25.6	25.8	26.0	26.2	26.4	26.6	26.8	27.0
27	25.1	25.3	25.4	25.6	25.7	25.9	26.1	26.3	26.5	26.8	27.0	27.2	27.5	27.7	27.9	28.1
28	26.0	26.1	26.3	26.5	26.6	26.8	27.0	27.3	27.5	27.8	28.0	28.2	28.5	28.7	29.0	29.2
29	26.9	27.1	27.3	27.5	27.6	27.8	28.0	28.3	28.5	28.8	29.0	29.2	29.5	29.7	30.0	30.2
30	27.9	28.1	28.3	28.5	28.6	28.8	29.0	29.3	29.5	29.8	30.0	30.2	30.5	30.7	31.0	31.2
31	28.8	29.0	29.2	29.4	29.6	29.8	30.0	30.3	30.5	30.8	31.0	31.2	31.5	31.7	32.0	32.2
32	29.8	30.0	30.2	30.4	30.6	30.7	31.0	31.2	31.5	31.8	32.0	32.3	32.5	32.8	33.0	33.3
33	30.7	30.8	31.1	31.3	31.5	31.7	32.0	32.2	32.5	32.8	33.0	33.3	33.5	33.8	34.1	34.3
34	31.7	31.9	32.1	32.3	32.5	32.7	33.0	33.2	33.5	33.8	34.0	34.3	34.4	34.8	35.1	35.3
35	32.6	32.8	33.1	33.3	33.5	33.7	34.0	34.2	34.5	34.7	35.0	35.3	35.5	35.8	36.1	36.3
36	33.5	33.8	34.0	34.3	34.5	34.7	34.9	35.2	35.5	35.7	36.0	36.2	36.7	36.7	37.0	37.3

3. 乳干物质的测定（直接干燥法）

（1）取洁净称量皿，内加 10g 海砂及一根小玻璃棒，置于（100±2）℃烘箱中，干燥 0.5～1.0h 后取出，放入干燥器内冷却 0.5h 后称量，并重复干燥至恒重。

（2）称取 5～10g 乳样（精确至 0.0001g），放入上述称量皿中，试样厚度不超过 5mm，用小玻璃棒搅匀放在沸水浴上蒸干，并随时搅拌。

（3）将蒸干后的称量皿用滤纸擦净水，置于（100±2）℃烘箱中干燥 4h 后盖好盖后取出，放入干燥器中，冷却至室温称重。再将称量皿置于（100±2）℃烘箱中干燥 0.5h 后盖好盖后取出，放入干燥器中，冷却至室温称重。重复上述操作，直到两次连续称量质量之差不超过 2mg，即为恒重。

（4）结果表示：

$$乳样的水分含量（\%）=\frac{m_1-m_2}{m_1-m_3}\times100$$

式中，m_1——称量皿（加海砂、玻璃棒）和试样的质量，g；

m_2——称量皿（加海砂、玻璃棒）和样品干燥后的质量，g；

m_3——称量皿（加海砂、玻璃棒）的质量，g。

$$乳干物质含量（\%）=100-水分含量（\%）$$

四、结果与分析

对照《食品安全国家标准 生乳》（GB 19301—2010），对实验结果进行分析判断，对所检测乳样的品质做出评价。

实训八 凝固型酸乳的加工

一、目的与要求

通过本实训了解凝固型酸乳的产品质量标准；掌握凝固型酸乳加工的方法及步骤；掌握凝固型酸乳加工过程中可能出现的质量问题及解决方法。

二、材料与工具

1. 材料

鲜乳、白砂糖、甜蜜素、生产发酵剂（或直投式发酵剂）等。

2. 工具

贮奶罐、配料罐、过滤器、离心分离机、均质机、杀菌器、灌装机、培养箱（或发酵间）、冰柜（或冷库）等。

三、方法与步骤

1. 工艺流程

鲜乳的验收及过滤→配料→预热均质→杀菌、冷却→接种→灌装→发酵→冷却→后熟、冷藏。

2. 配料

鲜乳 100kg，白砂糖 5kg，甜蜜素 70g，生产发酵剂 3～4kg（直投式发酵剂按产品推荐使用量）。

3. 操作要点

（1）原料乳的验收。按常规方法对鲜乳的感官指标、理化指标、微生物等进行检验。具体方法参照本书项目八的任务二。

（2）过滤。符合标准的原料乳用滤布过滤大的机械杂质，并用离心分离机除去尘埃和细小杂质。

（3）配料。按配方要求将白砂糖、甜蜜素加入原料乳中，搅拌溶解。

（4）预热均质。将配合好的原料通过换热器预热至 55～65℃，进入均质机进行均质处理，一级压力采用 20.0～25.0MPa，二级压力 2.0～5.0MPa。

（5）杀菌、冷却。经均质的物料回流到热交换器中加热至 90～95℃，保温 5min 进行杀菌，而后迅速冷却至 45℃左右。

（6）接种。如使用生产发酵剂，接种前应将生产发酵剂充分搅拌，使凝乳完全破坏。接种应严格注意操作卫生，防止杂菌污染。如使用直投式发酵剂，加入量按产品标注的活力而定，菌粉用少量无菌水或杀菌后的牛乳充分溶解，加入原料乳中，充分搅拌混合均匀。

（7）灌装。接种后的牛乳用灌装机灌装至包装容器中。

（8）发酵。灌装好的牛乳送至发酵间或培养箱进行发酵。发酵温度保持在 42～43℃，生产发酵剂发酵所需时间为 3～4h，直投式发酵剂的发酵时间通常需要 6～8h。控制好发酵终点，不能过早或过晚取出。

（9）冷却。发酵终点一到应立即切断电源或停止供气，将酸乳移出发酵间或培养箱，用冷水喷淋冷却。没有条件的可用电扇冷却，加速其散热。搬运时注意要轻拿轻放，防止振动破坏凝乳状态。

（10）后熟与冷藏。将冷却后的酸乳立即放入 0～4℃的冷库或冰箱中，经 12～24h 后熟后再进行质量判断。

四、结果与分析

实训完成后，教师组织各个小组成员对产品的感官指标及酸度进行评定。取适量试样置于 50mL 烧杯中，在自然光下观察色泽和组织状态。闻其气味，用温开水漱口，品尝滋味，并测定其滴定酸度。

实训九　搅拌型果粒酸乳的加工

一、目的与要求

通过本实训了解搅拌型酸乳的产品质量标准；掌握搅拌型果粒酸乳加工的方法及步骤；掌握搅拌型果粒酸乳加工过程中可能出现的质量问题及解决方法。

二、材料与工具

1. 材料

鲜乳、白砂糖、甜蜜素、变性淀粉、生产发酵剂（或直投式发酵剂）、水果香精、酸乳香精、新鲜水果等。

2. 工具

贮奶罐、配料罐、过滤器、离心分离机、均质机、杀菌器、灌装机、发酵罐、冰柜（或冷库）等。

三、方法与步骤

1. 工艺流程

鲜乳的验收及预处理→配料→预热均质→杀菌→冷却→接种→发酵→冷却、搅拌→加入果粒→灌装→后熟→冷藏。

2. 配料

鲜乳 100kg，白砂糖 5kg，甜蜜素 60g，变性淀粉 500g，生产发酵剂 3～4kg，果粒 8kg，水果香精 30mL，酸乳香精 20mL。

3. 操作要点

（1）原料乳的验收、配料、预热均质、杀菌、冷却、接种同实训八凝固型酸乳的加工。

（2）果粒的处理。选取时令水果如草莓、桃、香蕉、哈密瓜等，清洗干净，去皮后切成 1cm 见方的小块，水煮 3～5min 杀菌及钝化酶活性，水煮过程中加入白砂糖，使糖水浓度达到 25%左右，果粒冷却后在糖水中浸泡备用。

（3）发酵。发酵在发酵罐中进行，发酵温度保持在 42～43℃，生产发酵剂发酵所需时间为 3～4h，直投式发酵剂的发酵时间通常需要 6～8h。控制好发酵终点，不能取出过早或过晚。

（4）冷却。搅拌到达发酵终点后，立即放出发酵罐夹层中的热水，并注入冰水进行降温，同时启动搅拌器搅拌破乳。搅拌器转速应由低到高，开始时 8～10r/min，后增加至 30～40r/min，将酸乳搅拌成光滑的黏稠流体。

（5）加入果粒。混合将处理好的果粒加入冷却后的酸乳中，搅拌均匀。

（6）灌装。将酸乳用灌装机灌装至包装容器中。

（7）后熟与冷藏。将酸乳放入 0～4℃的冷库或冰箱中，经 12～24h 后熟后再进行产品质量判断。

四、结果与分析

实训完成后，教师组织各个小组成员对产品的感官指标及酸度进行评定。取适量试样置于 5mL 烧杯中，在自然光下观察色泽和组织状态。闻其气味，用温开水漱口，品尝滋味，并测定其滴定酸度。

实训十　软质冰激凌的加工

一、目的与要求

通过本实训进一步了解冰激凌的制作原理和基本配方方法；了解和掌握凝冻机的工作原理和操作技术；加强理论和实践的结合，培养学生的实际操作能力；充分理解和体会冰激凌老化和凝冻的作用。

二、材料与工具

1. 材料

牛奶 0.5L，白砂糖 150g，鸡蛋黄 4 个，稀奶油 0.5L，香草粉（按说明书添加）。

2. 工具

冰激凌机搅拌器、冰激凌冷凝器、冰激凌杯、冰箱、台秤、燃气灶、温度计、锅、木铲、塑料盆、滤布等。

三、方法与步骤

1. 混合料的配制

搅拌鸡蛋黄，将其混于牛奶中，同时将稀奶油、白砂糖、香草粉加入，搅拌使之混合均匀。

2. 杀菌和老化

将混合物加热至 80℃并保持 25s，然后立即冷却至 20℃，将混合物放于冰箱中冷藏 4～5h（温度为 0～4℃）。

3. 凝冻

老化完成后，启动冰激凌机搅拌器和冷凝器，将时间控制器调至冰激凌处（通常需要 10～12min）进行凝冻。

4. 硬化

当凝冻完成时，将冰激凌取出装入容器中送至硬化室（冰柜，温度-34～-23℃）进行硬化处理，时间为 10～12h。软质冰激凌所需时间较短。

注意：要制作出好品质的冰激凌，卫生条件很重要。在操作过程中所使用的设备、用具应严格杀菌，如勺子、过滤器等需要煮沸后才能使用。如果稀奶油不够，可用植物硬化油加牛奶代替，稀奶油中含纯脂肪 30%～40%，含脱脂奶 60%～70%，使用植物硬化油时，需要同时使用乳化剂——甘油单酯（按说明添加）进行乳化。

四、结果与分析

将结果与分析填于表 9.5 和表 9.6 中。

表 9.5　感官性状分析

质量缺陷		分析原因	改进措施	评价等级
风味缺陷	香味不正			
	香味不纯，有异味			
	甜味不足或过甜			
	氧化味（哈喇味）			
	酸败味			
	焦化味			
	陈旧味			
	煮熟味			
组织缺陷	组织粗糙			
	组织过于坚实			
	组织松软			
	面团状组织			
形态缺陷	有较大奶油粒出现			
	有较大冰屑出现			
	质地过黏			
	溶化较快			
	溶化后成细小凝块			
	溶化后成泡沫状			

表 9.6　膨胀率大小分析

膨胀率	分析原因	改进措施	评定等级
膨胀率太大			
膨胀率太小			

参 考 文 献

蔡健，常锋，2008. 乳品加工技术[M]. 北京：化学工业出版社.

付智星，王卫，侯薄，等，2016. 传统腌腊肉制品安全隐患控制及其品质提升[J]. 食品科技，41（10）：98-101.

高庆超，常应九，刘荟萃，等，2018. 西式肉制品主要加工技术研究[J]. 食品研究与开发，39（24）：209-214.

孔保华，2015. 肉制品品质及质量控制[M]. 北京：科学出版社.

孔保华，陈倩，2018. 肉品科学与技术[M]. 3版. 北京：中国轻工业出版社.

孔保华，韩建春，2011. 肉品科学与技术[M]. 2版. 北京：中国轻工业出版社.

孔保华，马丽珍，2003. 肉品科学与技术[M]. 北京：中国轻工业出版社.

刘静，2014. 乳制品加工技术[M]. 北京：中国劳动社会保障出版社.

刘勤华，2018. 我国肉类加工存在的问题及发展方向[J]. 食品安全导刊（30）：48-51.

刘秀玲，王中华，2015. 畜产品加工技术[M]. 北京：中国轻工业出版社.

罗红霞，2015. 乳制品加工技术[M]. 2版. 北京：中国轻工业出版社.

申晓琳，王恺，2015. 乳品加工技术[M]. 北京：中国轻工业出版社.

许瑞，杜连启，2016. 新型肉制品加工技术[M]. 北京：化学工业出版社.

袁玉超，胡二坤，2015. 肉制品加工技术[M]. 北京：中国轻工业出版社.

中国就业培训技术指导中心，2007. 猪屠宰加工工：初级 中级 高级 技师[M]. 北京：中国劳动社会保障出版社.

中华人民共和国农业部，2010. NY/T676—2010 牛肉等级规格[M]. 北京：中国标准出版社.

中商产业研究院，2018. 2018年中国肉制品行业发展前景研究报告[DB/OL].（2018-11-09）[2020-12-11]. http://www.askci.com/news/chanye/20181109/1738151136350.shtml.